"十四五"职业教育国家规划教材

工业和信息化
精品系列教材

# 信息技术基础

## (Windows 10+WPS Office)

### 微课版 | 第 2 版

U0383204

程远东 王坤 / 主编

**I**nformation
**T**echnology

人民邮电出版社

北　京

**图书在版编目（CIP）数据**

信息技术基础：Windows 10+WPS Office：微课版 /
程远东，王坤主编. -- 2版. -- 北京：人民邮电出版社，
2023.7

**工业和信息化精品系列教材**

ISBN 978-7-115-61856-6

Ⅰ. ①信… Ⅱ. ①程… ②王… Ⅲ. ①Windows操作系
统－高等学校－教材②办公自动化－应用软件－高等学校
－教材 Ⅳ. ①TP316.7②TP317.1

中国国家版本馆CIP数据核字(2023)第096071号

## 内 容 提 要

本书全面、系统地介绍了信息技术的基础知识，共 7 个项目，包括了解计算机、文档制作、电子
表格制作、演示文稿制作、信息检索、新一代信息技术概述、信息素养与社会责任等内容。

本书参考《高等职业教育专科信息技术课程标准（2021 年版）》，同时结合《全国计算机等级考试
一级 WPS Office 考试大纲（2022 年版）》的要求编写而成。本书采用任务驱动式的编写模式，旨在提
高学生的信息技术应用能力，培养学生的信息技术素养。书中各任务以"任务要求+探索新知+任务实
践"的结构组织内容，并在每个项目最后设置了拓展阅读和课后练习栏目，以便学生了解更多的延伸
知识，练习和巩固所学内容。

本书可作为普通高等学校信息技术基础课程的教材，也可作为计算机培训班的教材或全国计算机
等级考试的参考书。

◆ 主　　编　程远东　王　坤
　　责任编辑　赵　亮
　　责任印制　王　郁　焦志炜
◆ 人民邮电出版社出版发行　　北京市丰台区成寿寺路 11 号
　　邮编　100164　　电子邮件　315@ptpress.com.cn
　　网址　https://www.ptpress.com.cn
　　保定市中画美凯印刷有限公司印刷
◆ 开本：787×1092　1/16
　　印张：14.75　　　　　　　　　　2023 年 7 月第 2 版
　　字数：422 千字　　　　　　　　2024 年 12 月河北第 16 次印刷

定价：59.80 元

读者服务热线：(010)81055256　印装质量热线：(010)81055316
反盗版热线：(010)81055315
广告经营许可证：京东市监广登字 20170147 号

# 前言 PREFACE

党的二十大报告提出：教育、科技、人才是全面建设社会主义现代化国家的基础性、战略性支撑。必须坚持科技是第一生产力、人才是第一资源、创新是第一动力，深入实施科教兴国战略、人才强国战略、创新驱动发展战略，开辟发展新领域新赛道，不断塑造发展新动能新优势。

随着信息技术的不断发展，计算机在人们的工作和生活中发挥着越来越重要的作用，已成为人们在信息社会中必不可少的工具。目前，计算机技术已广泛应用于军事、科研、经济和文化等领域。为了适应社会发展的需求，熟练运用计算机进行信息处理已成为每位大学生的必备素养。

"信息技术基础"作为普通高校的一门公共基础课程，具有较高的学习价值。本书在编写时综合考虑目前信息技术基础教育的实际情况和计算机技术的发展状况，结合《高等职业教育专科信息技术课程标准（2021年版）》和《全国计算机等级考试一级 WPS Office 考试大纲（2022年版）》的要求，采用了任务驱动式的编写模式，旨在提高学生的信息技术应用能力，培养学生的信息技术素养。

## 本书的内容

本书紧跟当下的主流技术，主要内容如下。

- 了解计算机（项目一）。该部分主要内容包括了解计算机的发展历程、了解计算机中信息的表示和存储形式、了解并连接计算机硬件、了解计算机软件、了解并使用操作系统、定制 Windows 10 工作环境等任务。
- 文档制作（项目二）。该部分主要通过编辑学习计划、制作招聘启事、编辑公司简介、制作产品入库单、排版考勤管理规范、排版和打印毕业论文等任务，详细讲解 WPS 文字的基本操作，包括文本格式的设置、段落格式的设置、图片的插入与设置、表格的使用和图文混排的应用，以及编辑目录和长文档等。
- 电子表格制作（项目三）。该部分主要通过制作学生成绩表、制作产品价格表、制作产品销售测评表、制作业务人员提成表、制作销售分析表、分析固定资产统计表等任务，详细讲解 WPS 表格的基本操作，包括输入数据、设置工作表格式、使用公式与函数进行运算、筛选和分类汇总数据、用图表分析数据和打印工作表等。
- 演示文稿制作（项目四）。该部分主要通过制作工作总结演示文稿、编辑产品上市策划演示文稿、设置市场分析演示文稿、放映并输出课件演示文稿等任务，详细讲解 WPS 演示的基本操作，包括为幻灯片添加文字、编辑图片和表格等对象、设置演示文稿、设置幻灯片的切换方式、添加动画效果、设置放映效果和打包演示文稿等。
- 信息检索（项目五）。该部分主要内容包括信息检索基础、利用搜索引擎进行信息检索、利用互联网资源进行信息检索等任务。
- 新一代信息技术概述（项目六）。该部分主要内容包括走近新一代信息技术、新一代主要信息技术的特点及典型应用、新一代信息技术与其他产业的融合发展等任务。
- 信息素养与社会责任（项目七）。该部分主要内容包括了解信息素养、了解信息技术发展史与信息安全、熟知信息伦理与职业行为自律等任务。

## 本书的特色

本书具有以下特色。

（1）任务驱动，目标明确。本书将每个项目分为了若干个任务，讲解每个任务时，先结合情景式教学模式给出任务要求，便于学生了解实际工作需求并明确学习目的；然后指出完成任务需要具备的相关知识，再将任务实施过程分为几个具体的操作阶段来介绍。

（2）讲解深入浅出，实用性强。本书在注重系统性和科学性的基础上突出实用性及可操作性，对重点概念和操作技能进行了详细讲解，语言流畅，深入浅出，符合信息技术基础教学的规律，满足社会人才培养的要求。本书在讲解过程中还通过"提示"和"注意"小栏目来提供更多解决问题的方法和更为全面的知识，引导学生更好、更快地完成当前工作任务及类似工作任务。

（3）配备微课视频，配套上机指导与习题集。本书所有操作讲解内容均已录制成视频，学生只需扫描书中的二维码即可观看，轻松掌握相关知识。本书还同步推出了配套的《信息技术基础上机指导与习题集（Windows 10+WPS Office）（微课版）（第 2 版）》，以提高学生的实际应用能力。

## 配套资源说明

除微课视频外，本书还提供了实例素材、效果文件、课后练习答案等教学资源，读者可以登录人邮教育社区（www.ryjiaoyu.com）搜索本书书名，或者直接扫描本书封底二维码查看相关资源并下载使用。

编　者
2023 年 5 月

# 目录 CONTENTS

# 项目三

# 高效管理数据——电子表格制作 ·············· 94

# 项目七

## 提升个人素质——信息素养与社会责任 ·········· 216

# 项目一
## 从零开始——了解计算机

# 01

## 情景导入

肖磊发现，越来越多的人习惯在生活中使用计算机进行休闲娱乐活动；在学习中使用计算机查询资料；在工作中使用计算机进行设计创作，例如制作各类文档等。不可否认，计算机的出现使人类迅速步入了信息社会，掌握计算机相关技术已成为各行业对从业人员的基本要求之一。肖磊为了进一步提升自己的综合素养，也决定从零开始了解计算机，并学习与计算机相关的各种基本操作。

## 课堂学习目标

- 了解计算机的发展历程。
- 了解计算机中信息的表示和存储形式。
- 熟悉计算机的硬件组成。

- 了解计算机软件。
- 掌握操作系统的使用方法。
- 掌握 Windows 10 工作环境的定制。

## 任务 1.1 了解计算机的发展历程

### 任务要求

肖磊上大学时选择了与计算机相关的专业，虽然他平时在生活中也会使用计算机，但是他知道计算机的功能远不只他目前所了解的那么简单。作为一名计算机相关专业的学生，肖磊迫切地想要了解计算机是如何诞生与发展的、计算机有哪些功能和分类，以及计算机的未来发展是怎样的。

本任务要求了解计算机的诞生及发展阶段，计算机的特点、应用和分类，以及计算机的发展趋势。

### 探索新知

#### 1.1.1 计算机的诞生及发展阶段

17 世纪，德国数学家莱布尼茨发明了二进制计数法。20 世纪初，电子技术飞速发展。1904年，英国电气工程师弗莱明研制出了真空二极管。1906 年，美国科学家福雷斯特发明了真空三极管，为计算机的诞生奠定了基础。

20 世纪 40 年代，西方国家的工业技术迅猛发展，相继出现了雷达和导弹等高科技产品，原有的计算工具难以满足大量科技产品对复杂计算的需求，迫切需要在计算技术上有所突破。1943年，美国宾夕法尼亚大学电子工程系的教授莫奇利和他的研究生埃克特计划采用电子管（真空管）

建造一台通用计算机。1946年2月，由美国宾夕法尼亚大学研制的世界上第一台通用计算机——电子数字积分计算机（Electronic Numerical Integrator And Computer, ENIAC）诞生了，如图1-1所示。

ENIAC的主要元件是电子管，每秒可完成约5000次加法运算、300多次乘法运算。ENIAC重约30t，占地约170m²，采用18800多个电子管、1500多个继电器、7000个电阻器和10000多个电容器，每小时耗电量约为150kW·h。虽然ENIAC体积庞大、性能不佳，但它的出现具有划时代的意义，它开创了电子技术发展的新时代——"计算机时代"。

图1-1　世界上第一台通用计算机 ENIAC

同一时期，离散变量自动电子计算机（Electronic Discrete Variable Automatic Computer, EDVAC）研制成功，这是当时理论上运算速度最快的计算机，其主要设计理论是采用二进制和存储程序工作方式。

从第一台通用计算机 ENIAC 诞生至今，计算机技术已成为发展最快的现代技术之一。根据计算机所采用的物理器件，可以大致将计算机的发展分为4个阶段，如表1-1所示。

表1-1　计算机发展的4个阶段

| 阶段 | 划分年代 | 采用的元器件 | 运算速度（每秒执行的指令数） | 主要特点 | 应用领域 |
|---|---|---|---|---|---|
| 第一代计算机 | 1946—1956年 | 电子管 | 几千条 | 主存储器采用磁鼓，体积庞大，耗电量大，运行速度慢，可靠性较差，内存容量小 | 国防及科学研究工作 |
| 第二代计算机 | 1957—1964年 | 晶体管 | 几万至几十万条 | 主存储器采用磁芯，开始使用高级程序及操作系统，运算速度加快，体积减小 | 工程设计、数据处理 |
| 第三代计算机 | 1965—1970年 | 中小规模集成电路 | 几十万至几百万条 | 主存储器采用半导体存储器，集成度高，功能增强，价格下降 | 工业控制、数据处理 |
| 第四代计算机 | 1971年至今 | 大规模、超大规模集成电路 | 上千万至万亿条 | 计算机走向微型化，性能大幅度提升，软件也越来越丰富，为网络化创造了条件。同时计算机逐渐走向人工智能化，并采用了多媒体技术，具有听、说、读、写等功能 | 工业、生活等各个方面 |

## 1.1.2　计算机的特点、应用和分类

随着科学技术的发展，计算机已被广泛应用于各个领域，在人们的生活和工作中起着重要的作用。下面介绍计算机的特点、应用和分类。

### 1. 计算机的特点

计算机主要有以下5个特点。

- 运算速度快。计算机的运算速度指的是计算机在单位时间内执行指令的条数，一般以每秒能执行多少条指令来描述。早期的计算机由于技术的局限性，工作效率较低。而随着集成电路技术的发展，计算机的运算速度飞速提升，目前世界上已经有运算速度超过"每秒亿亿次"的超级计算机。

- 计算精度高。计算机的计算精度取决于其采用的机器码（二进制码）的字长，即常说的8位、16位、32位和64位等。机器码的字长越长，有效位数就越多，计算精度也就越高。

- 逻辑判断准确。除了计算功能外，计算机还具备数据分析和逻辑判断能力，高级计算机还具

有推理、诊断和联想等模拟人类思维的能力。具有准确、可靠的逻辑判断能力是计算机能够实现自动化信息处理的重要保证。

- 存储能力强大。计算机具有许多用于存储信息的载体，这些载体可以将运行的数据、指令程序和运算的结果存储起来，供计算机本身或用户使用，还可即时输出文字、图像、声音和视频等各种形式的信息。例如，要在一个大型图书馆使用人工查阅的方法查找图书可能会比较麻烦。而采用计算机对图书进行管理后，所有的图书及索引信息都被存储在计算机中，这时查找一本图书就会非常方便。

- 自动化程度高。计算机内具有运算单元、控制单元、存储单元和输入/输出单元。计算机可以按照编写的程序（一组指令）实现工作自动化，不需要人的干预，而且程序可以反复执行。例如，正是因为将企业生产车间及流水线管理中的各种自动化生产设备植入了计算机控制系统，工厂生产自动化才成为可能。

**提示**　除了以上主要特点外，计算机还具有可靠性高和通用性强等特点。

### 2. 计算机的应用

在诞生初期，计算机主要应用于科研和军事等领域，负责的工作内容主要是大型高科技产品的研发。但随着社会的发展和科技的进步，计算机的功能不断扩展，计算机在社会各个领域都得到了广泛的应用。

计算机的应用可以概括为以下 7 个方面。

- 科学计算。科学计算即通常所说的数值计算，是指利用计算机来完成科学研究和工程设计涉及的数学问题的计算。计算机不仅可以进行数值计算，还可以解微积分方程及不等式。由于计算机运算速度较快，因此以往人工难以完成甚至无法完成的数值计算，使用计算机都可以完成，如气象资料分析和卫星轨道的测算等。目前，基于互联网的云计算甚至可以达到 10 万亿次/秒的超快运算速度。

- 数据处理和信息管理。数据处理和信息管理是指使用计算机来完成对大量数据的分析、加工和处理等工作。这些数据不仅包括"数"，还包括文字、图像和声音等。现代计算机运算速度快，存储容量大，因此在数据处理和信息加工方面的应用十分广泛，如企业的财务管理、事务管理，以及资料和人事档案的文字处理等。计算机在数据处理和信息管理方面的应用为实现办公自动化和管理自动化创造了有利条件。

- 过程控制。过程控制也称实时控制，是指利用计算机对生产过程和其他过程进行自动监测，以及对设备工作状态进行自动控制的一种控制方式，被广泛应用于各种工业环境中；计算机还可以代替人在危险、有害的环境中作业。计算机作业不受疲劳等因素的影响，可完成大量有高精度和高速度要求的任务，从而节省大量的人力、物力，大大提高经济效益。

- 人工智能。人工智能（Artificial Intelligence，AI）是指智能的计算机系统。人工智能具备人才具有的智能特性，能模拟人类的智能活动，如"学习""识别图像和声音""推理预测""适应环境"等。目前，人工智能主要应用于智能机器人、机器翻译、医疗诊断、故障诊断、案件侦破和经营管理等方面。

- 计算机辅助。计算机辅助是指利用计算机协助人们完成各种设计工作的技术。计算机辅助是目前正在迅速发展并不断取得成果的重要应用技术，主要包括计算机辅助设计（Computer-Aided Design，CAD）、计算机辅助制造（Computer-Aided Manufacturing，CAM）、计算机辅助工程（Computer-Aided Engineering，CAE）、计算机辅助教

微课 1-1

计算机辅助

学（Computer-Aided Instruction，CAI）和计算机辅助测试（Computer-Aided Testing，CAT）等。

- 网络通信。网络通信是指利用通信设备和线路将地理位置不同的、功能独立的多个计算机系统连接起来，从而形成计算机网络。随着互联网技术的快速发展，人们通过计算机网络不仅可以在不同地区和国家间进行数据的传递，还可以开展各种商务活动。
- 多媒体技术。多媒体技术（Multimedia Technology，MT）是指通过计算机对文字、数据、图形、图像、动画和声音等多种媒体信息进行综合处理和管理，使用户可以通过多种感官与计算机进行实时信息交互的技术。多媒体技术拓宽了计算机的应用领域，使计算机广泛应用于教育、广告宣传、视频会议、服务业和文化娱乐业等领域。

微课 1-2
计算机的分类

### 3. 计算机的分类

计算机的种类非常多，划分的方法也有很多种。

按用途的不同，可将计算机分为专用计算机和通用计算机两种。其中，专用计算机是指为满足某种特殊需求而设计的计算机，如计算导弹弹道的计算机等。因为这类计算机都强化了计算机的某些特定功能，忽略了一些次要功能，所以有速度快、效率高、使用面窄和专机专用等特点。通用计算机广泛适用于一般科学运算、学术研究、工程设计和数据处理等领域，具有功能多、配置全、用途广和通用性强等特点。目前市场上销售的计算机大多属于通用计算机。

按性能、规模和处理能力的不同，可将计算机分为巨型机、大型机、中型机、小型机和微型机5种，具体介绍如下。

- 巨型机。巨型机也称为超级计算机或高性能计算机，如图1-2所示。巨型机是运算速度最快、处理能力最强的计算机之一，是为满足特殊需求而设计的。巨型机多用于国家高科技领域和尖端技术研究，是国家科研实力的体现。现有巨型机的运算速度大多在1万亿次/秒及以上。

图1-2　巨型机

- 大型机。大型机也称为大型主机，如图1-3所示。大型机的特点是运算速度快、存储容量大和通用性强，主要针对计算量大、信息流通量大、通信需求大的用户，如银行、政府部门和大型企业等。目前，生产大型机的公司主要有国际商业机器（International Business Machines，IBM）公司和富士通公司等。
- 中型机。中型机在性能上不如大型机，其特点是处理能力强，常用于中小型企业。
- 小型机。小型机是指采用精简指令集处理器，性能和价格介于微型机与大型机之间的一种高性能64位计算机。小型机的特点是结构简单、可靠性高和维护费用低，常用于中小型企业。随着微型计算机的飞速发展，小型机被微型机取代的趋势已非常明显。
- 微型机。微型计算机简称微型机。微型机价格合理，功能齐全，被广泛应用于机关、学校、企业和家庭中。按结构和性能的差异，可将微型机分为单片机、单板机、个人计算机（Personal Computer，PC）、工作站和服务器等。其中，个人计算机又可分为台式计算机和便携式计算机（如笔记本电脑）两类，分别如图1-4和图1-5所示。

图1-3　大型机

图1-4　台式计算机

图1-5　便携式计算机

> **提示** 工作站是一种高端的通用微型计算机，它具有比个人计算机更强大的性能，通常配有高分辨率的大屏、多屏显示器及容量很大的内存储器和外存储器，并具有强大的信息处理功能和图形图像处理功能，主要用于图像处理和计算机辅助设计等。服务器是提供计算服务的设备，它可以是大型机、小型机或高性能的微型机。在网络环境下，根据提供的服务类型，可将服务器分为文件服务器、数据库服务器、应用程序服务器和 Web 服务器等。

## 1.1.3 计算机的发展趋势

下面从计算机的发展方向和未来新一代计算机芯片技术这两个方面对计算机的发展趋势进行介绍。

### 1. 计算机的发展方向

计算机未来的发展呈现巨型化、微型化、网络化和智能化的趋势。

- 巨型化。巨型化是指计算机的运算速度更快，存储容量更大，功能更强，可靠性更高。巨型化计算机的应用领域主要包括天文、天气预报、军事和生物仿真等。这些领域需进行大量的数据处理和运算，只有性能强的计算机才能胜任。
- 微型化。随着超大规模集成电路的进一步发展，个人计算机将更加微型化。膝上型、书本型、笔记本型和掌上型等微型化计算机将不断涌现，并会受到越来越多用户的喜爱。
- 网络化。随着计算机的普及，计算机网络也逐步深入人们的工作和生活。人们通过计算机网络可以连接分散在全球的计算机，然后共享各种分散的计算机资源。计算机网络逐步成为人们工作和生活中不可或缺的事物，它可以让人们足不出户就获得大量的信息，并能与世界各地的人进行网络通信、网上贸易等。
- 智能化。早期的计算机只能按照人的意愿和指令去处理数据，而智能化的计算机能够代替人进行脑力劳动，具有类似人的智能，如能听懂人类的语言、能看懂各种图形、可以自主学习等。智能化的计算机可以代替人完成部分工作，未来的智能化计算机将会代替人类完成在某些方面的脑力劳动，甚至会比人类做得更好。

### 2. 未来新一代计算机芯片技术

由于计算机的核心部件是芯片，因此计算机芯片技术的不断发展也是推动计算机发展的动力。英特尔（Intel）公司的创始人之一戈登·摩尔曾在 1965 年预言了计算机集成技术的发展规律，即摩尔定律，大致内容是每 18 个月，在同样面积的芯片中集成的晶体管数量将翻一番，而其成本将下降一半。几十年来，计算机芯片中集成的晶体管数量按照摩尔定律发展，不过其发展并不是无限的。现有计算机采用电流作为数据传输的信号，而电流主要靠电子的迁移产生，电子的基本通路是原子。按现在的发展趋势，传输电流的导线直径将达到一个原子的直径长度，但这样的电流极易造成原子迁移，十分容易出现断路的情况。因此，世界上许多国家很早就开始了对各种非晶体管计算机的研究，如 DNA 生物计算机、光计算机、量子计算机等。这类计算机也被称为第五代计算机或新一代计算机，它们能在更大程度上模仿人类的智能。这类技术也是目前世界各国计算机技术研究的重点。

- DNA 生物计算机。DNA 生物计算机以脱氧核糖核酸（Deoxyribonucleic Acid，DNA）作为基本的运算单元，通过控制 DNA 分子间的生化反应来完成运算。DNA 生物计算机具有体积小、存储容量大、运算速度快、耗能低、可并行等优点。
- 光计算机。光计算机是以光子作为载体来进行信息处理的计算机。光计算机的优点是光器件的带宽非常大，能够传输和处理的信息量极大，信息传输中的畸变和失真小，信息运算速度快，光传输和转换时能量消耗极低等。
- 量子计算机。量子计算机是指遵循物理学的量子规律来进行数学运算和逻辑运算，并进行信息处理的计算机。量子计算机具有运算速度快、存储容量大、功耗低等优点。

### 任务实践——探索计算机的应用领域

计算机的应用十分广泛，目前已经遍及人类社会的各个领域，如国防科技、工业、农业、商业、交通运输、文化教育、医疗等。请查阅书籍或互联网上的资料，并结合自己的了解，说说计算机在各个领域的具体应用情况，将结果归纳到表 1-2 中。

表 1-2　计算机在各个领域的具体应用

| 领域 | 举例 | 具体应用 |
| --- | --- | --- |
| 国防科技 | 人造地球卫星发射 | |
| | 无人机操控 | |
| 工业 | 石油开采 | |
| | 产品制造和零件加工 | |
| 农业 | 大棚种植 | |
| | 家禽家畜养殖 | |
| 商业 | 网上购物 | |
| | 网络支付 | |
| 交通运输 | 交通运输工具 | |
| | 交通监控 | |
| 文化教育 | 文化传播 | |
| | 网上学校 | |
| 医疗 | 医疗器械使用 | |
| | 患者数据监查 | |

## 任务 1.2　了解计算机中信息的表示和存储形式

### 任务要求

肖磊知道利用计算机技术可以采集、存储和处理各种信息，也可将这些信息转换成人类可以识别的文字、声音或视频进行输出。然而让肖磊疑惑的是，这些信息在计算机内部又是如何表示的呢？该如何对信息进行量化呢？肖磊认为，只有学习好这方面的知识，才能更好地使用计算机。

本任务要求了解计算机中的数据及其单位，了解数制及其转换、二进制数的运算、计算机中字符的编码规则和多媒体技术的相关知识。

### 探索新知

#### 1.2.1　计算机中的数据及其单位

在计算机中，各种信息都是以数据的形式呈现的。数据经过处理后产生的结果为信息，因此数据是计算机中信息的载体。数据本身并没有意义，只有经过处理和描述，才有实际意义。例如，单独一个数据"32℃"并没有什么实际意义，但将其描述为"今天的气温是 32℃"时，这条信息就有意义了。

计算机中处理的数据可分为数值数据和非数值数据（如字母、汉字和图形等）两大类。无论什么类型的数据，在计算机内部都是以二进制码的形式存储和运算的。计算机在与外部"交流"时会采用人们熟悉和便于阅读的形式，如十进制数据、文字和图形等，它们之间的转换由计算机系统来完成。

计算机存储和运算数据时，通常要涉及以下 3 种数据单位。

- 位（bit，b）。计算机中的数据都以二进制码来表示。二进制码只有 0 和 1 两个数码，需采用多个数码（0 和 1 的组合）来表示一个数，其中每一个数码称为一位。位是计算机中最小的数据单位。

- 字节（Byte，B）。字节是计算机中组织和存储信息的基本单位，也是计算机体系结构的基本单位。在存储二进制数据时，以 8 位二进制码为一个单元存放在一起，称为一字节，即 1Byte=8bit。在计算机中，通常以 B、KB（千字节）、MB（兆字节）、GB（吉字节）或 TB（太字节）为单位来表示存储器（如内存、硬盘和 U 盘等）的存储容量或文件的大小。存储容量是指存储器中能够容纳的字节数。存储单位 B、KB、MB、GB 和 TB 间的换算关系如下：

  1KB（千字节）=1024B（字节）=$2^{10}$B（字节）

  1MB（兆字节）=1024KB（千字节）=$2^{20}$B（字节）

  1GB（吉字节）=1024MB（兆字节）=$2^{30}$B（字节）

  1TB（太字节）=1024GB（吉字节）=$2^{40}$B（字节）

- 字长。计算机一次能够并行处理的二进制码的位数称为字长。字长是衡量计算机性能的一个重要指标，字长越长，数据所包含的位数越多，计算机处理数据的速度也就越快。计算机的字长通常是字节的整数倍，如 8 位、16 位、32 位、64 位和 128 位等。

## 1.2.2 数制及其转换

数制是指用一组固定的数字符号和统一的规则来表示数值的方法。其中，按照进位方式计数的数制称为进位计数制。在日常生活中，人们习惯用的进位计数制是十进制，而计算机则使用二进制。除此以外，进位计数制还包括八进制和十六进制等。顾名思义，二进制就是"逢二进一"的数制；以此类推，十进制就是"逢十进一"，八进制就是"逢八进一"等。

计算机中常用的
几种进位数制的
表示

在进位计数制中，每个数码的数值大小不仅取决于数码本身，还取决于该数码在数中的位置。如十进制数 828.41，整数部分的第 1 个数码"8"处在百位，表示 800；第 2 个数码"2"处在十位，表示 20；第 3 个数码"8"处在个位，表示 8；小数点后第 1 个数码"4"处在十分位，表示 0.4；小数点后第 2 个数码"1"处在百分位，表示 0.01。也就是说，同一数码处在不同位置所代表的数值是不同的。数码在一个数中的位置称为数制的数位，数制中数码的个数称为数制的基数，十进制数有 0、1、2、3、4、5、6、7、8、9 共 10 个数码，其基数为 10。每个数位上的数码符号代表的数值等于该数位上的数码乘一个固定值，该固定值称为数制的位权数。数码所在的数位不同，其位权数也不同。

无论在何种进位计数制中，数值都可写成按位权展开的形式，如十进制数 828.41 可写成

$$828.41=8 \times 100+2 \times 10+8 \times 1+4 \times 0.1+1 \times 0.01 \qquad （1-1）$$

或者

$$828.41=8 \times 10^2+2 \times 10^1+8 \times 10^0+4 \times 10^{-1}+1 \times 10^{-2} \qquad （1-2）$$

常用数制对照
关系表

式（1-1）和式（1-2）为将数值按位权展开的表达式，其中 $10^i$ 称为十进制数的位权数，其基数为 10。使用不同的基数，可得到不同的进位计数制。假设 $R$ 表示基数，则进

位计数制为 $R$ 进制，可使用 $R$ 个基本的数码，$R^i$ 就是位权，其加法运算规则是"逢 $R$ 进一"。任意一个 $R$ 进制数 $D$ 均可以展开表示为

$$(D)_R = \sum_{i=-m}^{n-1} K_i \times R^i \qquad\qquad (1\text{-}3)$$

式（1-3）中的 $K_i$ 为第 $i$ 位的系数；$i$ 的取值范围是 $[-m, n-1]$（$m$ 是小数部分的位数，$n$ 是整数部分的位数）；$R^i$ 表示第 $i$ 位的权。

在计算机中，可以用括号加数制基数下标的方式来表示不同数制的数。例如，$(492)_{10}$ 表示十进制数，$(1001.1)_2$ 表示二进制数，$(4A9E)_{16}$ 表示十六进制数；也可以用带有字母的形式分别将其表示为 $(492)_D$、$(1001.1)_B$ 和 $(4A9E)_H$。在程序设计中，常在数字后直接加英文字母来区分不同的进制数，如 492D、1001.1B 等。

下面将具体介绍 4 种常用数制相互转换的方法。

### 1. 非十进制数转换成十进制数

将二进制数、八进制数和十六进制数转换成十进制数时，只需用该数制的各个位数乘各自对应的位权数，然后将乘积相加，用按位权展开的方法即可得到对应的结果。

（1）将二进制数 10110 转换成十进制数

先将二进制数 10110 按位权展开，然后将乘积相加，转换过程如下所示：

$$(10110)_2 = (1 \times 2^4 + 0 \times 2^3 + 1 \times 2^2 + 1 \times 2^1 + 0 \times 2^0)_{10}$$
$$= (16+4+2)_{10}$$
$$= (22)_{10}$$

（2）将八进制数 232 转换成十进制数

先将八进制数 232 按位权展开，然后将乘积相加，转换过程如下所示：

$$(232)_8 = (2 \times 8^2 + 3 \times 8^1 + 2 \times 8^0)_{10}$$
$$= (128+24+2)_{10}$$
$$= (154)_{10}$$

（3）将十六进制数 232 转换成十进制数

先将十六进制数 232 按位权展开，然后将乘积相加，转换过程如下所示：

$$(232)_{16} = (2 \times 16^2 + 3 \times 16^1 + 2 \times 16^0)_{10}$$
$$= (512+48+2)_{10}$$
$$= (562)_{10}$$

### 2. 十进制数转换成其他进制数

将十进制数转换成二进制数、八进制数和十六进制数时，可先将数值分成整数和小数部分，然后分别进行转换，再拼接起来。

例如，将十进制数转换成二进制数时，对整数部分和小数部分分别进行转换。整数部分采用"除 2 取余倒读"法，即将该十进制数除以 2，得到一个商和余数 $K_0$；再用商除以 2，又得到一个新的商和余数 $K_1$；如此反复，直到商为 0 时得到余数 $K_{n-1}$；将各次得到的余数，以最后一次的余数为最高位、第一次的余数为最低位依次排列，即 $K_{n-1} \cdots K_1 K_0$，这就是该十进制数对应的二进制数的整数部分。

小数部分采用"乘 2 取整正读"法，即将十进制数的小数乘 2，取乘积中的整数部分作为相应二进制小数点后的最高位 $K_{-1}$；取乘积中的小数部分反复乘 2，逐次得到 $K_{-2}, K_{-3}, \cdots, K_{-m}$，直到乘积的小数部分为 0 或位数达到所需的精确度要求为止；然后把每次乘积所得的整数部分从小数点后自左往右依次排列（$K_{-1} K_{-2} \cdots K_{-m}$），即所求二进制数的小数部分。

同理，将十进制数转换成八进制数时，整数部分"除 8 取余"，小数部分"乘 8 取整"；将十进制数转换成十六进制数时，整数部分"除 16 取余"，小数部分"乘 16 取整"。

> **提示** 在进行小数部分的转换时，有些十进制小数不能转换为有限位的二进制小数，此时只能用近似值表示。例如，$(0.57)_{10}$ 不能用有限位的二进制小数表示，如果要求保留 5 位小数，则 $(0.57)_{10} \approx (0.10010)_2$。

例如，将十进制数 225.625 转换成二进制数。用"除 2 取余倒读"法对整数部分进行转换，再用"乘 2 取整正读"法对小数部分进行转换，转换过程如下所示：

$$(225.625)_{10} = (11100001.101)_2$$

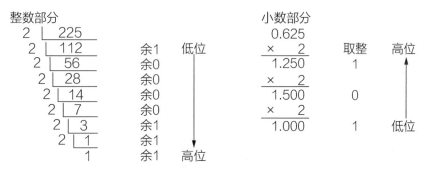

### 3. 二进制数转换成八进制数、十六进制数

（1）二进制数转换成八进制数

二进制数转换成八进制数的转换原则是"3 位分一组"，即以小数点为界，整数部分从右向左每 3 位分为一组；若最后一组不足 3 位，则在最高位前面添 0 补足 3 位；然后将每组中的二进制数按权相加，得到对应的八进制数。小数部分从左向右每 3 位分为一组；最后一组不足 3 位时，尾部添 0 补足 3 位；然后按照顺序写出每组二进制数对应的八进制数。

将二进制数 1101001.101 转换为八进制数，转换过程如下所示：

二进制数     001    101    001  .  101

八进制数      1      5      1  .   5

得到的结果为：$(1101001.101)_2 = (151.5)_8$

（2）二进制数转换成十六进制数

二进制数转换成十六进制数的转换原则是"4 位分一组"，即以小数点为界，整数部分从右向左、小数部分从左向右每 4 位分为一组，不足 4 位时添 0 补齐。

将二进制数 10111001100011.1011 转换为十六进制数，转换过程如下所示：

二进制数    0010    1110    0110    0011  .  1011

十六进制数     2       E       6       3  .   B

得到的结果为：$(10111001100011.1011)_2 = (2E63.B)_{16}$

### 4. 八进制数、十六进制数转换成二进制数

（1）八进制数转换成二进制数

八进制数转换成二进制数的转换原则是"一分为三"，即从八进制数的低位开始，将每一位上的八进制数写成对应的 3 位二进制数；如有小数部分，则从小数点开始，按上述方法分别向左右两边进行转换。

将八进制数 162.4 转换为二进制数，转换过程如下所示：

八进制数     1      6      2  .   4

二进制数    001    110    010  .  100

得到的结果为：$(162.4)_8 = (1110010.1)_2$

（2）十六进制数转换成二进制数

十六进制数转换成二进制数的转换原则是"一分为四"，即把每一位上的十六进制数写成对应的4位二进制数。

将十六进制数 3B7D 转换为二进制数，转换过程如下所示：

| 十六进制数 | 3 | B | 7 | D |
|---|---|---|---|---|
| 二进制数 | 0011 | 1011 | 0111 | 1101 |

得到的结果为：$(3B7D)_{16} = (11101101111101)_2$

### 1.2.3　二进制数的运算

计算机内部采用二进制数表示数据，主要原因是其技术实现简单，易于转换。二进制数的运算规则简单，可以方便地用于逻辑代数分析以及用于设计计算机的逻辑电路等。下面将对二进制数的算术运算和逻辑运算进行简要介绍。

**1. 二进制数的算术运算**

二进制数的算术运算也就是通常所说的四则运算——加、减、乘、除，运算规则比较简单，具体介绍如下。

- 加法运算。按"逢二进一"法向高位进位，运算规则为：0+0=0，0+1=1，1+0=1，1+1=10。例如，$(10011.01)_2+(100011.11)_2=(110111.00)_2$。
- 减法运算。减法运算实质上是加上一个负数，主要应用于补码运算，运算规则为：0-0=0，1-0=1，0-1=1（向高位借位，结果本位为 1），1-1=0。例如，$(110011)_2-(001101)_2=(100110)_2$。
- 乘法运算。乘法运算与常见的十进制数的乘法运算规则类似，运算规则为：$0×0=0$，$1×0=0$，$0×1=0$，$1×1=1$。例如，$(1110)_2×(1101)_2=(10110110)_2$。
- 除法运算。除法运算也与十进制数的除法运算规则类似，运算规则为：$0÷1=0$，$1÷1=1$，而 $0÷0$ 和 $1÷0$ 是无意义的。例如，$(1101.1)_2÷(110)_2=(10.01)_2$。

**2. 二进制数的逻辑运算**

计算机采用的二进制数 1 和 0 可以代表逻辑运算中的"真"与"假"、"是"与"否"和"有"与"无"。二进制数的逻辑运算包括"与""或""非""异或"4 种，具体介绍如下。

- "与"运算。"与"运算又被称为逻辑乘，通常用符号"×""∧"或"·"来表示，其运算规则为：0∧0=0，0∧1=0，1∧0=0，1∧1=1。通过上述运算规则可以看出，当两个参与运算的数中有一个数为 0 时，运算结果也为 0；只有参与运算的数都为 1 时，运算结果才为 1，即所有的条件都符合时，逻辑结果才为肯定值。
- "或"运算。"或"运算又被称为逻辑加，通常用符号"+"或"∨"来表示，其运算规则为：0∨0=0，0∨1=1，1∨0=1，1∨1=1。该运算规则表明，只要有一个数为 1，运算结果就是 1。例如，某一个公益组织规定加入该组织的成员可以是女性或慈善家，那么只要符合其中任意一个条件或两个条件都符合就可加入该组织。
- "非"运算。"非"运算又被称为逻辑否运算，通常通过在逻辑变量上加上划线来表示，如变量 $A$ 的"非"运算结果为 $\bar{A}$。其运算规则为：$\bar{0}=1$，$\bar{1}=0$。例如，$A$ 变量表示男性，$\bar{A}$ 就表示非男性，即女性。
- "异或"运算。"异或"运算通常用符号"⊕"表示，其运算规则为：0⊕0=0，0⊕1=1，1⊕0=1，1⊕1=0。该运算规则表明，当逻辑运算中变量的值不同时，结果为 1；变量的值相同时，结果为 0。

### 1.2.4　计算机中字符的编码规则

编码就是利用计算机中的 0 和 1 两个数码的不同长度表示不同信息的一种约定方式。由于计算机是以二进制编码的形式存储和处理数据的，因此只能识别二进制编码信息。数字、字母、符号、汉字、语音和图形等非数值信息都要用特定规则进行二进制编码后才能存储在计算机中。西文与中文字符由于形式不同，使用的编码方式也不同。

**1. 西文字符的编码**

计算机通常采用 ASCII 和 Unicode 两种编码方式对字符进行编码。

- ASCII。美国信息交换标准代码（American Standard Code for Information Interchange，ASCII）是基于拉丁字母的一套编码系统，主要用于显示现代英语和其他欧洲语言，它被国际标准化组织指定为国际标准（ISO 646 标准）。标准 ASCII 使用 7 位二进制编码来表示所有的大写和小写字母、数字 0~9、标点符号，以及在美式英语中使用的特殊控制字符，共有 $2^7=128$ 个不同的编码值，可以表示 128 个不同字符的编码。

标准 7 位
ASCII

其中，低 4 位编码 $b_3b_2b_1b_0$ 用作行编码，高 3 位编码 $b_6b_5b_4$ 用作列编码。在 128 个不同字符的编码中，95 个编码对应计算机键盘上的符号和其他可显示或输出的字符，另外 33 个编码被用作控制码，用于控制计算机某些外部设备的工作特性和某些计算机软件的运行情况。例如，字母 A 的编码为二进制数 1000001，对应十进制数 65 或十六进制数 41。

- Unicode。Unicode 也是一种国际编码标准，采用两个字节编码，几乎能够表示世界上所有的书写语言中可能用于计算机通信的文字和其他符号。目前，Unicode 在网络、Windows 操作系统和大型软件中得到应用。

**2. 汉字的编码**

在计算机中，汉字信息的传播和交换必须基于统一的编码标准才不会造成混乱和差错。因此，计算机能够处理的汉字是包含在国家或国际组织制定的汉字字符集中的汉字，常用的汉字字符集包括 GB 2312—1980、GB 18030—2000、GBK 和 CJK 编码等。为了使每个汉字有统一的代码，我国颁布了汉字编码的国家标准，即 GB 2312—1980《信息交换用汉字编码字符集　基本集》。这个字符集是目前我国所有汉字系统的统一标准。

汉字的编码方式主要有以下 4 种。

- 输入码。输入码也称外码，是为了将汉字输入计算机而设计的编码，包括音码、形码和音形码等。
- 区位码。将 GB 2312—1980 字符集放置在一个 94 行（每一行称为"区"）、94 列（每一列称为"位"）的方阵中，将方阵中的每个汉字所对应的区号和位号组合起来就可以得到该汉字的区位码。区位码用 4 位数字编码，前两位称为区码，后两位称为位码，如汉字"中"的区位码为 5448。
- 国标码。国标码采用两个字节表示一个汉字。将汉字区位码中的十进制区号和位号分别转换成十六进制数，再分别加上 20H，就可以得到该汉字的国际码。例如，"中"字的区位码为 5448，区码 54 对应的十六进制数为 36，加上 20H，即 56H；而位码 48 对应的十六进制数为 30，加上 20H，即 50H，所以"中"字的国标码为 5650H。
- 机内码。在计算机内部对字符进行存储与处理所使用的编码称为机内码。对汉字系统来说，汉字机内码在汉字国标码的基础上规定,每字节的最高位为 1,每字节的低 7 位为汉字信息。将国标码的两字节编码分别加上 80H（10000000B），便可以得到机内码，如汉字"中"的机内码为 D6D0H。

### 1.2.5 多媒体技术简介

多媒体（Multimedia）是由单媒体复合而成（融合了两种或两种以上）的人机交互式信息交流

微课1-3

多媒体技术在
工作和生活中的
应用

和传播媒体。多媒体不仅包含文字、图形、图像、视频、音频和动画等媒体信息本身，还包含处理和应用这些媒体信息的一整套技术，即多媒体技术。多媒体技术是指能够同时获取、处理、编辑、存储和演示两种及以上不同类型的媒体信息的媒体技术。在计算机领域，多媒体技术就是用计算机实时、综合处理图像、文字、声频、音频等信息的技术，这些信息在计算机内都是被转换成由0和1表示的数字化信息进行处理的。

#### 1. 多媒体技术的特点

多媒体技术主要具有以下5个特点。

- 多样性。多媒体技术的多样性是指信息载体的多样性。经过多年发展，计算机所能处理的信息已从最初的数值、文字、图形扩展到音频和视频等多种形式的信息。

- 集成性。多媒体技术的集成性是指以计算机为中心综合处理多种信息，包括文字、图形、图像、音频和视频等。此外，多媒体处理工具和设备的集成性能够为多媒体系统的开发与实现建立理想的集成环境。

- 交互性。多媒体技术的交互性是指使用户可以与计算机进行交互，并提供多种交互控制功能，使人们在获取信息的同时，将信息的使用行为从被动变为主动，以增强人机操作界面的交互性。

- 实时性。多媒体技术的实时性是指多媒体技术需要同时处理音频、文字和视频等多种信息。因此，计算机应具有能够对多媒体信息进行实时处理的软硬件环境。

- 协同性。多媒体技术的协同性是指多媒体中的每一种媒体都有其自身的特性，而各媒体之间必须有机配合，并协调一致。

#### 2. 多媒体计算机的硬件

微课1-4

多媒体计算机的
硬件

多媒体计算机的硬件除了计算机的常规硬件外，还包括音频/视频处理器、多种媒体输入/输出设备、信号转换装置、通信传输设备及接口装置等。具体来说，多媒体计算机的硬件主要包括以下3类。

- 音频卡。音频卡即声卡，它是多媒体技术中最基本的硬件之一，是实现声波/数字信号相互转换的一种硬件，其基本功能是把来自话筒等的原始声音信息加以转换，通过耳机、扬声器、扩音机和录音机等设备或乐器数字接口（Music Instrument Digital Interface，MIDI）输出。

- 视频卡。视频卡也叫视频采集卡，它用于将模拟摄像机、录像机和电视机输出的视频数据或者视频和音频的混合数据输入计算机，并转换成计算机可识别的数值数据。视频卡按照其用途的不同可以分为广播级视频卡、专业级视频卡和民用级视频卡。

- 各种外部设备。多媒体在信息处理过程中会用到的外部设备主要包括摄像机、数码相机/头盔显示器、扫描仪、激光打印机、光盘驱动器、光笔、鼠标、传感器、触摸屏、话筒、音箱（或扬声器）、传真机和可视电话机等。

#### 3. 多媒体计算机的软件

多媒体计算机的软件种类较多，根据功能的不同可以分为多媒体操作系统、多媒体处理系统工具和用户应用软件3种。

- 多媒体操作系统。多媒体操作系统应具有实时任务调度、多媒体数据转换和同步控制、对多媒体设备的驱动和控制，以及图形用户界面管理等功能。目前，大部分计算机中安装的

Windows 操作系统已具备上述功能。

- 多媒体处理系统工具。多媒体处理系统工具主要包括多媒体创作软件、多媒体节目写作工具、多媒体播放工具以及其他各类多媒体处理工具，如多媒体数据库管理系统等。

- 用户应用软件。用户应用软件是根据多媒体系统终端用户的要求而定制的应用软件。国内外已经开发出了很多用于图形、图像、音频和视频处理的软件，通过这些软件，用户可以创建、收集和处理多媒体素材，制作出丰富多样的图形、图像和动画。比较流行的应用软件有 Photoshop、Illustrator、Cinema 4D、Authorware、After Effects 和 PowerPoint 等。这些软件各有所长，在多媒体数据处理过程中可以综合运用。

**4. 常见的多媒体文件格式**

在计算机中，利用多媒体技术可以对音频、图像、视频等多种媒体信息进行综合式交互处理，并以不同的多媒体文件格式进行存储。下面介绍常用的多媒体文件格式。

微课 1-5

常见的多媒体
文件格式

- 音频文件格式。在多媒体系统中，常见的音频文件格式有多种，包括 WAV、MIDI、MP3、AU 和 VOC 等。

- 图像文件格式。图像是多媒体中非常基本和重要的一种数据，包括静态图像和动态图像。其中，静态图像又分为矢量图和位图两种，动态图像又分为视频和动画两种。常见的图像文件格式有 JPEG、TIFF、BMP、GIF、PNG、WMF 等。

- 视频文件格式。视频文件一般比其他媒体文件要大一些，占用存储空间较大。常见的视频文件格式有 AVI、MOV、MPEG、ASF、WMV 等。

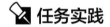

## 任务实践

### （一）巩固不同进制的转换方法

不同进制数字之间的转换是有一定规律的。本任务将带领读者进一步巩固这些转换规律，让大家能够更熟练地进行进制转换。请先熟悉表 1-3 中各种进制的转换方法，然后将指定的数字转换为要求的进制。

表 1-3　不同进制的转换方法

| 进制转换 | 方法 | 实战 |
| --- | --- | --- |
| 二进制数 → 十进制数 | 将二进制数按位权展开，然后将乘积相加 | 01011000　　→ |
| 八进制数 → 十进制数 | 将八进制数按位权展开，然后将乘积相加 | 130　　→ |
| 十六进制数 → 十进制数 | 将十六进制数按位权展开，然后将乘积相加 | 58　　→ |
| 十进制数 → 二进制数 | 整数部分采用"除 2 取余倒读"法，小数部分采用"乘 2 取整正读"法 | 168　　→ |
| 十进制数 → 八进制数 | 整数部分采用"除 8 取余倒读"法，小数部分采用"乘 8 取整正读"法 | 49　　→ |
| 十进制数 → 十六进制数 | 整数部分采用"除 16 取余倒读"法，小数部分采用"乘 16 取整正读"法 | 120　　→ |
| 二进制数 → 八进制数 | 以小数点为界，整数部分从右向左、小数部分从左向右每 3 位分为一组，不足 3 位时添 0 补齐 | 001000110100　　→ |
| 二进制数 → 十六进制数 | 以小数点为界，整数部分从右向左、小数部分从左向右每 4 位分为一组，不足 4 位时添 0 补齐 | 11110101　　→ |

续表

| 进制转换 | 方法 | 实战 |
|---|---|---|
| 八进制数 → 二进制数 | 从小数点开始，分别向左右两边进行转换，将每一位上的八进制数写成对应的 3 位二进制数 | 62　　→ |
| 十六进制数 → 二进制数 | 从小数点开始，分别向左右两边进行转换，将每一位上的八进制数写成对应的 4 位二进制数 | 7D　　→ |

## （二）探讨多媒体技术对人们的影响

多媒体技术是将文本、图像、动画、音频、视频等多种媒体信息通过计算机进行数字化加工处理，使多种媒体信息建立逻辑联系，并实现实时信息交互的系统技术。多媒体技术的特点非常鲜明，它不仅能够极大地提高处理效率，也更利于数字媒体的传播、分享和管理。多媒体技术能够实现人机互动效果，让大众接收信息的方式从被动变为主动，这样更利于信息的传播和接收。同时，多媒体技术能够将多方位的、多层次的媒体对象，如文字、图像、音频、视频、动画等结合起来，极大地提升数字媒体作品的质量，丰富数字媒体作品的形式。多媒体技术给人们带来的影响非常大，请查询资料并结合自身了解，将多媒体技术给人们带来的影响归纳到表 1-4 中。

表 1-4　多媒体技术给人们带来的影响

| 行为 | 从前 | 现在 |
|---|---|---|
| 通信 | | |
| 学习 | | |
| 出行 | | |
| 视听 | | |
| 会议 | | |
| 绘画、设计 | | |
| 保存资料 | | |

## 任务 1.3　了解并连接计算机硬件

### 任务要求

随着计算机的普及，使用计算机的人越来越多。肖磊与很多使用计算机的人一样，并不了解计算机的基本结构、计算机内部的硬件组成以及连接计算机硬件的方法。

本任务要求了解计算机的基本结构，并对微型计算机的各硬件组成（如主机及主机内部的硬件、显示器、键盘和鼠标等）有基本的认识和了解，且能将这些硬件连接在一起。

### 探索新知

#### 1.3.1　计算机的基本结构

尽管各种计算机在性能和用途等方面都有所不同，但是其基本结构都遵循冯·诺依曼体系结构，因此人们便将符合这种设计的计算机称为冯·诺依曼计算机。冯·诺依曼体系结构的计算机主要由运算器、控制器、存储器、输入设备和输出设备 5 个部分组成，这 5 个组成部分的职能和相互关系如图 1-6 所示。

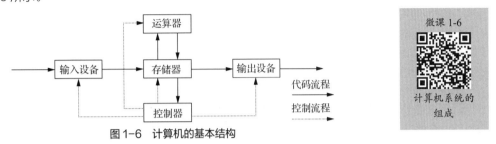

图 1-6　计算机的基本结构

从图 1-6 可知，计算机工作的核心部分是控制器、运算器和存储器。其中，控制器是计算机的指挥中心，它根据程序执行每一条指令，并向存储器、运算器等输入/输出设备发出控制信号，以达到控制计算机、使其有条不紊地进行工作的目的。运算器在控制器的控制下对存储器提供的数据进行各种算术运算（加、减、乘、除等）、逻辑运算（与、或、非、异或等）和其他处理（存数、取数等）。控制器与运算器构成中央处理器（Central Processing Unit，CPU），CPU 被称为"计算机的心脏"。存储器是计算机的记忆装置，它以二进制码的形式存储程序和数据，可以分为内存储器和外存储器。内存储器是影响计算机运行速度的主要因素之一。外存储器主要有光盘、硬盘和 U 盘等。存储器中能够存放的最大信息数量称为存储容量，常见的存储容量单位有 KB、MB、GB 和 TB 等。

输入设备是计算机系统中重要的人机交互设备，用于接收用户输入的命令和程序等信息，它负责将命令转换成计算机能够识别的二进制码，并放入内存储器。常用的输入设备主要包括键盘、鼠标等。输出设备用于将计算机处理的结果以人们可以识别的信息形式输出。常用的输出设备有显示器、打印机等。

## 1.3.2　计算机的硬件组成

计算机硬件是指计算机中看得见、摸得着的一些实体设备。从外观上看，微型计算机主要由主机、显示器、鼠标和键盘等组成。主机背面有许多插孔和接口，用于接通电源和连接键盘、鼠标等硬件；主机箱内包含主机电源、显卡、CPU、主板、内存储器和硬盘等硬件。图 1-7 所示为微型计算机的外观组成及主机内部的主要硬件。

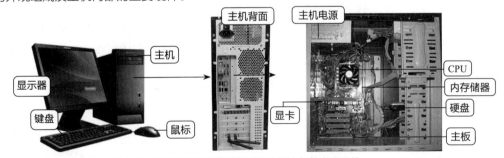

图 1-7　微型计算机的外观组成及主机内部的主要硬件

下面将对微型计算机的主要硬件进行详细介绍。

### 1. CPU

CPU 是由大规模集成电路组成的，这些电路用于实现控制功能和算术、逻辑运算功能。CPU

既是计算机的指令中枢，又是系统的最高执行单位，如图1-8所示。
CPU主要负责执行指令，是计算机系统的核心组件，在计算机系统
中有举足轻重的地位，它也是影响计算机系统运算速度的重要因素。
目前，CPU的生产厂商主要有英特尔（Intel）、超威半导体（AMD）、
威盛（VIA）和龙芯（Loongson）等，市场上销售的CPU产品大
多是由英特尔和超威半导体公司生产的。

图1-8　CPU

### 2. 主板

主板（Mainboard）也称为主机板或系统板（System Board），如图1-9所示。从外观上看，
主板是一块方形的电路板，其上布满了各种电子元器件、插座、插槽和各种外部接口。它可以为计
算机的所有部件提供插槽和接口，并通过其中的线路统一协调所有部件的工作。

随着主板制板技术的发展，CPU、显卡、声卡、网卡、基本输入/输出系统（Basic Input/Output
System，BIOS）芯片和南北桥芯片等很多计算机硬件都可以集成到主板上。其中，BIOS芯片是
一块矩形的存储器，里面存有与该主板搭配的BIOS程序，能够让主板识别各种硬件，还可以设置
引导系统的设备和调整CPU外频等，如图1-10所示。

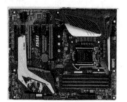

图1-9　主板　　　　　　　　图1-10　主板上的BIOS芯片

### 3. 总线

总线（Bus）是用于在计算机各种功能部件之间传输信息的公共通信干线。主机的各个部件通
过总线相连接，外部设备通过相应的接口电路与总线相连接，从而形成了计算机硬件系统。因此，
总线被形象地比喻为"高速公路"。按照为计算机传输的信息类型的不同，总线分为数据总线、地址
总线和控制总线，分别用来传输数据、地址信息和控制信号。

- 数据总线。数据总线用于在CPU与随机存储器（Random Access Memory，RAM）之
  间传输需处理或存储的数据。
- 地址总线。地址总线上传输的是CPU向存储器、输入/输出接口设备发出的地址信息。
- 控制总线。控制总线用来传输控制信号，这些控制信号包括CPU对内存储器和输入/输出接
  口的读/写信号、输入/输出接口对CPU提出的中断请求等，以及CPU对输入/输出接口的
  回答与响应信号、输入/输出接口的各种工作状态信号和其他各种功能控制信号。

目前，常见的总线标准有工业标准结构（Industry Standard Architecture，ISA）总线、PCI
（Peripheral Component Interconnect，外部设备互联）总线和扩充的工业标准结构（Extended
Industry Standard Architecture，EISA）总线等。

### 4. 存储器

计算机中的存储器包括内存储器和外存储器两种。其中，内存储器
简称内存，也叫主存储器，是计算机用来临时存放数据的地方，也是
CPU处理数据的中转站。内存的容量和存取速度直接影响CPU处理数
据的速度。图1-11所示为DDR4内存储器。

图1-11　DDR4内存储器

从工作原理上说，内存一般采用半导体存储单元，包括RAM、只
读存储器（Read-Only Memory，ROM）和高速缓存（Cache）。平
常所说的内存通常是指RAM，既可以从中读取数据，又可以写入数据，但是当计算机断电时，存

于其中的数据会丢失。一般只能从 ROM 中读取数据，不能往 ROM 中写入数据，即使计算机断电，这些数据也不会丢失，如 BIOS ROM。Cache 是指介于 CPU 与内存之间的高速存储器，通常由静态随机存储器（Static Random Access Memory，SRAM）构成。

外存储器简称外存，是指除计算机内存及 CPU 缓存以外的存储器。此类存储器一般在计算机断电后仍然能保存数据，常见的外存储器有硬盘和可移动存储设备（如 U 盘）等。

- 硬盘。硬盘是计算机中较大的存储设备，通常用于存放永久性的数据和程序。目前，硬盘有硬盘驱动器（Hard Disk Drive，HDD）和固态盘（Solid State Disk，SSD）两种。硬盘驱动器如图 1-12 所示，其内部结构比较复杂，主要由主轴电机、盘片、磁头和传动臂等组成。在硬盘驱动器中，通常将磁性物质附着在盘片上，并将盘片安装在主轴电机上。当硬盘开始工作时，主轴电机将带动盘片一起转动，盘片表面的磁头将在电路和传动臂的控制下移动，并将指定位置的数据读取出来，或将数据存储到指定的位置。硬盘容量是硬盘驱动器的主要性能指标之一，包括总容量、单片容量和盘片数 3 个参数。其中，总容量是表示硬盘驱动器能够存储多少数据的一项重要指标，通常以 TB 为单位，当前主流硬盘驱动器的容量从 1TB 到 10TB 不等。固态盘是用固态电子存储芯片阵列制成的硬盘，如图 1-13 所示。作为热门的硬盘类型，其优点是数据写入和读取的速度快，缺点是容量较小，价格较为昂贵。
- 可移动存储设备。可移动存储设备包括移动通用串行总线（Universal Serial Bus，USB）盘（简称 U 盘，如图 1-14 所示）和移动硬盘等。这类设备即插即用，容量也能基本满足人们的不同需求，是应用计算机办公不可或缺的附属配件之一。

图 1-12　硬盘驱动器　　　　　图 1-13　固态盘　　　　　图 1-14　U 盘

### 5. 输入设备

输入设备是向计算机输入数据和信息的设备，是用户和计算机系统之间进行信息交换的主要装置，用于将数据、文本和图形等转换为计算机能够识别的二进制码并将其输入计算机。键盘、鼠标、摄像头、扫描仪、触摸屏、光笔、手写输入板、游戏杆和语音输入装置等都属于输入设备。下面介绍常用的 4 种输入设备。

- 鼠标。鼠标是计算机的主要输入设备之一，因为其外形与老鼠类似，所以被称为"鼠标"。根据按键数量的不同，鼠标可以分为三键鼠标和两键鼠标；根据工作原理的不同，鼠标可以分为机械鼠标和光学鼠标。另外，还有无线鼠标和轨迹球鼠标等。
- 键盘。键盘是计算机的另一种主要输入设备，是用户和计算机进行交流的工具，用户可以通过键盘直接向计算机输入各种字符和命令。不同厂商生产的键盘型号可能不同，目前常用的键盘有 107 个按键。
- 扫描仪。扫描仪是利用光敏技术和数字处理技术，以扫描的方式将图形或图像信息转换为数字信号的设备。其主要功能是对文字和图形或图像进行扫描与输入。
- 触摸屏。触摸屏又被称为"触控屏"或"触控面板"，是一种可接收触头等输入信号的感应式液晶显示装置。当用户单击屏幕上的图形按钮时，屏幕上的触觉反馈系统可根据预先编好的程序驱动各种连接装置，并通过液晶屏显示出生动的效果。触摸屏作为一种新型的计算机输入设备，提供了简单、方便、自然的人机交互方式，主要应用于公共信息查询、工业控制、军事指挥、电子游戏、点歌点菜和多媒体教学等方面。

### 6. 输出设备

输出设备是计算机硬件系统的终端设备，用于将各种计算结果的数据或信息转换成用户能够识别的数字、字符、图像和声音等形式。常见的输出设备有显示器、音箱、打印机、耳机、投影仪、绘图仪、影像输出系统、语音输出系统等。下面介绍常用的 5 种输出设备。

- 显示器。显示器是计算机的主要输出设备，其作用是将显卡输出的信号（模拟信号或数字信号）以肉眼可见的形式表现出来。目前主要有两种显示器：一种是液晶显示（Liquid Crystal Display，LCD）器，如图 1-15 所示；另一种是使用阴极射线管（Cathode-Ray Tube，CRT）的显示器，如图 1-16 所示。液晶显示器是市面上的主流显示器，它具有辐射危害小、工作电压低、功耗低、质量轻和体积小等优点，但液晶显示器的画面颜色逼真度一般不及 CRT 显示器。显示器的常见尺寸包括 17 英寸（1 英寸=2.54 厘米）、19 英寸、20 英寸、22 英寸、24 英寸、26 英寸和 29 英寸等。

- 音箱。音箱在音频设备中的作用类似于显示器，可直接连接声卡的音频输出接口，并将声卡传输的音频信号输出为人们可以听到的声音。需要注意的是，音箱是整个音响系统的终端，只负责声音输出。音响则通常是指声音产生和输出的一整套系统，音箱是音响的一部分。

- 打印机。打印机也是计算机常见的输出设备，在办公中经常会用到，其主要功能是对文字和图像进行打印。

图 1-15　液晶显示器

图 1-16　CRT 显示器

- 耳机。耳机是一种音频设备，它能接收媒体播放器或接收器发出的信号，利用贴近耳朵的扬声器将其转化成可以听到的声波。

- 投影仪。投影仪又称投影机，是一种可以将图像或视频投射到幕布上的设备。投影仪可以通过特定的接口与计算机相连接并播放相应的视频信号，是一种负责输出的计算机周边设备。

## 任务实践——连接计算机的各组成部分

微课 1-7

连接计算机的
各组成部分

购买计算机后，计算机的主机与显示器、鼠标、键盘等通常都是分开的。用户需在收到计算机后将它们连接在一起，具体操作如下。

① 将计算机各组成部分放在桌面的相应位置，然后将 PS/2 键盘连接线插头对准主机后的键盘接口并插入，如图 1-17 所示。如果使用的是 USB 接口的键盘，则将键盘连接线插头对准主机后的 USB 接口并插入。

② 如图 1-18 所示，将 USB 鼠标连接线插头对准主机后的 USB 接口并插入，然后将显示器包装箱中配置的数据线视频图形阵列（Video Graphic Array，

VGA）插头插入显卡的 VGA 接口（如果显示器的数据线是数字视频接口（Digital Visual Interface，DVI）或高清晰度多媒体接口（High Definition Multimedia Interface，HDMI），对应连接主机后的接口即可），然后拧紧插头上的两颗固定螺丝。

③ 将显示器数据线的另外一个插头插入显示器后面的 VGA 接口，并拧紧插头上的两颗固定螺丝，再将显示器的电源线一头插入显示器电源接口，如图 1-19 所示。

图 1-17　连接键盘

图 1-18　连接鼠标和显卡

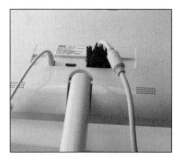
图 1-19　连接显示器

④ 检查前面安装的各种连线，确认连接无误后，将主机电源线连接到主机后的电源接口，如图 1-20 所示。

⑤ 将显示器电源线插头插入电源插线板，如图 1-21 所示。

⑥ 将主机电源线插头插入电源插线板，完成计算机各部件的连接，如图 1-22 所示。

图 1-20　连接主机

图 1-21　连接显示器电源线

图 1-22　完成计算机各部件的连接

## 任务 1.4　了解计算机软件

### 任务要求

肖磊为了学习需要，购买了一台计算机。负责组装计算机的售后人员告诉他，新买的计算机中只安装了操作系统，没有安装其他应用软件，可以在需要使用时自行安装。回校后，肖磊决定先了解计算机软件的相关知识。

本任务要求了解计算机软件的定义、系统软件及常用的应用软件。

### 探索新知

#### 1.4.1　计算机软件的定义

计算机软件（Computer Software）简称软件，是指计算机系统中的程序及其文档。程序是对计算任务的处理对象和处理规则的描述，是按照一定顺序执行的、能够完成某一任务的指令集合，而文档则是便于用户了解程序的说明性资料。

计算机之所以能够按照用户的要求运行，是因为计算机采用了程序设计语言（计算机语言）。程序设计语言是人与计算机沟通时使用的语言，用于编写计算机程序。计算机可通过程序控制计算机的工作流程，从而完成特定的设计任务。可以说，程序设计语言是计算机软件的基础。

计算机软件总体分为系统软件和应用软件两大类。

## 1.4.2　系统软件

系统软件是指控制和协调计算机及其外部设备，支持应用软件开发和运行的软件。其主要功能是调度、监控和维护计算机系统，同时负责管理计算机系统中各种独立的硬件，协调它们的工作。系统软件是应用软件运行的基础，所有应用软件都是在系统软件上运行的。

系统软件主要分为操作系统、语言处理程序、数据库管理系统和系统辅助处理程序等，具体介绍如下。

- 操作系统。操作系统（Operating System，OS）是计算机系统的指挥调度中心，它可以为各种程序提供运行环境。常见的操作系统有 Windows、Linux、鸿蒙、银河麒麟等。后文讲解的 Windows 10 就是一种操作系统。
- 语言处理程序。语言处理程序是为用户设计的编程服务软件，用来编译、解释和处理各种程序所使用的计算机语言，是人与计算机相互交流的一种工具。常见的计算机语言包括机器语言、汇编语言和高级语言 3 种。由于计算机只能直接识别和执行机器语言，因此如果要在计算机上运行高级语言程序就必须配备程序语言翻译程序。程序语言翻译程序本身是一组程序，高级语言都有相应的程序语言翻译程序。
- 数据库管理系统。数据库管理系统（Database Management System，DBMS）是一种用来操作和管理数据库的大型软件，它是位于用户和操作系统之间的数据管理软件，也是用于建立、使用和维护数据库的管理软件。数据库管理系统可以组织不同类型的数据，以便用户能够有效地查询、检索和管理这些数据。常用的数据库管理系统有 SQL Server、Oracle 和 Access 等。
- 系统辅助处理程序。系统辅助处理程序也称软件研制开发工具或支撑软件，主要有编辑程序、调试程序等，这些程序的作用是维护计算机的正常运行，如 Windows 操作系统中自带的磁盘清理程序等。

微课 1-8
主要应用领域的
应用软件

## 1.4.3　应用软件

应用软件是指一些具有特定功能的软件，即为解决各种实际问题而开发的程序，包括各种程序设计语言，以及用各种程序设计语言开发的应用程序。计算机中的应用软件种类繁多，这些软件能够帮助用户完成特定的任务，如要编辑一篇文章可以使用 Word，要制作一份报表可以使用 Excel。常见应用软件的应用领域有办公、图形处理与设计、图文浏览、翻译与学习、多媒体播放和处理、网站开发、程序设计、磁盘分区、数据备份与恢复、网络通信等。

### ✍ 任务实践——区分常用软件的类型和作用

使用计算机时不可避免地会借助各种应用软件，没有这些应用软件，计算机也无法发挥它应有的功能。熟悉各种常用软件的类型和作用，有助于我们在使用计算机时选择更为合适的软件来帮助自己完成学习和工作中的任务。请填写表 1-5 中所罗列软件的类型和作用，加深对常用软件的了解。

**表 1-5　常用软件的类型和作用**

| 应用软件名称 | 类型 | 主要作用 |
| --- | --- | --- |
| WPS Office | | |
| Word | | |
| Excel | | |
| PowerPoint | | |
| Photoshop | | |
| QQ | | |
| IE 浏览器 | | |
| 迅雷 | | |
| 360 杀毒 | | |
| 酷狗音乐 | | |
| 暴风影音 | | |
| 搜狗拼音输入法 | | |

## 任务 1.5　了解并使用操作系统

### 任务要求

肖磊是一名即将毕业的大学生，为了更好地适应将来的工作，他应聘了一份办公室行政工作，以实习生的身份在岗位上接受锻炼。上班第一天，他发现公司计算机的所有操作系统都是 Windows 10，其操作界面与他在学校时使用的 Windows 7 操作系统有较大的差异。为了日后能更高效地工作，肖磊决定先熟悉 Windows 10 操作系统。

本任务要求了解操作系统的概念、功能与种类以及掌握启动与退出 Windows 10 的方法，并熟悉 Windows 10 的桌面组成。

### 探索新知

#### 1.5.1　计算机操作系统的概念、功能与种类

在了解 Windows 10 操作系统前，让我们先了解计算机中操作系统的概念、功能与种类。

**1. 操作系统的概念**

操作系统是一种系统软件，用于管理计算机系统的硬件与软件资源、控制程序的运行、改善人机交互界面以及为其他应用软件提供支持等，可使计算机系统中的所有资源最大限度地发挥作用，并可为用户提供方便、有效和友好的服务界面。操作系统是一个庞大的管理控制程序，它直接运行在计算机硬件上，是基本的系统软件，也是计算机系统软件的核心，还是靠近计算机硬件的第一层软件，其所处的位置如图 1-23 所示。

**2. 操作系统的功能**

通过上面介绍的操作系统的概念可以看出，操作系统的功能通过控制和管理计算机的硬件资源和软件资源来提高计算机资源的利用率，从

图 1-23　操作系统所处的位置

而方便用户使用。具体来说，操作系统具有以下 6 个方面的功能。

- 进程与处理机管理。通过操作系统处理机管理模块来确定对处理机的分配策略，实施对进程或线程的调度和管理。进程与处理机管理包括调度（作业调度、进程调度）、进程控制、进程同步和进程通信等内容。

- 存储管理。存储管理的实质是对存储空间的管理，即对内存的管理。操作系统的存储管理负责将内存单元分配给需要内存的程序以便让它执行，在程序执行结束后，再将程序占用的内存单元收回以便再次使用。此外，存储管理还要保证各用户进程之间互不影响，保证用户进程不会破坏系统进程，并提供内存保护。

- 设备管理。设备管理是指对硬件设备的管理，包括对各种输入/输出设备的分配、启动、完成和回收等。

- 文件管理。文件管理又称信息管理，是指利用操作系统的文件管理子系统为用户提供方便、快捷、共享和安全的文件使用环境，包括文件存储空间管理、文件操作、目录管理、读/写管理和存取控制等。

- 网络管理。网络管理指网络环境下的通信、网络资源管理、网络应用等特定功能。操作系统具备操作 TCP/IP 的能力，可以连入网络，并且与其他网络系统分享文件、打印机与扫描仪等资源。

- 提供良好的用户界面。操作系统是计算机与用户之间的"接口"。为了方便用户的操作，操作系统必须为用户提供良好的用户界面。

**3. 操作系统的种类**

可以从以下 3 个角度对操作系统进行分类。

- 从用户的角度分类，操作系统可分为 3 种：单用户、单任务操作系统（如 DOS），单用户、多任务操作系统（如 Windows 9x），多用户、多任务操作系统（如 Windows 10）。

- 从硬件规模的角度分类，操作系统可分为微型机操作系统、小型机操作系统、中型机操作系统和大型机操作系统 4 种。

- 从系统操作方式的角度分类，操作系统可分为批处理操作系统、分时操作系统、实时操作系统、PC 操作系统、网络操作系统和分布式操作系统 6 种。

目前计算机上常见的操作系统有 DOS、OS/2、UNIX、Linux、Windows 和 NetWare 等。虽然操作系统种类多样，但所有的操作系统都具有并发性、共享性、虚拟性和不确定性 4 个基本特征。

> **提示** 多用户即一台计算机上可以有多个用户，单用户即一台计算机上只能有一个用户。如果用户在同一时间可以运行多个应用程序（每个应用程序被称作一个任务），则称这样的操作系统为多任务操作系统；如果用户在同一时间只能运行一个应用程序，则称这样的操作系统为单任务操作系统。

## 1.5.2 手机操作系统

微课 1-9

手机操作系统的发展

智能手机操作系统是一种功能十分强大的操作系统，具有安装和删除第三方应用程序便捷、用户界面良好、应用扩展性强等特点。目前使用较多的手机操作系统有安卓操作系统（Android OS）、iOS 等。

- Android OS。Android OS 是谷歌公司以 Linux 为基础开发的开放源代码操作系统。Android 设备包括操作系统、用户界面和应用程序，是一种融入了全部 Web 应用的单一平台，具有触摸使用、高级图形显示和可联网等功能，且具有界面性能强大等优点。

- iOS。iOS 原名为 iPhone OS，其核心源自 Apple 达尔文（Darwin），主要应用于 iPhone 等设备上。它以 Darwin 为基础，系统架构分为核心操作系统层、核心服务层、媒体层、可轻触层 4 个层次。iOS 设备采用全触摸设计，娱乐性强，第三方软件较多，但 iOS 较为封闭，与其他操作系统的应用软件不兼容。

### 1.5.3  启动与退出 Windows 10

在计算机上安装 Windows 10 后，启动计算机便可进入 Windows 10 的桌面。

**1. 启动 Windows 10**

开启计算机显示器和主机箱的电源开关，Windows 10 将载入内存，接着对计算机的主板和内存等进行检测。系统启动后将进入 Windows 10 欢迎界面，若只有一个用户且没有设置用户密码，则直接进入系统桌面；如果系统存在多个用户且设置了用户密码，则需要选择用户并输入正确的密码才能进入系统。

微课 1-10

启动 Windows 10

**2. 了解 Windows 10 桌面**

启动 Windows 10 后，屏幕上即显示 Windows 10 桌面。由于 Windows 10 有多种不同的版本，所以其桌面样式也有所不同。下面以 Windows 10 专业版为例介绍其桌面组成。在默认情况下，Windows 10 的桌面主要由桌面图标、鼠标指针和任务栏 3 个部分组成，如图 1-24 所示。

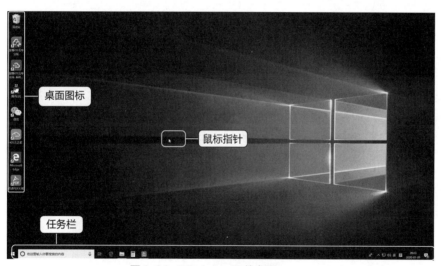

鼠标指针的形态
与含义

图 1-24　Windows 10 的桌面

- 桌面图标。桌面图标一般是程序或文件的快捷方式，程序或文件的快捷方式左下角有一个小箭头。安装新软件后，桌面上一般会增加相应的快捷方式，如"腾讯 QQ"的快捷方式对应的图标为 。默认情况下，桌面只有"回收站"一个系统图标。双击桌面上的某个图标可以打开该图标对应的窗口。

添加图标到桌面

- 鼠标指针。在 Windows 10 中，鼠标指针在不同的状态下有不同的形状，代表用户当前可进行的操作或系统当前的状态。
- 任务栏。默认情况下任务栏位于桌面的最下方，由"开始"按钮 、搜索框、"任务视图"按钮 、任务区、通知区域和"显示桌面"按钮 6 个部分组成。其中，搜索框、"任务视图"是 Windows 10 的新增功能。在搜索框中单击，将打开搜索界面。在该界面中可以通过打字或语音输入的方式快速打开某一个应用，也可以实现聊天、看新闻、设置提醒等操作。单击"任务视图"按钮，可以让一台计算机同时拥有多个桌面。其中，"桌面 1"显示当前该桌面运行的应用窗口。如果想使用一个干净的桌面，则可直接单击"桌面 2"图标。

> **提示** Windows 10 默认只显示一个桌面。若想添加一个桌面，单击任务栏中的"任务视图"按钮，然后单击桌面上的"新建桌面"按钮即可。若想添加多个桌面，则继续单击"新建桌面"按钮，每单击一次就增加一个桌面。

微课 1-11
退出 Windows 10

### 3. 退出 Windows 10

计算机操作结束后需要退出 Windows 10。退出 Windows 10 的方法是：保存文件或数据，关闭所有打开的应用程序；单击"开始"按钮，在打开的"开始"菜单中单击"电源"按钮；然后在打开的列表中选择"关机"选项。成功关闭计算机后，再关闭显示器的电源。

## 1.5.4 了解 Windows 10 窗口

双击桌面上的"此电脑"图标，将打开"此电脑"窗口，如图 1-25 所示。这是一个典型的 Windows 10 窗口，包括标题栏、功能区、地址栏、搜索栏、导航窗格、窗口工作区、状态栏等组成部分。各个组成部分的作用如下。

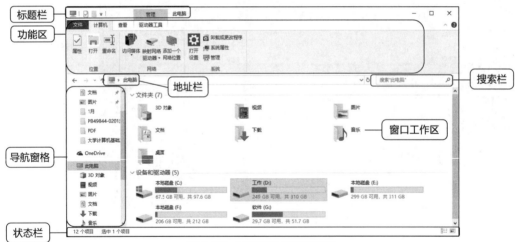

图 1-25 "此电脑"窗口的组成

- 标题栏。标题栏用于显示当前窗口的标题。
- 功能区。功能区是以选项卡的方式显示的，其中存放了各种操作命令。要执行功能区中的操作命令，只需选择对应的操作命令并单击对应的操作按钮即可。
- 地址栏。地址栏用于显示当前窗口文件在系统中的位置。其左侧包括"返回"按钮←、"前进"按钮→和"上移"按钮↑，用于打开最近浏览过的窗口。
- 搜索栏。搜索栏用于快速搜索计算机中的文件。
- 导航窗格。单击导航窗格中的选项可快速切换窗口或打开其他窗口。
- 窗口工作区。窗口工作区用于显示当前窗口中存放的文件和文件夹内容。
- 状态栏。状态栏用于显示当前窗口所包含项目的数量和项目的排列方式。

### 1.5.5 了解"开始"菜单

单击桌面任务栏左下角的"开始"按钮 ，即可打开"开始"菜单。计算机中几乎所有的应用都可在"开始"菜单中启动。"开始"菜单是操作计算机的重要菜单，即使是桌面上没有显示的文件或程序，也可以通过"开始"菜单找到并启动。"开始"菜单的主要组成部分如图 1-26 所示。

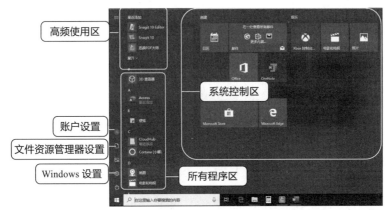

图 1-26　"开始"菜单的主要组成部分

"开始"菜单各个部分的作用如下。

- 高频使用区。根据用户使用程序的频率，Windows 10 会自动将使用频率较高的程序显示在该区域中，以便用户快速启动所需程序。
- 所有程序区。选择"所有程序"命令，高频使用区将显示计算机中已安装的所有程序的启动图标或程序文件夹。选择相应选项即可启动相应的程序，此时"所有程序"命令会变为"返回"命令。
- 账户设置。单击"账户"图标 ，可以在打开的列表中进行账户注销、账户锁定和更改账户 3 种操作。
- 文件资源管理器设置。文件资源管理器主要用来管理操作系统中的文件和文件夹。通过文件资源管理器可以方便地完成新建文件、选择文件、移动文件、复制文件、删除文件和重命名文件等操作。
- Windows 设置。Windows 设置用于设置系统信息，包括网络和 Internet、个性化、更新和安全、Cortana、设备、隐私以及应用等。
- 系统控制区。系统控制区主要分为"创建""娱乐""浏览"3 部分，分别显示一些系统选项的快捷方式，单击相应的图标可以快速启动程序，便于用户管理计算机中的资源。

## 任务实践

### （一）管理窗口

下面举例讲解打开窗口及窗口中的对象、最大化或最小化窗口、移动和调整窗口大小、排列窗口、切换窗口和关闭窗口的操作。

**1. 打开窗口及窗口中的对象**

在 Windows 10 中，每当用户启动一个程序、打开一个文件或文件夹时都将打开一个窗口。一个窗口中包括多个对象，打开某个对象又可能会打开相应的窗口，该窗口中可能又包括其他不同的对象。

打开"此电脑"窗口中"本地磁盘(C:)"下的 Windows 目录，并返回"本

微课 1-12

打开窗口及
窗口中的对象

地磁盘(C:)"，具体操作如下。

① 双击桌面上的"此电脑"图标，或在"此电脑"图标上单击鼠标右键，在弹出的快捷菜单中选择"打开"命令，打开"此电脑"窗口。

② 双击"此电脑"窗口中的"本地磁盘(C:)"，或选择"本地磁盘(C:)"后按【Enter】键，打开"本地磁盘(C:)"窗口，如图 1-27 所示。

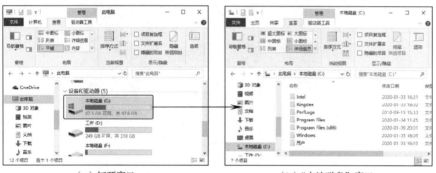

（a）打开窗口　　　　　　　　（b）"本地磁盘"窗口

图 1-27　打开"本地磁盘 (C:)"窗口

③ 双击"本地磁盘(C:)"窗口中的"Windows"文件夹，进入 Windows 目录进行查看。

④ 单击地址栏左侧的"返回"按钮←，将返回上一级"本地磁盘(C:)"窗口。

### 2. 最大化或最小化窗口

最大化窗口即将当前窗口放大到整个屏幕进行显示，可以方便用户查看窗口中的详细内容；而最小化窗口即将窗口以标题按钮的形式缩放到任务栏的任务区。

打开"此电脑"窗口中"本地磁盘(C:)"下的 Windows 目录，然后分别将窗口最大化和最小化显示，最后还原窗口，具体操作如下。

微课 1-13

最大化或最小化窗口

① 打开"此电脑"窗口，依次双击打开"本地磁盘(C:)"窗口及其中的"Windows"文件夹对应的窗口。

② 单击窗口标题栏右上角的"最大化"按钮□，此时窗口铺满整个屏幕，同时"最大化"按钮□变成"还原"按钮。单击"还原"按钮可将最大化窗口还原成原始大小。

③ 单击窗口标题栏右上角的"最小化"按钮 -，此时该窗口隐藏显示，只在任务栏的任务区中显示一个图标。单击该图标，窗口将还原到屏幕显示状态。

> **提示**　双击窗口的标题栏也可最大化窗口，再次双击可将最大化窗口还原成原始大小。

微课 1-14

移动和调整窗口大小

### 3. 移动和调整窗口大小

打开窗口后，有些窗口会遮盖屏幕上的其他窗口。为了查看被遮盖的部分，需要适当移动窗口或调整窗口大小。

将桌面上的窗口移至桌面的左侧，呈半屏显示，再调整窗口的宽度，具体操作如下。

① 将鼠标指针置于窗口标题栏上，将窗口向上拖动到屏幕顶部时，窗口会最大化显示；将窗口向屏幕最左侧或最右侧拖动时，窗口会呈半屏显示在桌面左侧或右侧。这里拖动当前窗口到桌面最左侧后释放鼠标左键，窗口会以半屏状态显示在桌面左侧，如图 1-28 所示。

（a）拖动过程　　　　　　　　　　　（b）拖动后的效果

图 1-28　将窗口移至桌面左侧时窗口呈半屏显示

> **提示**　当用户打开多个窗口后，对遮盖的窗口进行半屏显示操作，其他窗口将以缩略图的形式显示在桌面上。单击任意一个缩略图，同样可以将所选窗口半屏显示。

② 将鼠标指针移至窗口的外边框上，当鼠标指针变为⇕或⇔时，将窗口拖动到所需大小后释放鼠标左键，即可调整窗口大小。

> **提示**　将鼠标指针移至窗口的 4 个角上，当鼠标指针变为◹或◿时，将窗口拖动到所需大小时释放鼠标左键，即可调整窗口大小。

### 4. 排列窗口

在使用计算机的过程中，常常需要打开多个窗口，如既要用 Word 编辑文档，又要打开 Microsoft Edge 浏览器查询资料等。打开多个窗口后，为了使桌面整洁，可以使打开的窗口层叠、堆叠和并排显示。

微课 1-15

排列窗口

使打开的所有窗口以层叠和并排两种方式显示，具体操作如下。

① 在任务栏空白处单击鼠标右键，在弹出的快捷菜单中选择"层叠窗口"命令，可以层叠的方式排列窗口。层叠显示的效果如图 1-29 所示。

② 在任务栏空白处单击鼠标右键，在弹出的快捷菜单中选择"并排显示窗口"命令，可以并排的方式排列窗口。并排显示的效果如图 1-30 所示。

图 1-29　层叠显示的效果　　　　　　　　　　图 1-30　并排显示的效果

### 5. 切换窗口

无论打开多少个窗口，当前窗口只有一个，且所有的操作都是针对当前窗口进行的。要将某个窗口切换成当前窗口，除了单击窗口进行切换外，Windows 10 还提供了以下 3 种切换方法。

- 通过任务栏进行切换。将鼠标指针移至任务栏任务区中的某个任务图标上，将展开所有打开的该类型文件的缩略图，如图 1-31 所示，单击某个缩略图即可切换到该窗口。
- 按【Win+Tab】组合键进行切换。按【Win+Tab】组合键后，如图 1-32 所示，屏幕上将出现操作记录"时间线"，系统当前和稍早的操作记录都以缩略图的形式排列在时间线中。若想打开某一个窗口，可将鼠标指针定位至要打开的窗口中。当窗口呈现白色边框后，单击即可打开该窗口。

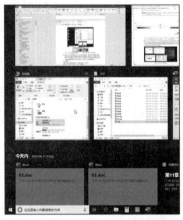

图 1-31　通过任务栏进行切换　　　　　图 1-32　按【Win+Tab】组合键进行切换

- 按【Alt+Tab】组合键进行切换。按【Alt+Tab】组合键后，屏幕上将出现任务切换栏，系统当前打开的窗口都以缩略图的形式排列在任务切换栏中；此时按住【Alt】键，再反复按【Tab】键，将显示一个白色方框，并在所有窗口缩略图标之间轮流切换；当方框移动到需要的窗口缩略图上后释放【Alt】键，即可切换到该窗口。

### 6. 关闭窗口

对窗口的操作结束后要关闭窗口。关闭窗口主要有以下 5 种方法。

- 单击窗口标题栏右上角的"关闭"按钮 ×。
- 在窗口的标题栏上单击鼠标右键，在弹出的快捷菜单中选择"关闭"命令。
- 将鼠标指针指向某个任务缩略图后，单击右上角的×按钮。
- 将鼠标指针移动到任务栏中需要关闭窗口的任务图标上，单击鼠标右键，在弹出的快捷菜单中选择"关闭窗口"命令或"关闭所有窗口"命令。
- 按【Alt+F4】组合键。

## （二）利用"开始"菜单启动程序

启动程序有多种方法，比较常用的是在桌面上双击程序的快捷方式和在"开始"菜单中选择要启动的程序。下面介绍启动程序的 5 种方法。

- 单击"开始"按钮▦，打开"开始"菜单，此时可以先在"开始"菜单左侧的高频使用区查看是否有需要打开的程序选项。如果有，则选择该程序选项以启动程序；如果高频使用区中没有要启动的程序，则在"所有程序"列表中依次单击展开程序所在的文件夹，选择需执行的程序选项以启动程序。

- 在"此电脑"中找到需要启动的程序文件，在其上双击或单击鼠标右键，在弹出的快捷菜单中选择"打开"命令。
- 双击程序对应的快捷方式。
- 单击"开始"按钮 ■，打开"开始"菜单，在"搜索程序"文本框中输入程序的名称，选择程序后按【Enter】键打开程序。
- 在"开始"菜单中要打开的程序上单击鼠标右键，在弹出的快捷菜单中选择"固定到任务栏"命令，此时，在任务栏中单击程序图标即可快速启动程序。

## 任务 1.6　定制 Windows 10 工作环境

### 任务要求

肖磊使用计算机办公有一段时间了，为了提高工作效率，肖磊准备对操作系统的工作环境进行个性化定制，但实际操作起来还是让肖磊犯了难。同事小赵了解这个情况后，主动通过定制自己的操作系统来帮助肖磊掌握相关的方法。图 1-33 所示为小赵定制的 Windows10 工作环境，涉及的具体操作如下。

- 注册一个名称为"xiaozhao"的 Microsoft 账户，然后登录该账户。
- 将"1.jpg"图片设置为本地账户头像，然后设置账户密码为"123456"。
- 将创建的 Microsoft 账户切换成本地账户。
- 将"2.jpg"图片设置为桌面背景，主题颜色从桌面背景中获取，并将其应用到"开始"菜单和任务栏中。
- 将常用的 WPS Office 程序固定到任务栏中。
- 将系统日期和时间修改为"2021 年 7 月 1 日"，将"星期一"设置为一周的第一天。

图 1-33　定制的 Windows 10 工作环境

### 探索新知

#### 1.6.1　了解用户账户

用户账户即用来记录用户的用户名、口令等信息的账户。Windows 系统都是通过用户账户登录的，这样才能更好地访问计算机、服务器。通过用户账户可以让多人共用一台计算机，还可以设置各个用户的使用权限。Windows 10 主要包含以下 4 种类型的用户账户。

- 管理员账户。管理员账户对计算机有最高控制权，拥有该账户的用户可对计算机进行任何操作。
- 标准账户。标准账户是日常使用的基本账户，拥有该账户的用户可运行应用程序，能对系统进行常规设置。需要注意的是，这些设置只对当前标准账户生效，计算机和其他账户不受该账户设置的影响。
- 来宾账户。来宾账户是用于他人暂时使用计算机时登录的账户。可以使用来宾账户直接登录到系统，不需要输入密码，其权限比标准账户的更少，无法对系统进行任何设置。
- Microsoft 账户。Microsoft 账户是使用微软账号登录的网络账户。使用 Microsoft 账户登录计算机进行的任何个性化设置都会"漫游"到用户的其他设备或计算机端口。

### 1.6.2 了解 Microsoft 账户

使用 Microsoft 账户可以同步计算机设置，即只要在不同的 Windows 10 设备上登录 Microsoft 账户，就可以通过同步设置将 Web 浏览器设置、密码、颜色和主题等内容，以及打印机、鼠标、文件资源管理器等设备信息在各个设备上同时更新。

设置同步的方法很简单，在"设置"窗口的左侧选择"同步你的设置"选项，在右侧将需要同步的内容设置为"开"状态即可。

### 1.6.3 了解虚拟桌面

Multiple Desktops 功能又称虚拟桌面功能，即用户可以根据自己的需要在同一个操作系统中创建多个桌面，并能快速地在不同桌面之间进行切换，还能在不同的窗口中以某种推荐的方式显示窗口。单击右侧的加号可新增一个虚拟桌面。

### 1.6.4 了解多窗口分屏显示

通过分屏功能可将多个不同桌面的应用窗口展示在一个屏幕中，并能使当前应用和其他应用自由组合成多个任务的模式。将鼠标指针移到桌面的应用窗口上，按住鼠标左键不放，将窗口向四周拖动，直至屏幕出现灰色透明状的分屏提示框，释放鼠标左键即可实现分屏显示。

## 📝 任务实践

### （一）注册 Microsoft 账户

微课 1-16

注册 Microsoft
账户

要使用 Microsoft 账户，首先需要注册一个 Microsoft 账户。注册完成后，即可使用该账户登录相关设备进行使用。下面通过网页创建名称为"xiaozhao"的 Microsoft 账户，具体操作如下。

① 打开浏览器，搜索 Microsoft 账户注册的相关内容；打开相应的 Microsoft 登录页面，在其中直接单击"没有账户？创建一个！"超链接，如图 1-34 所示，打开"创建账户"页面。

② 在"创建账户"页面中输入邮箱信息，单击 下一步 按钮；打开"创建密码"页面，输入需要设置的密码，单击 下一步 按钮。

③ 在打开的页面中设置姓名，单击 下一步 按钮；继续在打开的页面中根据提示设置相关的账

户信息，然后单击 下一步 按钮。

④ 在打开的"创建账户"页面中进行验证，单击 下一步 按钮。稍等片刻即可完成账户的创建，效果如图 1-35 所示。

图 1-34　单击超链接

图 1-35　完成账户的创建

<blockquote>
提示　按【Win+I】组合键打开"设置"窗口，然后选择"账户"选项；在打开的窗口的左侧选择"电子邮件和账户"选项，在右侧单击"添加账户"选项；打开"添加账户"对话框，在其中单击"创建免费账户"选项，也可开始 Microsoft 账户的注册。
</blockquote>

## （二）设置头像和密码

账户头像一般为默认的灰色头像，用户可将喜欢的图片设置为账户头像。下面将"1.jpg"图片设置为当前账户的头像，然后设置登录密码为"123456"，具体操作如下。

微课 1-17

设置头像和密码

① 打开"设置"窗口，在"账户信息"中的"创建头像"栏中选择"从现有图片中选择"选项，打开"打开"对话框。

② 在"打开"对话框中选择"1.jpg"图片，单击 选择图片 按钮，返回"设置"窗口即可查看设置的账户头像，如图 1-36 所示。

③ 在"设置"窗口左侧选择"登录选项"选项，在右侧单击"密码"下方的 添加 按钮，在打开的界面中设置密码为"123456"、密码提示为"数字"，然后单击 下一步 按钮；在打开的界面中会提示密码创建完成，单击 完成 按钮即可，如图 1-37 所示。

图 1-36　查看设置的账户头像

图 1-37　创建账户密码

## （三）本地账户和 Microsoft 账户的切换

微课 1-18

本地账户和
Microsoft 账户的
切换

本地账户是计算机启动时登录的账户，只作为计算机登录的账户使用。本地账户可与 Microsoft 账户进行相互切换。下面将启动时登录的"xiaozhao"账户切换成本地账户，具体操作如下。

① 打开"设置"窗口，在"账户信息"中单击"改用本地账户登录"超链接。

② 在打开的对话框中输入 Microsoft 账户的密码，单击 下一步 按钮；打开"添加安全信息"对话框，输入手机号，单击 下一步 按钮。

③ 系统会提示保存工作，单击 注销并完成 按钮，在切换到的对话框中继续单击 注销并完成 按钮，系统开始注销账户并切换到本地账户登录。

## （四）设置桌面背景

微课 1-19

设置桌面背景

桌面背景又叫壁纸，用户可以使用系统自带的图片作为桌面背景，也可以将自己喜欢的图片设置为桌面背景。设置桌面背景可分为设置静态的桌面背景和设置动态的桌面背景两种。下面将"2.jpg"图片设置为静态的桌面背景，具体操作如下。

① 在桌面空白处单击鼠标右键，在弹出的快捷菜单中选择"个性化"命令。

② 打开个性化设置窗口，在右侧的"选择图片"栏中选择需要的图片，即可更改桌面背景。

③ 这里在"选择图片"栏中单击 浏览 按钮，打开"打开"对话框，在其中选择"2.jpg"图片；单击 选择图片 按钮，返回个性化设置窗口。关闭窗口后，即可看到设置桌面背景后的效果，如图 1-38 所示。

图 1-38　设置桌面背景后的效果

> **提示**　个性化设置窗口右侧的"选择契合度"下拉列表提供了 5 种背景图片放置方式："填充"选项表示将图片等比例放大或缩小到整个屏幕，"适应"选项表示按照屏幕大小来调整图片，"拉伸"选项表示将图片横向或纵向拉伸到整个屏幕，"平铺"选项表示将图片铺满整个屏幕，"居中"选项表示将图片居中显示在屏幕中。

## （五）设置主题颜色

主题颜色指窗口、选项、"开始"菜单、任务栏和通知区域等显示的颜色，设置主题颜色即自定义这些对象的显示颜色。可从桌面背景中提取颜色进行更改，也可自定义颜色。下面将通过提取桌面背景颜色的方式来设置主题颜色，具体操作如下。

微课 1-20

设置主题颜色

① 打开个性化设置窗口，在左侧单击"颜色"选项卡，在右侧的"选择一种颜色"栏中选中"从我的背景自动选取一种颜色"复选框。

② 在下方选中"显示'开始'菜单、任务栏和操作中心的颜色"和"标题栏和窗口边框"复选框。

③ 设置完成后，关闭窗口返回桌面，打开"开始"菜单可查看效果，如图 1-39 所示。

图 1-39　设置主题颜色后的效果

## （六）保存主题

可从网上下载 Windows 10 的系统主题，也可将计算机中设置的主题保存并分享给他人。前面介绍了对系统的外观进行个性化设置，下面把已设置的个性化外观保存为"护眼"主题，具体操作如下。

微课 1-21

保存主题

① 打开个性化设置窗口，在左侧单击"主题"选项卡，在右侧单击 保存主题 按钮。

② 在打开的"保存主题"对话框中输入"护眼"文本，单击 保存 按钮，此时主题被保存，在"应用主题"栏中将显示新的主题名称。

**提示**　在"应用主题"栏中选择需要的主题选项即可应用该主题，在其上单击鼠标右键，在弹出的快捷菜单中选择"保存用于共享的主题"命令，打开"另存为"对话框，在其中进行设置。完成设置后单击 保存 按钮，打开用来保存主题的文件夹，通过网络可将保存的主题发送给其他人。

## （七）自定义任务栏

微课 1-22

自定义任务栏

任务栏是位于桌面底部的长条，由任务区、通知区域和"显示桌面"按钮等组成。Windows 10 取消了快速启动工具栏，若要快速启动程序，可将程序固定到任务栏。下面将"WPS Office"程序固定到任务栏中，具体操作如下。

① 单击"开始"按钮■，在高频使用区中找到"WPS Office"程序，单击鼠标右键，在弹出的快捷菜单中选择"更多"命令，在子菜单中选择"固定到任务栏"命令。

② 此时可看到"WPS Office"程序被固定到了任务栏中。

**提示** 若程序已打开，可在任务栏中的程序图标上直接单击鼠标右键，在弹出的快捷菜单中选择"固定到任务栏"命令。

## （八）设置日期

微课 1-23

设置日期

默认情况下，系统显示的日期和时间会自动与系统所在区域的互联网时间同步。当然，也可以手动更改系统的日期和时间。下面将系统日期修改为 2021 年 7 月 1 日，然后设置星期一为一周的第一天，具体操作如下。

① 将鼠标指针移至任务栏右侧的时间显示区域上，单击鼠标右键，在弹出的快捷菜单中选择"设置日期/时间"命令。

② 打开日期和时间设置窗口，单击"自动设置时间"按钮，使其处于"关"状态，然后单击 更改 按钮。

③ 打开"更改日期和时间"对话框，在对应的下拉列表中设置日期为 2021 年 7 月 1 日，完成设置后单击 更改 按钮，如图 1-40 所示。

④ 在左侧单击"区域"选项卡，在右侧的"区域格式数据"栏中单击"更改数据格式"按钮，打开更改数据格式设置窗口，在"一周的第一天"下拉列表中选择"星期一"选项，如图 1-41 所示。

图 1-40　设置日期

图 1-41　设置日期的数据格式

我们已经知道，计算机系统主要由硬件系统和软件系统两大部分组成，这两大部分的功能直接决定了计算机的功能。拥有强大的硬件系统，但没有先进的软件，那么计算机的性能会"无用武之地"；相反，拥有先进的软件，但无法提供足够的硬件支持，那么软件使用起来也"力不从心"。硬件系统中，处理器是重中之重；软件系统中，操作系统则是中流砥柱。随着我国国力的不断提升以及科技和经济实力的不断增强，我国拥有了自主研发芯片和操作系统的能力。

**1. 中国芯与光刻机**

中国芯是指由我国自主研发并生产制造的计算机处理芯片。目前制造的通用芯片包括魂芯系列、龙芯系列、威盛系列、神威系列、飞腾系列、申威系列等。芯片作为集成电路上的重要载体，广泛应用于信息技术、军工、航天等各个领域，是能够影响一个国家现代工业的重要因素。

我国政府早在多年前就已经大力支持国内企业进行芯片的自主研发和生产制造，目的就是填补国内芯片研发和制造的空白。

在工业生产中，机床是核心设备，没有它就不能生产各种工业产品的零部件。对于芯片制造而言，其最核心的设备就是光刻机，它是光刻技术的载体，而光刻技术又是芯片技术的重要部分。如果想要自主研发和生产芯片，光刻机就是必不可少的设备。图 1-42 所示为正在工作的光刻机。

图 1-42　正在工作的光刻机

光刻机的原理可以简单理解为利用光将图案投射到硅片上，而如何让图案尽可能小（目前 $1mm^2$ 可容纳 $1×10^8$ 个晶体管）、生产效率尽可能高（目前的核心技术可以在 1h 出产近 300 片 300mm² 大小的晶圆，每片晶圆包含上千个芯片）就成了光刻机的技术难点。

我国光刻机技术水平与国际先进水平存在一定的差距，但通过科学家们的不断努力，这个差距已经变得越来越小。当中国光刻机的技术更加成熟和先进后，"中国芯"将真正实现腾飞！

**2. 国产操作系统**

我国从 20 世纪 70 年代就开始进行以 UNIX 为基础的操作系统的研发，并先后研发出了 20 多种不同版本的操作系统，它们大多数都是以 UNIX 或 Linux 操作系统为基础进行二次开发的成果。随着技术的不断成熟，国产操作系统在保持安全可控上的一贯优势的同时，已经可以支持 90% 以上的常用办公应用。整体来看，国产操作系统呈现从"可用"阶段迈向"好用"阶段的良性发展趋势。目前为止，市场上主流的国产操作系统共计 10 余个，部分操作系统如图 1-43 所示。

| 国产操作系统 | | |
|---|---|---|
| 中标麒麟 | 银河麒麟 | Deepin（深度Linux） |
| 一铭 | 中科方德 | NewStart 中兴新支点 |
| 起点（StartOS） | 优麒麟 | 红旗Linux |

图 1-43　国产操作系统

## 课后练习

**1. 选择题**

（1）1946 年诞生的世界上第一台通用计算机是（　　）。

A. UNIVAC-I　　B. EDVAC　　C. ENIAC　　D. IBM

（2）1KB 的准确数值是（　　）。

A. 1024Byte　　B. 1000Byte　　C. 1024bit　　D. 1024MB

（3）十进制数 55 转换成二进制数等于（　　）。

A. 111111　　B. 110111　　C. 111001　　D. 111011

（4）多媒体信息不包括（　　）。

A. 动画、影像　　B. 文字、图像　　C. 声卡、光驱　　D. 音频、视频

（5）计算机的硬件系统主要包括运算器、控制器、存储器、输出设备和（　　）。

A. 键盘　　B. 鼠标　　C. 输入设备　　D. 显示器

（6）下列叙述中，错误的是（　　）。

A. 内存储器一般由 ROM、RAM 和 Cache 组成

B. RAM 中存储的数据一旦计算机断电就全部丢失

C. CPU 可以直接存取硬盘中的数据

D. 存储在 ROM 中的数据在计算机断电后也不会丢失

（7）ROM 是指（　　）。

A. 高速缓存　　B. 只读存储器　　C. 随机存取存储器　　D. 光盘

（8）下列软件中，属于应用软件的是（　　）。

A. Windows 10　　B. WPS Office　　C. UNIX　　D. Linux

（9）计算机的操作系统是（　　）。

A. 计算机中使用广泛的应用软件　　B. 计算机系统软件的核心

C. 计算机的专用软件　　D. 计算机的通用软件

（10）下列关于 Windows 10 的叙述，错误的是（　　）。

A. 可支持鼠标操作　　B. 可同时运行多个程序

C. 不支持即插即用　　D. 桌面上可同时容纳多个窗口

（11）单击窗口标题栏右侧的 — 按钮后，会（　　）。

A. 将窗口关闭　　B. 打开一个空白窗口

C. 使窗口独占屏幕　　D. 使当前窗口最小化

**2. 操作题**

（1）设置桌面背景，将图片放置方式设置为"填充"。

（2）创建一个以自己名字为名称的 Microsoft 账户。

（3）修改账户头像和密码，头像为计算机自带的任意一张图片，密码为"aaaaaa"。

（4）修改主题样式，然后自定义任务栏，将计算器程序固定到任务栏中。

（5）将系统字体的安装设置为允许使用快捷方式安装和直接安装。

（6）将输入法切换为微软拼音输入法，并在打开的记事本程序中输入"今天是我的生日"。

# 项目二
## 打造精美文档——文档制作

02

## 情景导入

肖磊在计算机上安装了 WPS Office 办公软件，准备利用这款软件练习各种文档的制作，例如制作学习计划、毕业论文等个人使用的文档，或者招牌启事、公司简介等组织使用的文档等。实际上，随着信息技术的不断发展以及计算机的普及，人们在日常生活、学习和工作中，几乎都会利用各种办公软件来制作需要的文件，而 WPS Office 则是这类软件中广受青睐的一款。该软件是北京金山办公软件股份有限公司推出的办公软件，具有强大的文字处理功能，不仅能够编辑与设置文字，还能制作出图文并茂的专业文档。

## 课堂学习目标

- 编辑学习计划。
- 制作招聘启事。
- 编辑公司简介。

- 制作产品入库单。
- 排版考勤管理规范。
- 排版和打印毕业论文。

## 任务 2.1　编辑学习计划

### 任务要求

开学第一天，辅导员要求同学们制作一份针对大学生涯的电子版学习计划。肖磊先列出了学习计划大纲，再利用 WPS Office 的文字功能完成了"学习计划"文档的编辑，完成后的文档部分效果如图 2-1 所示。对于本任务，肖磊需要按以下要求完成文档的制作。

查看"学习计划"
的相关知识

图 2-1　"学习计划"文档部分效果

- 新建一个空白文档，并将其以"学习计划"为名进行保存。
- 在文档中通过即点即输方式输入文本。
- 将"2020 年 3 月"文本移动到文档末尾的右下角。

- 查找并替换全文中的"自已"为"自己"。
- 将文档标题"学习计划"修改为"计划"。
- 撤销和恢复所做的修改，然后保存文档。

## 探索新知

### 2.1.1 启动和退出 WPS 文字

用户启动 WPS Office 后，进入其首页便可同时启动相应的组件，其中主要包括 WPS 文字、WPS 表格、WPS 演示和 PDF 等。下面介绍 WPS Office 首页和 WPS 文字的启动与退出方法。

#### 1. 熟悉 WPS Office 首页

单击"开始"按钮 🏁，在打开的"开始"菜单中选择"WPS Office"选项，进入图 2-2 所示的 WPS Office 首页。

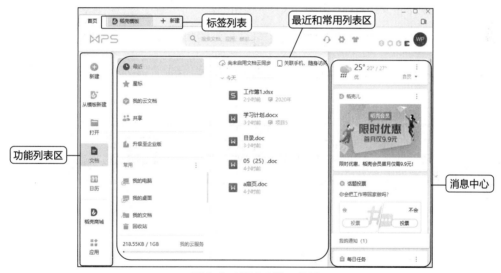

图 2-2　WPS Office 首页

- 标签列表。标签列表位于 WPS Office 首页的顶端，包括"新建"按钮 +（用于新建文档、表格、演示和 PDF 等）和"稻壳模板"（用于进入稻壳商城搜索所需的 Office 模板）。
- 功能列表区。功能列表区位于 WPS Office 首页的最左侧，包括"新建"按钮 ⊕（用于新建文档、表格、演示和 PDF 等）、"从模板新建"按钮 📄、"打开"按钮 📁（用于打开当前计算机中保存的 Office 文档）和"文档"按钮 📄（用于显示最近打开过的文档的信息）等。
- 最近和常用列表区。最近和常用列表区位于 WPS Office 首页的中间偏左部分，包括用户最近访问的文档的列表（用于同步显示多设备文档内容）和常用文档的位置。
- 消息中心。消息中心位于 WPS Office 首页的最右侧，主要用于显示天气预报、话题投票和每日任务等内容。

#### 2. 启动 WPS 文字

将 WPS Office 安装到计算机上以后，可以使用以下任意一种方法启动 WPS 文字组件，进入其文档编辑界面。

- 单击"开始"按钮⊞，在打开的"开始"菜单中选择"WPS Office"选项启动该软件，进入 WPS Office 首页；单击"新建"按钮➕或按【Ctrl+N】组合键，在"新建"标签列表中单击"文字"按钮▦。

- 创建 WPS Office 的桌面快捷方式，然后双击该快捷方式▨，进入 WPS Office 首页；单击功能列表区中的"打开"按钮▤，在打开的"打开"对话框中选择某个已经存在于计算机上的 WPS 文档，单击 打开(O) 按钮可启动 WPS 文字并打开所选的文档。

- 将 WPS Office 锁定在计算机任务栏中的快速启动区，单击 WPS Office 图标▨；进入 WPS Office 首页后，在"最近和常用列表区"中双击最近打开过的 WPS 文档。

### 3. 退出 WPS 文字

退出 WPS 文字主要有以下 4 种方法。

- 单击 WPS Office 窗口右上角的"关闭"按钮✕，将关闭所有打开的 WPS 文档。

- 按【Alt+F4】组合键。

- 在标签列表中选择要关闭的 WPS 文档，在该文档名称上单击鼠标右键，在弹出的快捷菜单中选择"关闭"命令。

- 单击标签列表中文档名称右侧的"关闭"按钮✕。

## 2.1.2 熟悉 WPS 文字的工作界面

启动 WPS 文字后，将进入其工作界面，如图 2-3 所示。下面介绍 WPS 文字工作界面的主要组成部分。

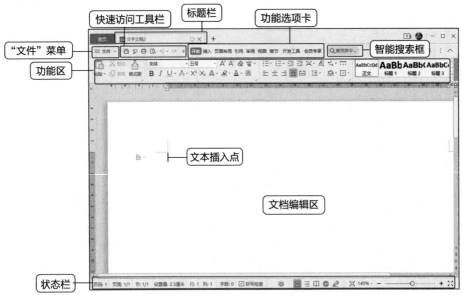

图 2-3 WPS 文字的工作界面

### 1. 标题栏

标题栏位于 WPS 文字工作界面的最顶端，主要用于显示文档名称。单击"关闭"按钮✕便可关闭当前文档。

### 2. 快速访问工具栏

快速访问工具栏中显示了常用的工具按钮，默认按钮有"保存"按钮▤、"输出为 PDF"按钮▥、"打印"按钮▤、"打印预览"按钮▥、"撤销"按钮↺、"恢复"按钮↻。用户还可自定义按钮，只需单击该工具栏右侧的"自定义快速访问工具栏"按钮 ✓，在打开的下拉列表中选择相应选项即可。

**3. "文件"菜单**

"文件"菜单与 WPS Office 其他组件中的"文件"菜单类似，主要用于执行与该组件相关的文档的新建、打开、保存、加密、分享等基本操作。单击"文件"菜单，在打开的菜单中选择"选项"命令可打开"选项"对话框，在其中可对 WPS 文字进行常规与保存、修订、编辑、视图、自定义功能区等多项设置。

**4. 功能选项卡**

WPS 文字默认包含若干功能选项卡，单击任一功能选项卡可打开对应的功能区，单击其他功能选项卡可切换到相应的功能区。每个功能选项卡中分别包含相应的功能集合。

**5. 功能区**

功能区位于功能选项卡的下方，其作用是快速编辑文档。功能区中主要集中显示了对应功能选项卡的功能集合，包括常用按钮或下拉列表。例如，在"开始"选项卡中就包括"字号"下拉列表 五号 、"加粗"按钮 B、"居中对齐"按钮 ≡ 等。

**6. 智能搜索框**

智能搜索框包括查找命令和搜索模板两种功能。通过智能搜索框，用户可轻松找到相关的操作说明。例如，需在文档中插入目录时，可以直接在智能搜索框中输入"目录"，此时会显示一些关于目录的信息。将鼠标指针定位到"目录"选项上，在打开的"智能目录"子列表中可以快速选择自己想要插入的目录形式。

**7. 文档编辑区**

文档编辑区是输入与编辑文本的区域，对文本进行的各种操作和相应的结果都发生和体现在该区域中。

**8. 文本插入点**

新建一个空白文档后，文档编辑区的左上角将显示一个闪烁的光标，这个光标被称为文本插入点。该文本插入点所在位置便是文本的起始输入位置。

**9. 状态栏**

状态栏位于工作界面的最底端，主要用于显示当前文档的工作状态，包括当前页码、页面等。其右侧依次是视图切换按钮和显示比例调节滑块。

> **提示** 在"视图"选项卡中选中"标尺"复选框后，标尺将在文档编辑区中启用。标尺主要用于定位文档内容，其中，位于文档编辑区上侧的标尺称为水平标尺，位于左侧的标尺称为垂直标尺。拖动水平标尺中的"缩进"按钮 可快速设置段落的缩进和文档的边距。

## 2.1.3 自定义 WPS 文字的工作界面

WPS 文字工作界面的大部分功能和选项都是默认显示的。用户可根据使用习惯和操作需要，自定义适合自己的工作界面，包括自定义快速访问工具栏、自定义功能区、显示或隐藏文档中的元素等。

**1. 自定义快速访问工具栏**

为了操作方便，用户可以在快速访问工具栏中添加自己常用的工具按钮，或删除不需要的工具按钮，也可以改变快速访问工具栏的位置。

- 添加常用工具按钮。在快速访问工具栏右侧单击 ✓ 按钮，在打开的下拉列表中选择常用的选项。如选择"打开"选项，可将对应的工具按钮添加到快速访问工具栏中。

- 删除不需要的工具按钮。在快速访问工具栏的工具按钮上单击鼠标右键，在弹出的快捷菜单中选择"从快速访问工具栏删除"命令，可将该工具按钮从快速访问工具栏中删除。
- 改变快速访问工具栏的位置。在快速访问工具栏右侧单击 ▽ 按钮，在打开的下拉列表中选择"放置在功能区之下"选项，可将快速访问工具栏显示到功能区下方；再次在下拉列表中选择"放置在顶端"选项，可将快速访问工具栏还原到默认位置。

**2. 自定义功能区**

在 WPS 文字的工作界面中选择"文件"→"选项"命令，在打开的"选项"对话框中单击"自定义功能区"选项卡，可根据需要显示或隐藏主选项卡、新建选项卡、在功能区中创建组以及在组中添加命令等，如图 2-4 所示。

图 2-4　自定义功能区

- 显示或隐藏主选项卡。在"选项"对话框"自定义功能区"选项卡的"自定义功能区"栏中，选中或取消选中主选项卡对应的复选框，即可在功能区中显示或隐藏该主选项卡。
- 新建选项卡。单击"自定义功能区"选项卡的"主选项卡"下拉列表下的 新建选项卡(W) 按钮，然后选择新建的选项卡，单击 重命名(M)... 按钮；在打开的"重命名"对话框的"显示名称"文本框中输入名称，单击 确定 按钮，重命名新建的选项卡。
- 在功能区中创建组。选择新建的选项卡，在"自定义功能区"选项卡中单击 新建组(N) 按钮，在选项卡下创建组。选择创建的组，单击 重命名(M)... 按钮；在打开的"重命名"对话框的"符号"列表框中选择图标，在"显示名称"文本框中输入名称；单击 确定 按钮，重命名新建的组。
- 在组中添加命令。选择新建的组，在"自定义功能区"选项卡的"从下列位置选择命令"栏中选择需要的命令选项，然后单击 添加(A) >> 按钮，即可将命令添加到组中。
- 删除自定义的功能区。在"自定义功能区"选项卡的"自定义功能区"栏中选中相应的主选项卡对应的复选框，单击 << 删除(R) 按钮，即可将自定义的选项卡或组删除。若要一次性删除所有自定义的功能区，可单击 重置(E) ▼ 按钮，在打开的下拉列表中选择"重置所有自定义项"选项，在打开的提示对话框中单击 是(Y) 按钮，删除所有自定义项，恢复 WPS 文字默认的功能区效果。

### 3. 显示或隐藏文档中的元素

WPS 文字的文档编辑区中包含多个文本编辑的辅助元素，如表格虚框、标记、任务窗格和滚动条等。编辑文本时，可根据需要隐藏元素或将隐藏的元素显示出来。显示或隐藏文档中元素的方法主要有以下两种。

- 在"视图"选项卡中选中或取消选中"标尺""网络线""标记""表格虚框""任务窗格"复选框，即可在文档中显示或隐藏相应的元素，如图 2-5 所示。
- 在"选项"对话框中单击"视图"选项卡，在"格式标记"栏中选中或取消选中"空格""制表符""段落标记"等复选框，如图 2-6 所示，即可在文档中显示或隐藏相应的元素。

图 2-5　在"视图"选项卡中设置　　　　图 2-6　在"选项"对话框中设置

## 2.1.4　文档的检查、保护与自动保存

检查、保护与自动保存文档的目的都是确保文档内容正确和安全，使文档可以更好地为我们所用。

### 1. 检查文档

使用 WPS Office 的"拼写检查"功能能轻松实现文档的检查，其方法为：打开需要检查的文档，单击"审阅"选项卡；单击"拼写检查"按钮 abc，打开"拼写检查"对话框，如图 2-7（a）所示；WPS Office 开始检查文档内容，并在其中显示它判断出来的可能有误的信息。如果该信息确实有误，则单击 更改(C) 按钮进行修改；如果无误，则可单击 忽略(I) 按钮，继续检查下一处可能的错误。按此方法检查文档全部内容，完成后 WPS Office 将打开提示对话框，单击 确定 按钮，如图 2-7（b）所示。

（a）"拼写检查"对话框　　　　（b）检查完成

图 2-7　检查文档内容

### 2. 保护文档

为了防止他人非法查看文档内容，可以对 WPS 文档进行加密，其方法为：选择"文件"→"文档加密"→"密码加密"命令，打开"密码加密"对话框，根据需要设置打开权限或编辑权限的加密密码，完成后单击 应用 按钮，如图 2-8 所示。

图 2-8　加密文档

### 3. 定时备份文档

开启定时备份文档功能，可以使 WPS 在指定的时间自动备份文档内容，避免因忘记保存文档而丢失重要的数据，其方法为：选择"文件"→"备份与恢复"→"备份中心"，打开"本地备份设置"对话框，选择"定时备份"选项，并设置时间间隔，如图 2-9 所示。

图 2-9　开启定时备份功能

## 2.1.5　文档的输出

输出文档主要指的是将文档导出为 PDF 格式的文件，其方法为：选择"文件"→"输出为 PDF"命令，打开"输出为 PDF"对话框；在其中设置输出的范围，在下方的"保存位置"下拉列表中设置输出位置，单击 开始输出 按钮，如图 2-10 所示。

**提示**　PDF 是一种可移植的文件格式。这种文件格式与操作系统平台无关，通用于 Windows、UNIX 和 macOS 等操作系统，而且无论在哪种打印机上都可以保证得到精确的颜色和准确的打印效果。这些特点使得 PDF 在互联网中被广泛应用。

图 2-10　将文档输出为 PDF 文件

# 任务实践

## （一）新建"学习计划"文档

进入 WPS Office 首页后，用户需要手动新建符合要求的文档，具体操作如下。

① 单击"开始"按钮⊞，在打开的"开始"菜单中选择"WPS Office"选项，进入 WPS Office 首页。

② 单击功能列表区中的"新建"按钮⊕，在"新建"标签列表中单击"文字"按钮■或按【Ctrl+N】组合键，在打开的界面中选择"新建空白文档"选项，即可新建一个空白文档，如图 2-11 所示。

微课 2-1

新建"学习计划"
文档

（a）选择"新建空白文档"选项

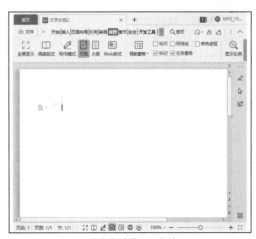

（b）新建的空白文档

图 2-11　新建空白文档

**提示**　单击"文字"按钮■后，打开的界面中显示了许多推荐模板，有些模板可以免费使用，有些模板则需付费使用。若使用免费模板，则用户单击模板后，WPS 文字将自动从网络中下载所选模板，稍后会根据所选模板创建一个新的 WPS 文档，且模板中包含设置好的内容和样式。

## （二）输入文本

微课 2-2
输入文本

新建文档后，可以在文档中输入文本，运用 WPS 文字的即点即输功能可轻松地在文档中的不同位置输入需要的文本，具体操作如下。

① 将鼠标指针移至文档上方的中间位置，当鼠标指针变成↓时双击，将文本插入点定位到此处。

② 将输入法切换至中文输入法，输入文档标题"学习计划"。

③ 将鼠标指针移至文档标题下方左侧需要输入文本的位置，此时鼠标指针变成 I⁼，双击将文本插入点定位到此处，如图 2-12 所示。

④ 输入正文文本，按【Enter】键换行，使用相同的方法输入其他文本（配套文件:\素材文件\项目二\学习计划.txt），效果如图 2-13 所示。

图 2-12　定位文本插入点　　　　　　图 2-13　输入正文的效果

## （三）复制、粘贴和移动文本

若要输入与文档中已有内容相同的文本，可使用复制、粘贴操作；若要将所需的文本从一个位置移动到另一个位置，可使用移动操作。

### 1. 复制、粘贴文本

复制、粘贴文本是指在目标位置为原位置的文本创建一个副本，原位置和目标位置都将存在该文本。复制、粘贴文本的方法主要有以下几种。

- 选择所需文本后，在"开始"选项卡中单击"复制"按钮 🔄，复制文本；将文本插入点定位到目标位置，在"开始"选项卡中单击"粘贴"按钮 📋，粘贴文本。
- 选择所需文本后，在其上单击鼠标右键，在弹出的快捷菜单中选择"复制"命令；将文本插入点定位到目标位置，单击鼠标右键，在弹出的快捷菜单中选择"粘贴"命令，粘贴文本。
- 选择所需文本，按【Ctrl+C】组合键复制文本；将文本插入点定位到目标位置，按【Ctrl+V】组合键粘贴文本。

微课 2-3
移动文本

### 2. 移动文本

移动文本是指将文本从文档中原来的位置移动到文档中的其他位置，具体操作如下。

① 选择正文最后一段段末的"2020 年 3 月"文本，在"开始"选项卡中单击"剪切"按钮 ✂️（或按【Ctrl+X】组合键），如图 2-14 所示。

② 在文档右下角双击定位文本插入点，在"开始"选项卡中单击"粘贴"按钮 📋（或按【Ctrl+V】组合键），如图 2-15 所示，即可移动文本。

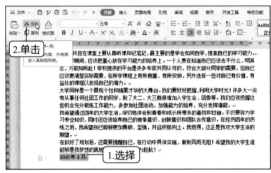

图 2-14　剪切文本

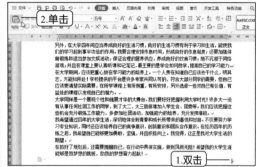

图 2-15　粘贴文本

**提示**　选择所需文本，将鼠标指针移至该文本上，直接将文本拖动到目标位置；释放鼠标左键后，即可将所选择的文本移至目标位置。

## （四）查找和替换文本

当文档中某个多次使用的文字或短句出现错误时，可使用查找和替换功能来检查和修改错误，以节省时间并避免遗漏。具体操作如下。

微课 2-4

查找和替换文本

① 将文本插入点定位到文档开始处，在"开始"选项卡中单击"查找替换"按钮 🔍（或按【Ctrl+F】组合键），如图 2-16 所示。

② 打开"查找和替换"对话框，分别在"查找内容"和"替换为"文本框中输入"自已"和"自己"。

③ 单击 查找下一处(F) 按钮，如图 2-17 所示，可看到查找到的第一个"自已"文本呈选中状态。

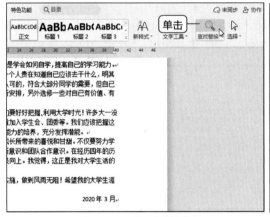

图 2-16　单击"查找替换"按钮

图 2-17　查找错误的文本

④ 连续单击 查找下一处(F) 按钮，直至出现对话框提示已完成对文档的搜索，如图 2-18 所示。单击 确定 按钮，返回"查找和替换"对话框，单击 全部替换(A) 按钮。

⑤ 打开的提示对话框会提示完成了多少处替换，直接单击 确定 按钮即可完成替换，如图 2-19 所示。

⑥ 单击 关闭 按钮，关闭"查找和替换"对话框，如图 2-20 所示；此时在文档中可看到"自已"已全部替换为"自己"，如图 2-21 所示。

图2-18　提示已完成对文档的搜索

图2-19　单击 确定 按钮

图2-20　关闭对话框

图2-21　查看替换文本后的效果

## （五）撤销与恢复操作

微课2-5

撤销与恢复操作

　　WPS 文字有自动记录功能，因此允许用户在操作过程中随时返回或前进到指定的操作位置。这个功能非常实用，我们在编辑文档时如果执行了错误操作，可撤销操作，也可恢复被撤销的操作。具体操作如下。

　　① 将文档标题"学习计划"修改为"计划"。

　　② 单击快速访问工具栏中的"撤销"按钮 ↶（或按【Ctrl+Z】组合键），将文档恢复到"学习计划"被修改为"计划"前的效果，如图 2-22 所示。

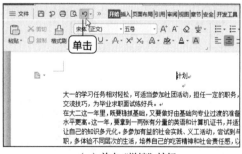

（a）单击"撤销"按钮

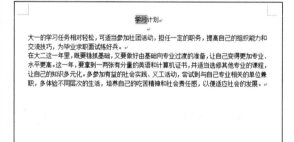

（b）恢复至"计划"前的效果

图2-22　撤销操作

　　③ 单击"恢复"按钮 ↷（或按【Ctrl+Y】组合键），将文档恢复到撤销操作前的效果，如图 2-23 所示。

　　**提示**　单击"撤销"按钮 ↶ 右侧的下拉按钮 ▾，在打开的下拉列表中选择与撤销步骤对应的选项，系统将根据选择的选项自动将文档还原到执行该步骤之前的状态。

| （a）单击"恢复"按钮 | （b）恢复到撤销操作前的效果 |

图 2-23　恢复操作

## （六）保存"学习计划"文档

完成文档的各种编辑操作后，必须将其保存到计算机中。保存文档的方法为：选择"文件"→"保存"命令，打开"另存为"窗口；在"保存在"下拉列表中选择文档的保存路径，在"文件名"文本框中设置文件的保存名称，完成设置后单击 保存(S) 按钮即可，如图 2-24 所示。

微课 2-6

保存"学习计划"
文档

图 2-24　保存文档

> **提示**　再次打开并编辑文档后，按【Ctrl+S】组合键，或单击快速访问工具栏上的"保存"按钮⧠，或选择"文件"→"保存"命令，可直接保存更改后的文档。

## （七）将文档加密输出为 PDF

为了便于更好地在其他地方查看文档内容，可以将文档输出为 PDF，并通过加密的方式确保 PDF 的安全。具体操作如下。

① 选择"文件"→"输出为 PDF"命令，如图 2-25 所示。

② 打开"输出为 PDF"对话框，输出范围默认；在下方的"保存位置"下拉列表中选择"源文件夹"选项，单击上方"PDF"单选项右侧的"设置"超链接，如图 2-26 所示。

微课 2-7

将文档加密
输出为 PDF

③ 打开"设置"对话框，选中"权限设置"栏右侧的复选框，分别在"权限设置"栏和"文件打开密码"栏中输入并确认密码，如"000000"和"111111"，单击 确定 按钮，如图 2-27 所示。

④ 返回"输出为 PDF"对话框，单击 开始输出 按钮输出 PDF。当打开输出后的 PDF 时，需要输入正确的密码，然后单击 确定 按钮才能查阅其中的内容，如图 2-28 所示（配套文件\效果文件\项目二\学习计划.wps）。

图 2-25　输出为 PDF

图 2-26　输出参数设置

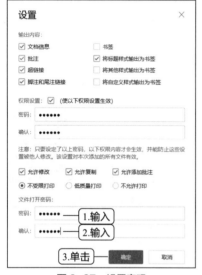

图 2-27　设置密码

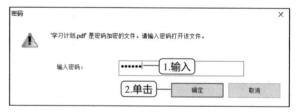

图 2-28　输入密码查看 PDF

## 任务 2.2　制作招聘启事

### 任务要求

查看"招聘启事"
相关知识

　　肖磊最近到某公司的人力资源部门实习。该公司因业务发展需要新成立了销售部门。该部门需要向社会招聘相关的销售人才，要求肖磊制作一则美观、大方的招聘启事，用于人才市场的现场招聘。接到任务后，肖磊找到相关负责人确认了招聘岗位的相关事宜，然后利用 WPS 文字的相关功能设计并制作了招聘启事，完成后的部分文档的效果如图 2-29 所示。制作招聘启事的相关要求如下。

- 设置标题格式为"华文琥珀、二号、加宽"，正文字号为"四号"。
- 设置二级标题格式为"四号、加粗"，文本"销售总监 1 人"和"销售助理 5 人"字符格式为"深红、粗线"，并为文本"数字业务"设置着重号。
- 设置标题居中对齐，最后 3 行文本右对齐，其余正文需要首行缩进 2 个字符。
- 设置标题段前和段后间距为"1 行"，设置二级标题的行间距为"多倍行距、3"。

- 为二级标题统一设置项目符号"◇"。
- 为"岗位职责:"与"职位要求:"之间的文本内容添加"1.2.3.……"样式的编号。
- 为邮寄地址和电子邮件地址设置字符边框。
- 为标题文本应用"深红"底纹。
- 为"岗位职责:"与"职位要求:"文本之间的段落应用"方框"边框样式,边框样式为双线样式,并设置底纹颜色为"白色,背景1,深色15%"。
- 设置完成后,使用相同的方法为其他段落设置边框与底纹。
- 打开"密码加密"对话框,为文档加密,密码设为"123456"。

图 2-29 "招聘启事"部分文档的效果

# 探索新知

## 2.2.1 设置文本和段落格式

文本和段落格式主要通过"开始"选项卡中第 2 栏和第 3 栏中的按钮和"字体""段落"对话框来设置。用户选择相应的文本或段落后,在"开始"选项卡中单击相应按钮,可快速设置常用的文本或段落格式。

另外,"开始"选项卡中第 2 栏和第 3 栏的右下角都有一个对话框启动器图标 。单击该图标将打开对应的对话框,在其中可进行更为详细的设置。

## 2.2.2 自定义编号起始值

在使用段落编号的过程中,用户有时需要重新定义编号的起始值。此时,可先选择应用了编号的段落,在其上单击鼠标右键,在弹出的快捷菜单中选择"项目符号和编号"命令,如图 2-30 ( a ) 所示;在打开的对话框中选中"重新开始编号"单选项进行重新编号,如图 2-30 所示,如图 2-30 ( b ) 所示;也可以选中"继续前一列表"单选项继续进行连续编号。若要自定义编号起始值,则应单击"项目符号和编号"对话框中的 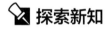 按钮,在打开的"自定义编号列表"对话框中进行设置,如图 2-31 所示。

（a）选择"项目编号和符合"命令　　　（b）选择"重新开始编号"命令

图2-30　重新编号　　　　　　　　　图2-31　自定义编号起始值

### 2.2.3　自定义项目符号样式

WPS 文字默认提供了一些项目符号样式。若要使用其他符号作为项目符号，可在"开始"选项卡的第 3 栏中单击"项目符号"按钮 ≡ 右侧的下拉按钮 ，在打开的下拉列表中选择"自定义项目符号"选项，打开图 2-32 所示的对话框；单击"项目符号和编号"对话框右下角的 自定义(T)... 按钮，打开"自定义项目符号列表"对话框，如图 2-33 所示；选择需要自定义的符号后，分别单击 字体(F)... 和 字符(C)... 按钮，在打开的对话框中进行设置。

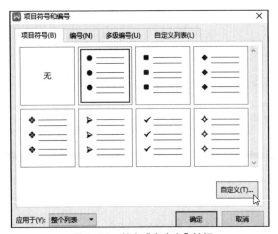
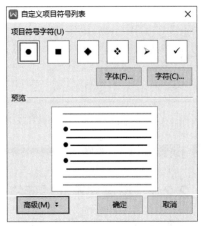

图2-32　单击"自定义"按钮　　　　图2-33　"自定义项目符号"对话框

## 任务实践

### （一）打开文档

微课 2-8

打开文档

要查看或编辑保存在计算机中的文档，必须先打开相应文档。下面介绍打开"招聘启事"文档的方法，具体操作如下。

① 选择"文件"→"打开"命令，如图 2-34（a）所示，或按【Ctrl+O】组合键。

② 在打开的"打开文件"窗口的"位置"下拉列表中选择文件路径，在窗口工作区中选择"招聘启事.wps"，单击 打开(O) 按钮打开该文档，如图 2-34（b）所示（配套文件\素材文件\项目二\招聘启事.wps）。

## （二）设置文本格式

在 WPS 文字中，文本内容包括汉字、字母、数字和符号等。设置文本格式包括更改文本的字体、字号和颜色等操作，用以使文本更加突出，文档更加美观。

（a）选择"文件"→"打开"命令

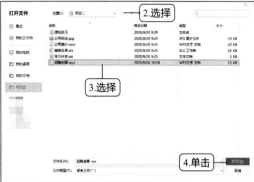
（b）单击"打开"按钮

图 2-34　打开文档

### 1. 通过浮动工具栏设置

在 WPS 文字中选择文本时，会出现一个工具栏，即浮动工具栏。在浮动工具栏中可快速设置字体、字号、字形、对齐方式、文本颜色以及行间距等格式，具体操作如下。

① 选择文档中的标题部分，将鼠标指针移动到浮动工具栏上，在"字体"下拉列表中选择"华文琥珀"选项，如图 2-35 所示。

② 在"字号"下拉列表中选择"二号"选项，如图 2-36 所示。

微课 2-9

通过浮动工具栏设置

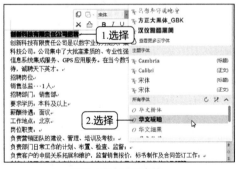
图 2-35　设置字体

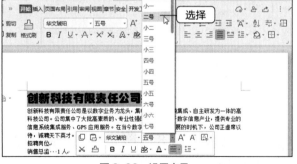
图 2-36　设置字号

### 2. 通过按钮或下拉列表设置

"开始"选项卡第 2 栏中的按钮和下拉列表的使用方法与浮动工具栏相似，都是选择文本后单击相应的按钮，或在相应的下拉列表中选择所需的选项。具体操作如下。

① 选择除标题文本外的文本内容，在"开始"选项卡第 2 栏中的"字号"下拉列表中选择"四号"选项，如图 2-37 所示。

② 选择"招聘岗位"文本，在按住【Ctrl】键的同时选择"应聘方式"文本，在"开始"选项卡中单击"加粗"按钮 B，如图 2-38 所示。

③ 选择"销售总监 1 人"文本，在按住【Ctrl】键的同时选择"销售助理 5

微课 2-10

通过按钮或下拉列表设置

人"文本，在"开始"选项卡中单击"下划线"按钮⊻右侧的下拉按钮，在打开的下拉列表中选择"粗线"选项，如图2-39所示。

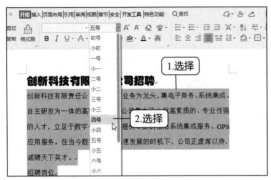

图2-37 设置字号

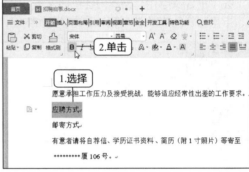

图2-38 设置字形

> **提示** 在"开始"选项卡第2栏中单击"删除线"按钮A，可为选择的文本添加删除线效果；单击"下标"按钮X₂或"上标"按钮x²，可将选择的文本设置为下标或上标形式；单击"增大字号"按钮A⁺或"缩小字号"按钮A⁻，可增大或缩小选中文本的字号。

④ 单击"字体颜色"按钮▲右侧的下拉按钮，在打开的下拉列表中选择"深红"选项，如图2-40所示。

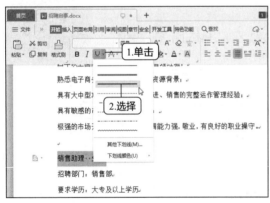

图2-39 设置下划线

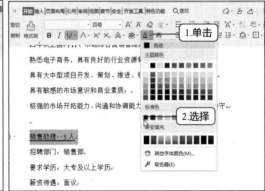

图2-40 设置字体颜色

### 3. 通过"字体"对话框设置

微课2-11

通过"字体"
对话框设置

"开始"选项卡第2栏的右下角有一个对话框启动器图标。单击该图标可打开"字体"对话框，其中提供了更多选项，可用于设置间距和添加着重号等。具体操作如下。

① 选择标题文本，单击"开始"选项卡中第2栏右下角的对话框启动器图标。

② 在打开的"字体"对话框中单击"字符间距"选项卡，在"缩放"下拉列表框中输入"120"，在"间距"下拉列表中选择"加宽"选项，在其后"值"数值框中输入"1"，单位选择"磅"，如图2-41所示，设置完成后单击 确定 按钮。

③ 选择"数字业务"文本，单击"开始"选项卡第2栏右下角的对话框启动器图标；在打开的"字体"对话框中单击"字体"选项卡，在"所有文字"栏的"着重号"下拉列表中选择"."选项，如图2-42所示，设置完成后单击 确定 按钮。

图 2-41 设置字符间距

图 2-42 设置着重号

## （三）设置段落格式

段落是文字、图形和其他对象的集合。"↵"是段落的结束标记。WPS 文字中的段落格式包括段落对齐方式、缩进、行间距和段间距等，设置段落格式可以使文档内容结构清晰，层次分明。

### 1. 设置段落对齐方式

WPS 文字的段落对齐方式包括左对齐、居中对齐、右对齐、两端对齐（默认对齐方式）和分散对齐 5 种。在浮动工具栏和"开始"选项卡第 3 栏中单击相应的按钮，可设置不同的段落对齐方式，具体操作如下。

① 选择标题文本，在"开始"选项卡的第 3 栏中单击"居中"按钮，如图 2-43 所示。

② 选择最后 3 行文本，在"开始"选项卡的第 3 栏中单击"右对齐"按钮，如图 2-44 所示。

微课 2-12

设置段落对齐方式

图 2-43 设置居中对齐

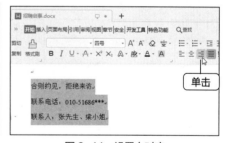

图 2-44 设置右对齐

### 2. 设置段落缩进

设置段落缩进是指调整段落左右两边的文本与页边距之间的距离，段落缩进方式包括左缩进、右缩进、首行缩进和悬挂缩进。通过"段落"对话框可以详细设置各种缩进的度量值，具体操作如下。

① 选择除标题和最后 3 行外的文本内容，单击"开始"选项卡第 3 栏右下角的对话框启动器图标。

② 打开"段落"对话框，在"缩进"栏的"特殊格式"下拉列表中选择"首

微课 2-13

设置段落缩进

行缩进"选项，其后的"度量值"数值框中将自动显示数值"2"，如图2-45（a）所示；单击 确定 按钮，返回文档，效果如图2-45（b）所示。

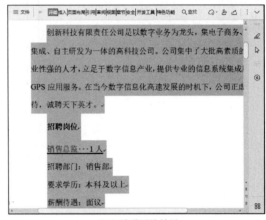

（a）设置段落缩进　　　　　　　　　　　　（b）缩进后的效果

图2-45　设置首行缩进

### 3. 设置行间距和段间距

行间距是指段落中从上一行文本底部到下一行文本顶部的距离。段间距是指相邻两段文本之间的距离，包括段前和段后的距离。WPS文字默认的行间距是单倍行距，用户可根据实际需要在"段落"对话框中将其设置成1.5倍行间距或2倍行间距等，具体操作如下。

① 选择标题文本，单击"开始"选项卡中第3栏右下角的对话框启动器图标，打开"段落"对话框；单击"缩进和间距"选项卡，在"间距"栏的"段前"和"段后"数值框中分别输入"1"；单击 确定 按钮，如图2-46所示。

② 选择"招聘岗位"文本，在按住【Ctrl】键的同时选择"应聘方式"文本，单击对话框启动器图标，打开"段落"对话框；在"缩进和间距"选项卡的"行距"下拉列表中选择"多倍行距"选项，其后的"设置值"数值框中将自动显示数值"3"；单击 确定 按钮，如图2-47所示。

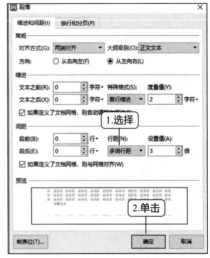

图2-46　设置段间距　　　　　　　　　　　图2-47　设置行间距

③ 返回文档，即可看到设置行间距和段间距后的效果。

> **提示** 在"段落"对话框的"缩进和间距"选项卡中可以设置段落的对齐方式、文本缩进量和段间距等;在"换行和分页"选项卡中可以设置分页、换行和字符间距等,如按中文习惯设置首尾字符、允许标点溢出边界等。另外,在"开始"选项卡的第三栏中单击"行距"按钮,在打开的下拉列表中可选择"1.5""2.0""2.5"等行间距倍数选项。

## (四)设置项目符号和编号

使用项目符号和编号功能,可为属于并列关系的段落添加
●、★、◆等项目符号,也可添加"1.2.3."或"A.B.C."等
编号,还可组成多级列表,使文档内容层次分明,条理清晰。

### 1. 设置项目符号

在"开始"选项卡的第 3 栏中单击"项目符号"按钮,
可添加默认样式的项目符号;单击"项目符号"按钮右侧的下拉按钮,在打
开的下拉列表的"预设项目符号"栏和"稻壳项目符号"栏中可选择更多的项目
符号样式。具体操作如下。

① 选择"招聘岗位"文本,在按住【Ctrl】键的同时选择"应聘方式"
文本。

② 在"开始"选项卡的第 3 栏中单击"项目符号"按钮右侧的下拉按钮,
在打开的下拉列表的"预设项目符号"栏中选择"◇◇◇"选项,如图 2-48(a)所示;返回文档,
效果如图 2-48(b)所示。

查看合并字符　　查看双行合一

微课 2-15

设置项目符号

(a)项目符号设置　　　　　　　　　　　　　(b)设置后的效果

图 2-48　设置项目符号

### 2. 设置编号

编号主要用于按一定顺序排列的项目内容,如操作步骤和合同条款等。设置
编号的方法与设置项目符号的方法相似,即在"开始"选项卡的第 3 栏中单击"编
号"按钮,或单击该按钮右侧的下拉按钮,在打开的下拉列表中选择所需的
编号样式。具体操作如下。

① 选择第 1 个"岗位职责:"与"职位要求:"之间的文本内容,在"开始"
选项卡第 3 栏中单击"编号"按钮右侧的下拉按钮,在打开的下拉列表的"编
号"栏中选择"1.2.3."选项,如图 2-49(a)所示;返回文档,效果如图 2-49(b)所示。

② 使用相同的方法在文档中设置其他位置文本的编号样式。

微课 2-16

设置编号

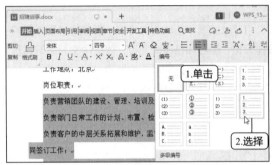

（a）编号设置     （b）设置后的效果

图2-49 设置编号

## （五）设置边框与底纹

在 WPS 文字中不仅可以为字符设置默认的边框与底纹，还可以为段落设置边框与底纹。

### 1．为字符设置边框与底纹

在"开始"选项卡的第 2 栏中单击"字符边框"按钮⚟或"字符底纹"按钮 Ａ，可为字符设置相应的边框与底纹效果，具体操作如下。

① 同时选择邮寄地址和电子邮件地址的文本，在"开始"选项卡第 2 栏中单击"字符边框"按钮⚟为其设置字符边框，如图 2-50 所示。

② 在"开始"选项卡的第 2 栏中单击"字符底纹"按钮 Ａ，为字符设置底纹，如图 2-51 所示。

微课 2-17

为字符设置边框与底纹

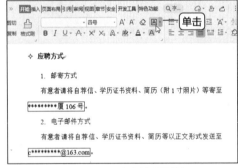

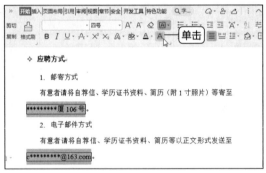

图 2-50 为字符设置边框     图 2-51 为字符设置底纹

### 2．为段落设置边框与底纹

微课 2-18

为段落设置边框与底纹

在"开始"选项卡的第 3 栏中单击"底纹颜色"按钮◇右侧的下拉按钮▾，在打开的下拉列表中可选择不同颜色的底纹样式；单击"边框"按钮⊞右侧的下拉按钮▾，在打开的下拉列表中可选择不同类型的框线。若选择了该下拉列表中的"边框和底纹"选项，则可在打开的"边框和底纹"对话框中详细设置边框与底纹样式，具体操作如下。

① 选择标题文本，在"开始"选项卡的第 3 栏中单击"底纹颜色"按钮◇右侧的下拉按钮▾，在打开的下拉列表中选择"深红"选项，如图 2-52 所示。

② 选择第 1 个"岗位职责："与"职位要求："文本之间的段落，在"开始"选项卡的第 3 栏中单击"边框"按钮⊞右侧的下拉按钮▾，在打开的下拉列表中选择"边框和底纹"选项，如图 2-53 所示。

图 2-52　为标题设置底纹　　　　图 2-53　选择"边框和底纹"选项

③ 打开"边框和底纹"对话框，在"边框"选项卡的"设置"栏中选择"方框"选项，在"线型"列表框中选择第 3 个选项，如图 2-54（a）所示；单击"底纹"选项卡，在"填充"栏的下拉列表中选择"白色，背景 1，深色 15%"选项，如图 2-54（b）所示；单击 确定 按钮，为文本设置边框与底纹效果，如图 2-54（c）所示。

④ 用相同的方法为其他段落设置边框与底纹（配套文件:\效果文件\项目二\招聘启事.wps）。

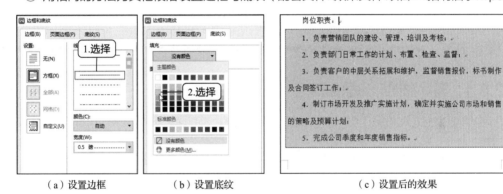

（a）设置边框　　　　　（b）设置底纹　　　　　（c）设置后的效果

图 2-54　设置边框与底纹

## 任务 2.3　编辑公司简介

### 任务要求

公司行政部门最近人手不够，部门负责人在经领导同意后，让在人力资源部实习的肖磊临时到行政部任职。负责人让肖磊整理一份在公司内部刊物上刊登的公司简介，要求公司简介能让员工了解公司的理念、组织结构和经营项目等。接到任务后，肖磊查阅相关资料拟定了公司简介草稿，并利用 WPS 文字的相关功能对公司简介进行了设计制作，完成后的部分文档的效果如图 2-55 所示。相关要求如下。

查看"公司简介"
相关知识

- 打开"公司简介.wps"文档，在文档顶端插入多行文字文本框，然后输入文本。
- 将文本插入点定位到标题文本的左侧，插入公司标志，设置图片的显示方式为"浮于文字上方"；然后将其移动到"公司简介"文本的左侧，并为其添加阴影效果。

- 删除标题文本"公司简介"，然后插入艺术字，输入"公司简介"，并将其调整到文本框正下方中间位置。
- 在"二、公司组织结构"的第2行插入一个空白流程图，在打开的"未命名文件"文档中拖动"矩形"和"备注"两种图形来设置公司组织结构流程图。
- 通过"排列"选项卡调整"备注"图形的叠放层次，再利用"编辑"选项卡为"总经理""营销部""行政人事部""财务部"文本所在的4个图形更改填充颜色。
- 插入预设封面页中的第2种样式，然后在"标题"和"副标题"文本框中分别输入"公司简介"和"万丰国际贸易（上海）有限公司"文本，删除多余的文本框。

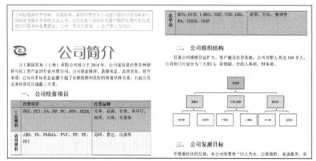

图2-55　"公司简介"部分文档的效果

# 探索新知

## 2.3.1　图片和图形对象的插入

利用WPS文字的"插入"选项卡可以插入各种对象，如封面、图片、形状、流程图、文本框、艺术字等。各种对象的插入方法如下。

- 插入封面。单击"封面页"下拉按钮，在打开的下拉列表中选择某种封面样式。
- 插入图片。单击"图片"按钮，打开"插入图片"对话框，选择计算机中已有的某个图片文件。
- 插入形状。单击"形状"下拉按钮，在打开的下拉列表中选择某个形状，然后在文档中单击或拖动鼠标创建形状。
- 插入流程图。单击"流程图"按钮，打开"流程图"对话框，选择某种类型的流程图；然后对流程图的结构和内容进行编辑，完成后将其插入文档中。
- 插入文本框。单击"文本框"按钮，在文档中单击或拖动鼠标创建文本框，然后根据需要在其中输入并设置文本。
- 插入艺术字。单击"艺术字"下拉按钮，在打开的下拉列表中选择某种艺术字样式，然后输入需要的文本内容。

## 2.3.2　图片和图形对象的编辑

在文档中插入图片和图形对象后，最常见的编辑操作便是调整对象的大小、位置和旋转角度，其方法分别如下。

- 调整大小。选择对象，拖动对象边框上的白色小圆圈可调整对象的大小。
- 调整位置。选择对象，在对象的边框上按住鼠标左键不放并拖动鼠标可移动对象。
- 调整角度。选择对象，拖动对象边框上方的"旋转"标记可以调整对象的角度。

**提示** 除此之外，还可以对图片和图形对象进行剪切和复制等操作，操作方法与剪切、复制文本或段落相同。

### 2.3.3　图片和图形对象的美化

选择并插入图片或图形对象后，WPS 文字会显示相应的对象工具功能选项卡，如"图片工具"选项卡、"绘图工具"选项卡等，在其中可以为选择的对象进行格式设置、排列、叠放、组合等各种操作，让对象满足设计需求。

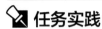 **任务实践**

### （一）插入并编辑文本框

利用文本框可以制作出特殊的文档版式，文本框中可以输入文本，也可插入图片。文档中插入的文本框可以是 WPS 文字自带的文本框，也可以是手动绘制的横排或竖排文本框，具体操作如下。

微课 2-19

插入并编辑
文本框

① 打开"公司简介.wps"文档（配套文件:\素材文件\项目二\公司简介.wps），将文本插入点定位到文档开始位置；在"插入"选项卡中单击 文本框 按钮，在打开的下拉列表中选择"多行文字"选项，如图 2-56 所示。

② 将鼠标指针移至文档顶端，拖动鼠标至出现的文本框与页面宽度基本相同时释放鼠标左键，插入一个文本框，并在其中输入图 2-57 所示的文本内容。

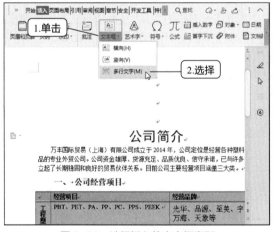

图 2-56　选择插入的文本框类型

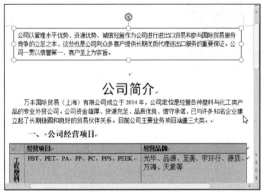

图 2-57　输入文本

③ 全选文本框中的文本内容，通过"开始"选项卡将文本格式设置为"宋体，小四"，文本颜色设置为"暗板岩蓝，文本 2，浅色 40%"。

### （二）插入图片

微课 2-20

插入图片

在 WPS 文字中，用户可根据需要将来自文件、扫描仪和手机中的图片插入文档，使文档更加美观。下面介绍在"公司简介.wps"文档中插入图片的方法，具体操作如下。

① 将文本插入点定位到标题文本的左侧，在"插入"选项卡中单击"图片"按钮 。

② 在打开的"插入图片"窗口的"位置"栏中选择图片的路径，在窗口工作区中选择要插入的图片。这里选择"公司标志.jpg"图片（配套文件:\素材文件\项目二\公司标志.jpg），单击 打开(O) 按钮。

③ 插入图片的右侧将显示一个快速工具栏，通过该工具栏可以对图片进行裁剪、抠除背景、设置文字环绕方式等操作。这里单击"布局选项"按钮 ，在打开的列表中选择"浮于文字上方"选项；然后拖动图片四周的控制点调整图片的大小，将图片向左侧拖动至适当位置后释放鼠标左键，效果如图2-58所示。

④ 选择插入的图片，在"图片工具"选项卡中单击"阴影颜色"按钮 右侧的下拉按钮 ，在打开的下拉列表中选择"钢蓝，着色1，浅色80%"选项，如图2-59所示。

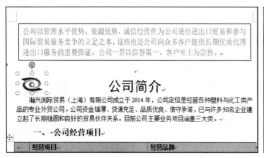
图 2-58 调整图片的位置与大小

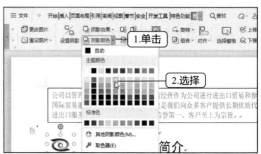
图 2-59 设置阴影效果

## （三）插入艺术字

微课 2-21

插入艺术字

在文档中插入艺术字，可使文本呈现出不同的效果，从而提升文本的美观度。下面在"公司简介.wps"文档中插入艺术字，美化标题样式，具体操作如下。

① 删除标题文本"公司简介"，在"插入"选项卡的第6栏中单击"艺术字"按钮 ，在打开的下拉列表中选择图2-60所示的选项。

② 此时文档中会自动添加一个带有默认文本样式的艺术字文本框，输入"公司简介"文本，并将其字体设置为"方正中倩简体"。

③ 选择艺术字文本框，将鼠标指针移至文本框边框上，当鼠标指针变为 时，将艺术字拖动到图2-61所示的位置。

图 2-60 选择艺术字样式

图 2-61 移动艺术字

## （四）插入流程图

WPS文字提供的流程图可以帮助用户整理和优化组织结构，而且操作起来很方便。另外，

WPS 文字还提供了多种流程图模板，如果用户在预设模板中没有找到自己想要的样式，还可以自行设计。下面在"公司简介.wps"文档中插入流程图，具体操作如下。

① 将文本插入点定位到"二、公司组织结构"下第 2 行末尾处，按【Enter】键换行；在"插入"选项卡的第 3 栏中单击"流程图"按钮，在打开的"请选择流程图"窗口中单击"新建空白图"，如图 2-62 所示。

② 系统会自动新建一个名为"未命名文件"的文档；将鼠标指针移至左侧"基础图形"列表中的"矩形"图形上，将其拖动至工作区顶端居中的位置，并在其中输入文本"总经理"，如图 2-63 所示。

图 2-62　单击"新建空白图"

图 2-63　添加"矩形"图形并输入文本

③ 按照相同的操作方法，将基础图形中的"备注"图形添加到工作区中；调整其旋转角度后，将鼠标指针定位至"备注"图形右下角的控制点上，向右拖动以增加图形长度，并将该图形移动至"矩形"图形的下方，效果如图 2-64 所示。

④ 在工作区中再添加 3 个"备注"图形和 9 个"矩形"图形，输入相应文本后调整其排列位置，如图 2-65 所示。

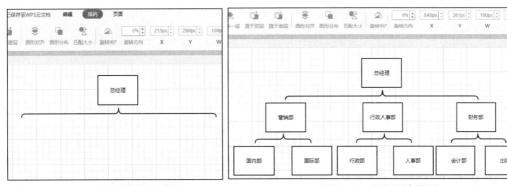

图 2-64　插入并调整"备注"图形　　　　图 2-65　添加剩余图形

⑤ 选择"备注"图形，在"排列"选项卡中单击"置于底层"按钮，将"备注"图形显示在最底层。

⑥ 选择"总经理"文本所在的图形，在"编辑"选项卡中单击"填充样式"按钮，在打开的下拉列表中选择图 2-66 所示的选项。

⑦ 按照相同的操作方法，为流程图中"营销部""行政人事部""财务部"文本所在的图形填充"ffe6cc"颜色。

⑧ 单击标题栏中"未命名文件"名称右侧的"关闭"按钮，在打开的提示对话框中输入文件名。这里输入"组织结构图"，然后单击确认修改按钮，如图 2-67 所示。

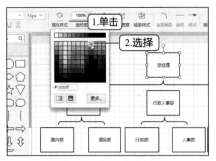

图 2-66　为图形填充颜色

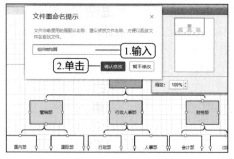

图 2-67　重命名文件

⑨ 再次单击"插入"选项卡中的"流程图"按钮🔄，在打开的"请选择流程图"窗口中选择"我的"列表中的"组织结构图"选项；然后单击 插入到文档 按钮，如图 2-68 所示，即可将制作好的流程图插入文档的指定位置。

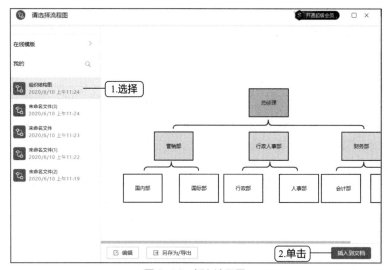

图 2-68　插入流程图

> **提示**　在"请选择流程图"窗口中选择要插入的流程图后，单击 编辑 按钮，可以在打开的文档中对所选择的流程图进行修改，包括更改图形形状、样式、文字内容等；若单击 另存为/导出 按钮，可以在打开的列表中选择流程图的导出类型，包括 PNG 图片、JPG 图片、PDF 文件等。

### （五）添加封面

微课 2-23

添加封面

公司简介通常需要设置封面，在 WPS 文字中添加封面的具体操作如下。

① 在"插入"选项卡的第 1 栏中单击"封面页"按钮🖼，在打开的下拉列表中选择图 2-69 所示的样式。

② 在"标题"和"副标题"文本框中分别输入文本"公司简介"和"万丰国际贸易（上海）有限公司"。

③ 选择"摘要"文本框，按【Delete】键将其删除；使用相同的方法删除"日期""ID 名称""日期及邮编地址"等文本框，封面最终效果如图 2-70 所示（配套文件\效果文件\项目二\公司简介.wps）。

图 2-69　选择封面样式

图 2-70　封面最终效果

## 任务 2.4　制作产品入库单

### 任务要求

　　国庆假期临近，市场部需要扩充产品库存，新增了多个不同类别的新产品。肖磊应市场部的要求，准备制作一份产品入库单作为凭据。他通过整理产品和相关单据，制作了产品入库单，其参考效果如图 2-71 所示。

**产品入库单**

| 序号 | 产品名称 | 类别 | 单价/(元/kg) | 应收数量/kg | 实收数量/kg | 金额合计/元 | 入库日期 | 备注 |
|---|---|---|---|---|---|---|---|---|
| 1 | 香蕉 | 水果 | 2.5 | 30 | 28.5 | 71.25 | 2020-8-10 | |
| 2 | 苹果 | 水果 | 5.5 | 40 | 39 | 214.50 | 2020-8-10 | |
| 3 | 开心果 | 坚果 | 45 | 20 | 44.2 | 1989.00 | 2020-8-10 | |
| 4 | 松子 | 坚果 | 65 | 20 | 63.5 | 4127.50 | 2020-8-10 | |
| 5 | 鸡蛋 | 副食品 | 8.5 | 25 | 22 | 187.00 | 2020-8-10 | |
| 6 | 羊肉 | 副食品 | 30 | 40 | 40 | 1200.00 | 2020-8-10 | |
| 7 | 李子 | 水果 | 3 | 30 | 29 | 87.00 | 2020-8-10 | |
| 8 | 火龙果 | 水果 | 6 | 28 | 26.8 | 160.80 | 2020-8-10 | |
| 9 | 核桃 | 坚果 | 68 | 26 | 25.6 | 1740.80 | 2020-8-10 | |
| 10 | 猪肉 | 副食品 | 22.5 | 50 | 50 | 1125.00 | 2020-8-10 | |
| 11 | 牛肉 | 副食品 | 55 | 40 | 40 | 2200.00 | 2020-8-10 | |
| 12 | 合计 | | | 349 | 408.6 | 13102.85 | | |

图 2-71　"产品入库单"文档效果

制作产品入库单的要求如下。

* 输入标题文本"产品入库单"，设置文本格式为"思源黑体 CN ExtraLight，小一，居中对齐"。
* 创建一个 9 列 13 行的表格，将鼠标指针移动到表格右下角的控制点上，拖动鼠标调整表格高度。
* 合并第 13 行的第 2～4 列单元格，拖动鼠标调整表格第 2 列的列宽。
* 平均分配第 2～7 列的宽度，在表格第 1 行下方插入一行单元格。
* 在表格对应的位置输入图 2-71 所示的文本，然后设置文本对齐方式为"居中对齐"；为第 1 行单元格设置字体格式为"思源黑体 CN Heavy，小四"，底纹样式为"白色，背景 1，深色 5%"；为最后一行的第 2 个单元格设置文本格式为"华文细黑，加粗，五号"，底纹样

式为"白色，背景 1，深色 5%"。

- 选择整个表格，设置表格宽度为"根据内容自动调整表格"，对齐方式为"水平居中"。
- 设置表格外边框样式为"虚线"，颜色为"钢蓝，着色 5"，为最后一行的上边框设置样式为"双实线"的边框。
- 使用"D2*F2"和"SUM(E2:E12)"公式计算金额合计项。

# 探索新知

## 2.4.1 插入表格

可在 WPS 文字中插入的表格主要有自动表格、指定行列的表格、手动绘制的表格和内容型表格 4 种，下面具体介绍。

微课 2-24

插入自动表格

### 1. 插入自动表格

插入自动表格的具体操作如下。

① 将文本插入点定位到需插入表格的位置，在"插入"选项卡的第 3 栏中单击"表格"按钮▦。

② 将鼠标指针移动到打开的下拉列表中"插入表格"栏的某个单元格上，此时呈黄色边框显示的单元格为将要插入的单元格，如图 2-72 所示。

③ 单击确认即可完成插入操作。

### 2. 插入指定行列的表格

插入指定行列的表格的具体操作如下。

微课 2-25

插入指定行列的表格

① 在"插入"选项卡的第 3 栏中单击"表格"按钮▦，在打开的下拉列表中选择"插入表格"选项，打开"插入表格"对话框。

② 在该对话框中可以自定义表格的列数和行数，然后单击 确定 按钮即可插入表格，如图 2-73 所示。

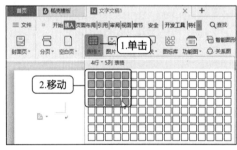

图 2-72 插入自动表格

图 2-73 插入指定行列的表格

微课 2-26

手动绘制表格

### 3. 手动绘制表格

通过自动插入的方式只能插入比较规则的表格，对于一些较复杂的表格，可以手动绘制，具体操作如下。

① 在"插入"选项卡的第 3 栏中单击"表格"按钮▦，在打开的下拉列表中选择"绘制表格"选项。

② 此时鼠标指针呈✎；在需要插入表格的地方拖动鼠标，会出现一个虚线框；该虚线框右下角会显示所绘制表格的行数和列数，拖动鼠标将虚线框调整到合适大小后释放鼠标左键，即可绘制出表格，如图 2-74 所示。

### 4. 插入内容型表格

在 WPS 文字中除了可以插入空白表格外，还可以插入内容型表格，包括汇报表、统计表、物资表等。具体操作如下。

微课 2-27

插入内容型表格

① 在"插入"选项卡的第 3 栏中单击"表格"按钮▦，在打开的下拉列表中的"插入内容型表格"栏中提供了多种类型的表格，如图 2-75 所示，可选择其中任意一种表格类型。

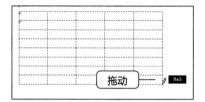

图 2-74　手动绘制表格

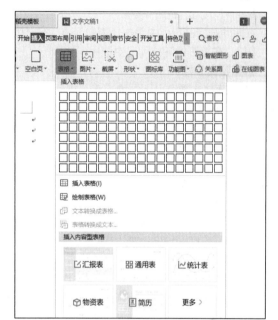

图 2-75　插入内容型表格

② 系统会自动打开"在线表格"界面，其中提供了不同类型的自带内容的表格，用户可以根据需要下载表格。将鼠标指针移至要插入的表格上，单击 ➕插入 按钮，即可将所选表格插入 WPS 文字，如图 2-76 所示。

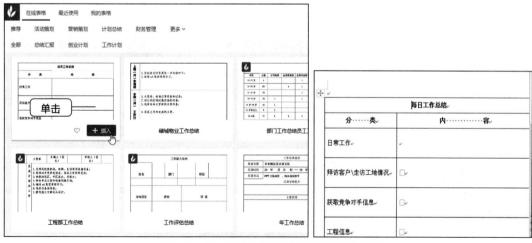

图 2-76　插入自带内容的"每日工作总结"表格

### 2.4.2　选择表格

在文档中可对插入的表格进行调整，调整表格前需先选择表格。在 WPS 文字中选择表格主要包括以下 3 种情况。

**1. 选择整行表格**

选择整行表格主要有以下两种方法。

- 将鼠标指针移至表格左侧，当鼠标指针呈 ↗ 时，单击可以选择整行。如果向上或向下拖动鼠标，则可以选择多行表格。
- 在需要选择的行列中单击任意单元格，在"表格工具"选项卡的最后一列中单击"选择"按钮 ↳，在打开的下拉列表中选择"选择行"选项可选择整行表格。

**2. 选择整列表格**

选择整列表格主要有以下两种方法。

- 将鼠标指针移至表格顶端，当鼠标指针呈 ↓ 时，单击可选择整列。如果向左或向右拖动鼠标，则可选择多列表格。
- 在需要选择的行列中单击任意单元格，在"表格工具"选项卡的最后一列中单击"选择"按钮 ↳，在打开的下拉列表中选择"选择列"选项可选择整列表格。

**3. 选择整个表格**

选择整个表格主要有以下 3 种方法。

- 将鼠标指针移至表格边框线上，然后单击表格左上角的"全选"按钮 ⊞，可选择整个表格。
- 将鼠标指针移至表格的起始单元格内，然后拖动鼠标选择表格中的所有单元格，即可选择整个表格。
- 在表格内单击任意单元格，在"表格工具"选项卡的最后一列中单击"选择"按钮 ↳，在打开的下拉列表中选择"选择表格"选项，可选择整个表格。

微课 2-28
将表格转换为文本

### 2.4.3　将表格转换为文本

将表格转换为文本的具体操作如下。

① 单击表格左上角的"全选"按钮 ⊞ 选择整个表格，然后在"表格工具"选项卡的倒数第 2 栏中单击"转换成文本"按钮 ⊞。

② 打开"表格转换成文本"对话框，在其中选择合适的文字分隔符；单击 确定 按钮，即可将表格转换为文本。

微课 2-29
将文本转换为表格

### 2.4.4　将文本转换为表格

将文本转换为表格的具体操作如下。

① 拖动鼠标选择需要转换为表格的文本，然后在"插入"选项卡的第 3 栏中单击"表格"按钮 ⊞，在打开的下拉列表中选择"文本转换成表格"选项。

② 在打开的"将文字转换成表格"对话框中根据需要设置表格尺寸和文本分隔符位置，单击 确定 按钮，即可将文本转换为表格。

微课 2-30
绘制产品入库单
表格框架

## 任务实践

### （一）绘制产品入库单表格框架

在使用 WPS 文字制作表格时，最好事先在纸上绘制表格的草图，规划行列数，以便在 WPS 文字中快速创建表格。具体操作如下。

① 启动 WPS 文字，新建一个空白文档，在文档的开始位置输入标题"产品入库单"文本，然后按【Enter】键。

② 在"插入"选项卡的第 3 栏中单击"表格"按钮▦，在打开的下拉列表中选择"插入表格"选项，打开"插入表格"对话框。

③ 在该对话框中分别将"列数"和"行数"设置为"9"和"13"，单击 确定 按钮，如图 2-77 所示，即可创建表格。

④ 选择标题文本，在"开始"选项卡中设置字体格式为"思源黑体 CN Heavy，小一"，并设置对齐方式为"居中对齐"，效果如图 2-78 所示。

图 2-77 设置行列数

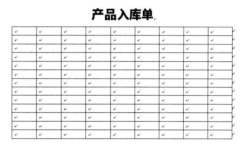

图 2-78 设置标题文本的效果

⑤ 将鼠标指针移动到表格右下角的控制点▫上，向下拖动鼠标调整表格的高度，如图 2-79 所示。

⑥ 将鼠标指针移至第 2 列单元格左侧的边框上，当鼠标指针变为↔后，向左拖动鼠标，手动调整列宽。

⑦ 选择表格第 2～7 列单元格，在"表格工具"选项卡中单击"自动调整"按钮▦，在打开的下拉列表中选择"平均分布各列"选项，平均分配所选列的宽度。

⑧ 选择表格中第 12 行第 2～4 列单元格，在"表格工具"选项卡中单击"合并单元格"按钮▦，或单击鼠标右键，在弹出的快捷菜单中选择"合并单元格"命令来合并单元格，如图 2-80 所示。

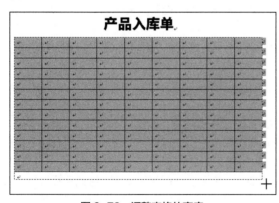

图 2-79 调整表格的高度

图 2-80 合并单元格

## （二）编辑产品入库单表格

在制作表格时，通常需要在指定位置插入一些行单元格或列单元格，或将多余的表格合并、拆

分等，以满足实际需求。具体操作如下。

① 将鼠标指针移动到第 1 行左侧，当其变为 ⋪ 时，单击选择该行单元格，在"表格工具"选项卡中单击"在下方插入行"按钮 ；或将鼠标指针移动到第 1 行和第 2 行之间，当出现 ⊕ 按钮时单击，即可在表格第 1 行下方插入一行单元格，如图 2-81 所示。

② 选择第 14 行的某个单元格，单击鼠标右键，在弹出的快捷菜单中选择"删除单元格"命令，打开"删除单元格"对话框；在其中选中"删除整行"选项，单击 确定 按钮即可，如图 2-82 所示。

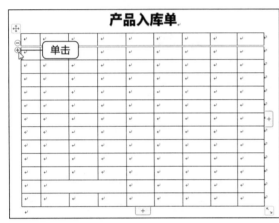

图 2-81 插入一行单元格

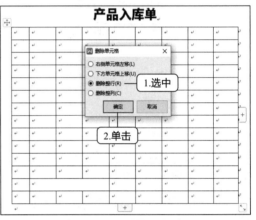

图 2-82 删除整行单元格

> **提示** 在选择整行或整列单元格后，单击鼠标右键，在弹出的快捷菜单中选择相应的命令，也可实现单元格的插入、删除和合并等操作。如选择"插入"→"列（在左侧）"命令，可在选择列的左侧插入一列空白单元格。

## （三）输入与编辑表格内容

将表格形状设置好后，就可以在表格中输入相关的表格内容，并设置对应的格式。具体操作如下。

① 在表格中对应的位置输入相关的文本内容，具体内容可参考提供的素材文件（配套文件\素材文件\项目二\产品入库单.wps），如图 2-83 所示。

② 选择第 1 行单元格中的文本，设置字体格式为"思源黑体 CN Heavy，小四"。

③ 在表格上单击"全选"按钮 选择整个表格，设置对齐方式为"居中对齐"。

④ 保持表格的选中状态，在"表格工具"选项卡中单击"自动调整"按钮 ，在打开的下拉列表中选择"根据内容调整表格"选项，完成后的效果如图 2-84 所示。

⑤ 此时，表头中部分单元格的文本内容呈多行显示，需要手动调整其宽度。将鼠标指针移至文本"单价/（元/kg）"所在列的单元格右侧的边框上，当鼠标指针变为 ↔ 形状后，按住鼠标左键并向右拖动鼠标，增加列宽，效果如图 2-85 所示。

⑥ 按照相同的操作方法调整其他单元格的列宽。

⑦ 在"表格工具"选项卡中单击 对齐方式 下拉按钮，在打开的下拉列表中选择"水平居中"选项，设置文本对齐方式为"水平居中"，效果如图 2-86 所示。

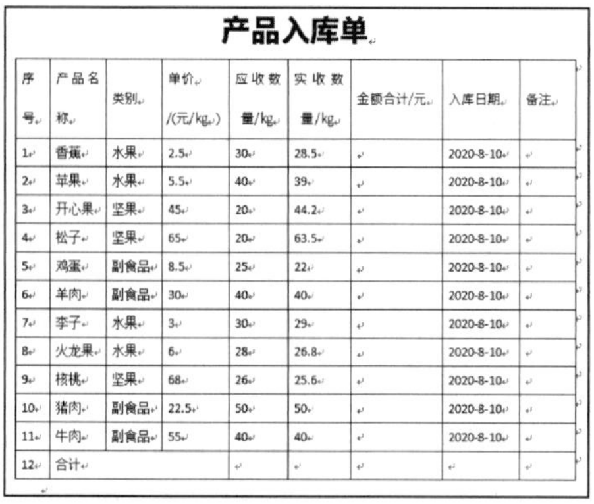

图 2-83　输入文本

图 2-84　调整表格列宽适应内容的效果

图 2-85　手动调整单元格列宽的效果

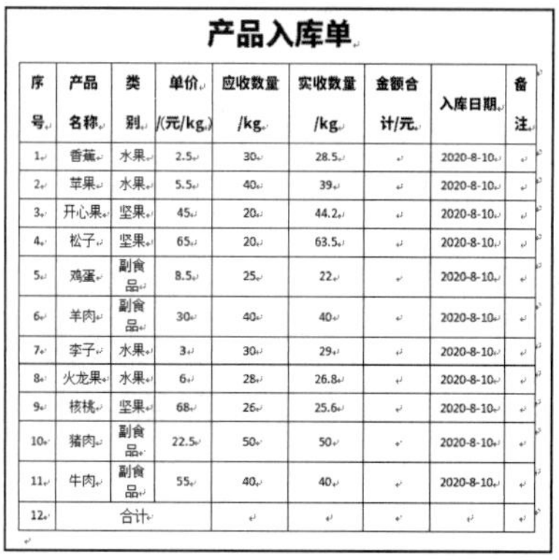

图 2-86　设置表格中文本的对齐方式

## （四）设置与美化表格

完成表格内容的编辑后，还可以设置表格的边框和填充颜色，以美化表格。具体操作如下。

① 选择整个表格，在"表格样式"选项卡中单击"边框"按钮田右侧的下拉按钮 ，在打开的下拉列表中选择"边框和底纹"选项。

② 打开"边框和底纹"对话框，在"线型"列表框中选择第 3 个选项，在"颜色"下拉列表中选择"主题颜色"栏中的"钢蓝，着色 5"选项，在"设置"栏中选择"网格"选项，如图 2-87 所示。

③ 单击 确定 按钮，完成表格外边框的设置，效果如图 2-88 所示。

图 2-87　设置外边框

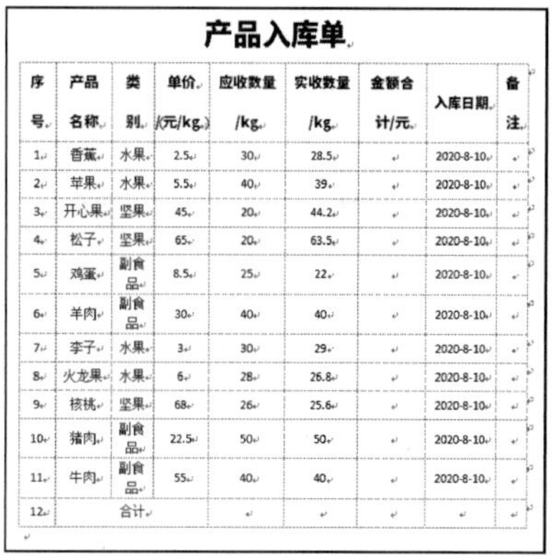

图 2-88　设置外边框后的效果

④ 选择最后一行单元格，打开"边框和底纹"对话框，在"设置"栏中选择"自定义"选项，在"线型"列表框中选择"双实线"选项，在"预览"栏中单击"顶部应用"按钮；单击 确定 按钮，如图2-89所示。

⑤ 选择"合计"文本所在的单元格，在"开始"选项卡中将字体格式设置为"华文细黑，加粗"。

⑥ 按住【Ctrl】键，依次选择第1行单元格和最后一行的第2个单元格，在"表格样式"组中单击"底纹"按钮右侧的下拉按钮，在打开的下拉列表中选择"白色，背景1，深色5%"选项，完成单元格底纹的设置，效果如图2-90所示。

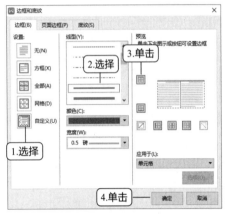

图2-89 设置上边框

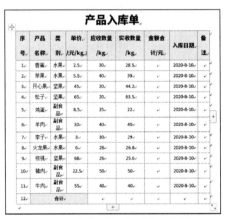

图2-90 为单元格添加底纹后的效果

## （五）计算表格中的数据

可以对使用WPS文字制作的表格中的数据进行简单的计算，具体操作如下。

① 将文本插入点定位到"金额合计/元"单元格下方的单元格中，在"表格工具"选项卡中单击"公式"按钮 fx。

② 打开"公式"对话框，在"公式"栏中输入"=D2*F2"，在"辅助"栏中的"数字格式"下拉列表中选择图2-91所示的选项。

③ 单击 确定 按钮，完成该单元格数据的计算。使用相同的方法计算其他合计项，然后适当调整列宽，完成后的效果如图2-92所示。

图2-91 设置公式与数字格式（1）

图2-92 使用公式计算后的效果（1）

④ 将文本插入点定位到"合计"单元格右侧的单元格中，打开"公式"对话框；在"辅助"栏中的"粘贴函数"下拉列表中选择"SUM"选项，在"公式"栏中文本插入点处输入文本"E2:E12"，

在"数字格式"下拉列表中选择"0",如图 2-93 所示。

⑤ 单击 [确定] 按钮,完成该单元格数据的计算,使用相同的方法计算其他合计项,完成后的效果如图 2-94 所示。

图 2-93 设置公式与数字格式(2)

| 6. | 羊肉 | 副食品 | 30. | 40. | 40. | 1200.00. | 2020-8-10. | |
|---|---|---|---|---|---|---|---|---|
| 7. | 李子 | 水果 | 3. | 30. | 29. | 87.00. | 2020-8-10. | |
| 8. | 火龙果 | 水果 | 6. | 28. | 26.8. | 160.80. | 2020-8-10. | |
| 9. | 核桃 | 坚果 | 68. | 26. | 25.6. | 1740.80. | 2020-8-10. | |
| 10. | 猪肉 | 副食品 | 22.5. | 50. | 50. | 1125.00. | 2020-8-10. | |
| 11. | 牛肉 | 副食品 | 55. | 40. | 40. | 2200.00. | 2020-8-10. | |
| 12. | 合计 | | 349. | 408.6. | | 13102.85. | | |

图 2-94 使用公式计算后的效果(2)

⑥ 按【Ctrl+S】组合键将文档以"产品入库单"为名保存(配套文件:\效果文件\项目二\产品入库单.wps)。

## 任务 2.5 排版考勤管理规范

### 任务要求

公司经理为了提高员工工作的积极性,调整了原有的考勤制度,并让行政部的肖磊制作一份考勤管理规范,便于内部员工使用。肖磊打开已有的"考勤管理规范.wps"文档,经过一番研究,最后决定使用 WPS 文字的相关功能重新设计、制作考勤管理规范,完成后的效果如图 2-95 所示。

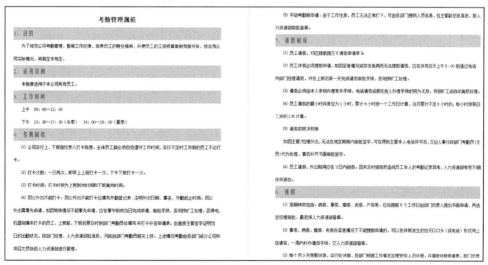

图 2-95 排版"考勤管理规范"文档后的效果

排版的相关要求如下。

- 打开文档,将纸张的"宽度"和"高度"分别设置为"20 厘米"和"28 厘米"。
- 设置上、下页边距均为"1 厘米",设置左、右页边距均为"1.5 厘米"。
- 为标题应用内置的"标题 1"样式,新建"小项目"样式,设置格式为"方正中雅宋简,小三，1.5倍行距"，底纹为"白色，背景1，深色5%"。
- 修改"小项目"样式，设置文本颜色为"金色，暗橄榄绿渐变"，文本阴影效果为"右下斜偏移"。

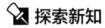 探索新知

### 2.5.1　模板与样式

模板与样式是 WPS 文字中常用的排版工具。下面介绍模板与样式的相关知识。

#### 1. 模板

WPS 文字的模板是一种固定样式的框架，包含相应的文字和样式。新建模板的方法为：打开想要作为模板使用的文档，选择"文件"→"另存为"→"WPS 文字 模板文件（ *.wpt ）"命令，如图 2-96 所示；在打开的"另存为"窗口中设置文件名和保存位置，然后单击 保存(S) 按钮。

图 2-96　新建模板

#### 2. 样式

在编排一篇长文档或一本书时，需要对许多文字和段落进行相同的排版工作。如果只是利用文本格式和段落格式进行排版，不仅费时费力，还很难使文档格式保持一致。使用样式能减少许多重复的操作，并在短时间内制作出高质量排版的文档。

样式是指一组已经命名的文本和段落格式，它设定了文档中标题、题注以及正文等各个文档元素的格式。将某种样式应用于某个段落或段落中被选择的文本上，选择的段落或文本便具有这种样式。对文档应用样式主要有以下作用。
- 便于统一文档的格式。
- 便于构筑大纲，使文档有条理，编辑和修改文档更简单。
- 便于生成目录。

在 WPS 文字的"开始"选项卡中单击"新样式"按钮 A̲ 右下角的对话框启动器图标，将打开"样式和格式"任务窗格，其中显示的便是文档中已有的各种样式，如图 2-97 所示。

### 2.5.2　页面版式

设置文档页面版式包括设置页面大小、页面方向和页边距，以及设置页面背景、添加封面、添加水印和设置主题等，这些设置将应用于文档的所有页面。

图 2-97　查看现有样式

### 1. 设置页面大小、页面方向和页边距

WPS 文字默认的页面大小为 A4（21 厘米×29.7 厘米），页面方向为纵向，页边距为普通，在"页面布局"选项卡中单击相应的按钮便可进行修改。下面一一介绍。

- 单击"纸张大小"按钮▢下方的下拉按钮，在打开的下拉列表中选择一种页面大小；或选择"其他页面大小"选项，在打开的"页面设置"对话框中设置纸张的宽度和高度。
- 单击"纸张方向"按钮▢下方的下拉按钮，在打开的下拉列表中选择"横向"选项，可将页面设置为横向。
- 单击"页边距"按钮▢下方的下拉按钮，在打开的下拉列表中选择一种页边距；或选择"自定义页边距"选项，在打开的"页面设置"对话框中设置上、下、左、右页边距。

### 2. 设置页面背景

在 WPS 文字中，页面背景可以是纯色背景、渐变色背景和图片背景。设置页面背景的方法是：在"页面布局"选项卡中单击"背景"按钮▢，在打开的下拉列表中选择一种页面背景颜色。此外，选择"其他背景"选项，在子列表中选择"渐变""纹理""图案"，如图 2-98 所示，均可打开"填充效果"对话框，在其中可以对页面背景应用渐变、纹理、图案、图片等不同填充效果。

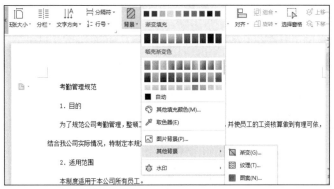

图 2-98　设置页面背景

### 3. 添加水印

制作办公文档时，可为文档添加水印，如添加"保密""严禁复制""文本"等字样的水印。添加水印的方法是：在"插入"选项卡中单击"水印"按钮▢，打开图 2-99 所示的下拉列表，在其中选择一种水印效果。如果对预设的水印样式不满意，可以在下拉列表中选择"插入水印"选项，在打开的"水印"对话框中自定义水印，如图 2-100 所示。

图 2-99　为文档添加水印

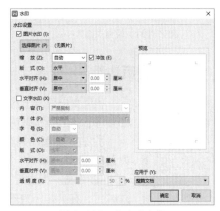

图 2-100　自定义水印

### 4. 设置主题

应用主题可快速更改文档整体效果，统一文档风格。设置主题的方法是：在"页面布局"选项卡中单击"主题"按钮 🎨，在打开的下拉列表中选择一种主题样式，文档的颜色和字体等效果就会发生变化。

## 📔 任务实践

### （一）设置页面大小

微课 2-35
设置页面大小

在日常应用中，可根据文档内容自定义页面大小，具体操作如下。

① 打开"考勤管理规范.wps"文档（配套文件:\素材文件\项目二\考勤管理规范.wps），在"页面布局"选项卡的第2栏中单击对话框启动器图标 ⌐，打开"页面设置"对话框。

② 单击"纸张"选项卡，在"纸张大小"栏的下拉列表中选择"自定义大小"选项，分别设置"宽度"和"高度"为"20厘米"和"28厘米"，单击 确定 按钮，如图2-101所示。

③ 返回文档编辑区，可查看设置页面大小后的效果，如图2-102所示。

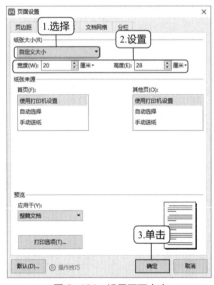

图2-101 设置页面大小

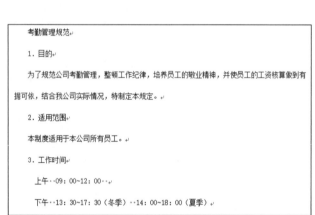

图2-102 设置页面大小后的效果

### （二）设置页边距

微课 2-36
设置页边距

如果文档是给上级或者客户看的,通常采用WPS文字的默认页边距就可以。如果想节省纸张，则可以适当缩小页边距。设置页边距的具体操作如下。

① 在"页面布局"选项卡的第2栏中单击对话框启动器图标 ⌐，打开"页面设置"对话框。

② 单击"页边距"选项卡，在"页边距"栏中的"上""下"数值框中均输入"1"，在"左""右"数值框中均输入"1.5"，如图2-103所示。

③ 单击 确定 按钮，返回文档编辑区，设置页边距后的效果如图2-104所示。

图 2-103 设置页边距

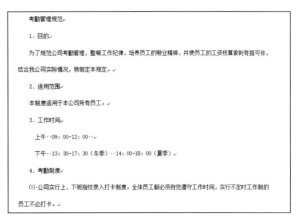

图 2-104 设置页边距后的效果

## （三）套用内置样式

内置样式是指 WPS 文字自带的样式。下面介绍为"考勤管理规范.wps"文档套用内置样式的方法，具体操作如下。

① 将文本插入点定位到标题文本"考勤管理规范"右侧，在"开始"选项卡的"样式"列表框中任意选择一种样式。这里选择"标题 1"选项，如图 2-105 所示。

② 返回文档编辑区，设置标题样式后的效果如图 2-106 所示。

微课 2-37

套用内置样式

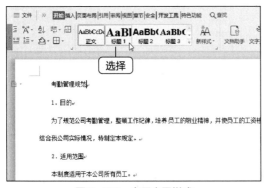

图 2-105 套用内置样式

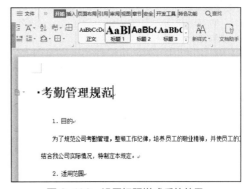

图 2-106 设置标题样式后的效果

## （四）创建样式

WPS 文字的内置样式是有限的。当内置样式不能满足用户的需求时，用户可自行创建样式，具体操作如下。

① 将文本插入点定位到第一段"1．目的"文本右侧，在"开始"选项卡中单击"新样式"按钮，如图 2-107 所示。

微课 2-38

创建样式

② 打开"新建样式"对话框，在"属性"栏的"名称"文本框中输入"小项目"，在"格式"栏中将文本格式设置为"方正中雅宋简，小三"，如图2-108所示。

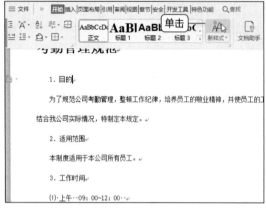

图2-107　单击"新样式"按钮

图2-108　设置新样式的名称和格式

③ 单击 格式(O)▼ 按钮，在打开的下拉列表中选择"段落"选项，打开"段落"对话框；在"间距"栏的"行距"下拉列表中选择"1.5倍行距"选项，单击 确定 按钮，如图2-109所示。

④ 返回"新建样式"对话框，再次单击 格式(O)▼ 按钮，在打开的下拉列表中选择"边框"选项，如图2-110所示。

图2-109　设置段落格式

图2-110　选择"边框"选项

⑤ 打开"边框和底纹"对话框，单击"底纹"选项卡，在"填充"栏的下拉列表中选择"白色，背景1，深色5%"选项，单击 确定 按钮，如图2-111所示。

⑥ 返回文档编辑区，在"开始"选项卡中单击"新样式"按钮 AA 右下角的对话框启动器图标 ，打开"样式和格式"任务窗格；在其中选择"小项目"选项后，即可查看应用新建的样式后的文档效果，如图2-112所示。

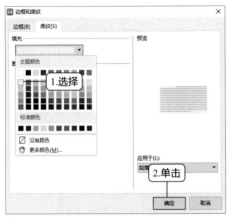

图 2-111　设置底纹

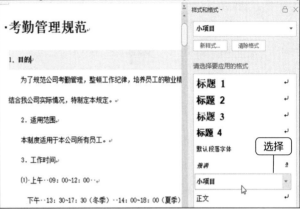

图 2-112　应用新建的样式后的文档效果

## （五）修改样式

创建新样式后，如果用户对创建的样式有不满意的地方，可通过"修改"选项对其进行修改。具体操作如下。

微课 2-39

修改样式

① 在"样式和格式"任务窗格中选择创建的"小项目"样式，单击右侧的按钮，在打开的下拉列表中选择"修改"选项，如图 2-113 所示。

② 打开"修改样式"对话框，在"格式"栏中将字号修改为"小三"；单击 格式(O) ▾ 按钮，在打开的下拉列表中选择"文本效果"选项，如图 2-114 所示。

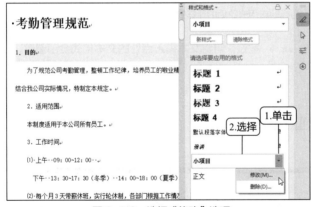

图 2-113　选择"修改"选项

图 2-114　选择"文本效果"选项

③ 打开"设置文本效果格式"对话框，单击"填充与轮廓"选项卡，在"文本填充"下拉列表中选择"渐变填充"栏中的"金色，暗橄榄绿渐变"选项，如图 2-115 所示。

④ 单击"效果"选项卡，在"阴影"下拉列表中选择"外部"栏中的"右下斜偏移"选项，如图 2-116 所示。

⑤ 依次单击 确定 按钮返回文档编辑区，将文本插入点定位到其他同级别的文本上，在"样式和格式"任务窗格中选择"小项目"选项，即可修改该部分文本的样式，效果如图 2-117 所示。

⑥ 单击快速访问工具栏中的"保存"按钮，保存修改完毕的文档（配套文件:\效果文件\项目二\考勤管理规范.wps）。

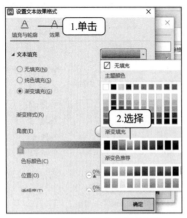

图 2-115　修改文本填充颜色

图 2-116　为文本添加阴影效果

图 2-117　为标题应用修改后的新样式

**提示**　在"样式和格式"任务窗格中单击 清除格式 按钮，可将文本插入点处的文本格式全部清除，使文本恢复至正文格式。

## 任务2.6　排版和打印毕业论文

### 任务要求

肖磊是一名即将毕业的大学生，虽然最近一直在公司实习，但由于临近毕业，他也会抽出时间来整理自己的毕业论文。按照老师的要求，肖磊完成了实验调查和论文写作，接下来他需要使用WPS文字对论文文档进行排版。排版后的效果如图 2-118 所示，相关要求如下。

- 新建样式，设置正文字体，中文为"宋体"，西文为"Times New Roman"，字号为"五号"，首行统一缩进 2 个字符。
- 设置一级标题的字体格式为"华文中宋，三号，加粗"，段落格式为"居中对齐"，段前间距为"17 磅"，段后间距为"16.5 磅"，行距为"2 倍行距"，大纲级别为"1 级"。
- 设置二级标题的文本格式为"思源黑体 CN ExtraLight，四号，加粗"，段落格式为"左对齐，1.5 倍行距"，大纲级别为"2 级"。
- 设置"关键词："文本格式为"思源黑体 CN ExtraLight，四号，加粗"，其后的关键词格式与正文相同。

- 使用大纲视图查看文档结构，然后在相应部分的前面插入分页符或分节符。
- 添加短虚线样式的页眉，设置字体为"等线"，字号为"五号"，对齐方式为"居中对齐"。
- 添加页脚，页脚需显示当前页码。
- 添加预设样式中的第一个封面样式，保留标题、副标题、日期、姓名、学号和专业名称对应的占位符，其他占位符全部删除，最后删除原来的封面。
- 提取目录。在"目录"对话框中的"制表符前导符"下拉列表中选择第 3 个选项，设置显示级别为"2"，取消选中"使用超链接"复选框。
- 预览并打印文档。

图 2-118 "毕业论文"文档效果

 **探索新知**

## 2.6.1 了解不同的文档视图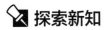

为满足不同用户的文档编辑需求，WPS Office 提供了多种视图模式供用户使用，不同的视图模式具有不同的特点。切换视图模式的方法为在"视图"选项卡中单击相应的视图模式按钮。

> **提示** 在状态栏中"显示比例"滑块左侧有 5 个视图模式按钮，从左到右分别是"页面视图"按钮 ▤、"大纲"按钮 ☰、"阅读版式"按钮 ▥、"Web 版式"按钮 ⊕、"写作模式"按钮 ✎，单击这些按钮也可进行不同视图模式的切换操作。

各视图的作用如下。

- 页面视图。此视图是 WPS Office 默认的视图，也是最常用的视图。它可以显示文档的打印效果，包括页眉、页脚、图形对象、分栏设置、页面边距等。它是最接近打印效果的页面视图，便于更直观地编辑文档内容。
- 大纲视图。此视图适用于设置文档标题层级和调整文档结构等，特别是长文档，利用该视图可以更加方便地控制文档内容的层级和排列顺序。
- 阅读版式视图。此视图采用的是图书翻阅样式，分两屏同时显示文档内容，适合在浏览文档内容时使用。切换到该视图后，文档将自动切换为全屏显示。要想退出该视图模式，可按【Esc】键。
- Web 版式视图。此视图以网页的形式显示文档内容。如果文档内容是准备发送的电子邮件或网页内容，则可以利用该视图来查看文档版式等情况。
- 写作模式视图。该视图仅提供一些基础的文本格式设置参数，便于在写作时快速对文档内容进行调整和设置。

## 2.6.2 了解各种分隔符

分隔符的作用是控制文档内容在页面中的显示位置。WPS Office 提供了 4 种分隔符，在"页面布局"选项卡中单击  分隔符 下拉按钮，在打开的下拉列表中即可选择需要的分隔符。

- 分页符：将分页符后的内容强制显示到下一页。
- 分栏符：当将文档分栏后，该分栏符后的内容将调整至下一栏显示；若未分栏，则会在下一页显示。
- 换行符：对文档中的文本实现"软回车"的换行效果，可直接按【Shift+Enter】组合键快速实现自动换行。插入自动换行符后，文本虽然会换行显示，但换行后的文本仍然属于上一段，它们具有相同的段落属性。
- 分节符：包括"下一页""连续""偶数页""奇数页"等类型。插入相应的分节符后，可使文本或段落分节，同时余下的内容将根据所选的分节符类型在下一页、本页、下一偶数页或下一奇数页中显示。

### 2.6.3 插入和删除批注

批注用于在阅读时对文中的内容添加评语和注解。插入和删除批注的具体操作如下。

① 选择要插入批注的文本，在"审阅"选项卡中单击"插入批注"按钮，此时被选择的文本处出现一条引至文档右侧的引线。

② 批注中将显示批注人的用户名（登录 WPS Office 所用的账户名称）、批注日期与时间，在批注文本框中可输入批注内容。

③ 使用相同的方法为文档添加多个批注。单击"审阅"选项卡中的"上一条"按钮或"下一条"按钮，可查看前后的批注。

④ 为文档添加批注后，若要删除，可单击"编辑批注"按钮，在打开的下拉列表中选择"删除"选项，如图 2-119 所示。或者在要删除的批注上单击鼠标右键，在打开的快捷菜单中选择"删除批注"命令。

图 2-119　删除文档中的批注

⑤ 若在下拉列表中选择"答复"选项，则可回复插入的批注；如果当前批注问题已经解决，则选择"解决"选项。

---

**提示** 为文档添加批注后，若要删除文档中的所有批注，则可在"审阅"选项卡中单击 删除 按钮，在打开的下拉列表中选择"删除文档中的所有批注"选项。

### 2.6.4　添加修订

为错误的内容添加修订，并将文档发送给用户确认，可降低文档出错率。具体操作如下。

微课 2-41

添加修订

① 在"审阅"选项卡中单击"修订"按钮，进入修订状态，此时对文档的任何操作都将被记录下来。

② 修改文档内容后，原位置会显示修订的结果，并在左侧出现一条竖线，表示该处进行了修订。

③ 在"审阅"选项卡的第 4 栏中单击 显示标记·按钮右侧的下拉按钮，在打开的下拉列表中选择"使用批注框"选项，在子列表中选择"在批注框中显示修订内容"。

④ 修订结束后，需单击"修订"按钮退出修订状态，否则文档中的任何操作都会被视为修订操作。

### 2.6.5　接受与拒绝修订

对于文档中的修订，用户可根据需要选择接受或拒绝，具体操作如下。

微课 2-42

接受与拒绝修订

① 在"审阅"选项卡中单击"接受"按钮接受修订，或单击"拒绝"按钮拒绝修订。

② 单击"接受"按钮下方的下拉按钮，在打开的下拉列表中选择"接受对文档所做的所有修订"选项，可一次性接受对文档的所有修订。一次性拒绝对文档的所有修订的操作与之类似。

## 任务实践

### （一）设置文本格式

在初步完成毕业论文后需要设置相关的文本格式，使其结构分明。具体操作如下。

微课 2-43

设置文本格式

① 打开"毕业论文.wps"文档（配套文件:\素材文件\项目二\毕业论文.wps），将文本插入点定位到"提纲"文本中，单击"开始"选项卡中的"新样式"按钮。

② 打开"新建样式"对话框，通过前面讲解的方法在对话框中设置一级标题的样式，设置文字格式为"华文中宋，三号，加粗"，设置对齐方式为"居中对齐"，如图 2-120 所示；通过"段落"对话框，将段前间距设置为"17 磅"，段后间距设置为"16.5 磅"，行距设置为"2 倍行距"，大纲级别设置为"1 级"。

③ 打开"样式和格式"任务窗格，在"请选择要应用的格式"列表框中选择新建的样式"一级标题"；通过相同的方法继续为其他一级标题应用样式，效果如图 2-121 所示。

④ 使用相同的方法设置二级标题的样式。设置文本格式为"思源黑体 CN ExtraLight，四号，加粗"，段落格式为"左对齐，1.5 倍行距"，大纲级别为"2 级"。

⑤ 设置正文格式，中文为"宋体"，西文为"Times New Roman"，字号为"五号"，首行统一缩进"2 个字符"，设置正文行距为"1.5 倍行距"。完成后为文本应用相关的样式。

图 2-120　新建样式

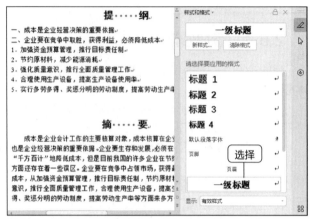

图 2-121　应用样式

## （二）使用大纲视图

微课 2-44

使用大纲视图

大纲视图适用于长文档中文本级别较多的情况，以便用户查看和调整文档结构。具体操作如下。

① 在"视图"选项卡中单击"大纲"按钮，将视图模式切换到大纲视图，在"大纲"选项卡中的"显示级别"下拉列表中选择"显示级别2"选项。

② 查看所有二级标题文本后，将文本插入点定位到"降低企业成本途径分析"文本段落中，单击"大纲"选项卡中的 按钮，可展开该段落下的所有内容，如图 2-122 所示。

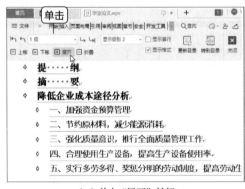

（a）单击"展开"按钮

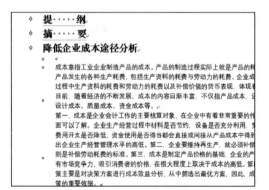

（b）展开后的效果

图 2-122　使用大纲视图

③ 设置完成后，在"大纲"选项卡中单击"关闭"按钮 或在"视图"选项卡中单击"页面"按钮，返回页面视图模式。

微课 2-45

插入分隔符

## （三）插入分隔符

分隔符主要用于标识文字分隔的位置，包括分页符、分栏符、换行符、分节符等不同类型，其中分页符和分节符是较常用的。下面将在文档中插入不同类型的分隔符，具体操作如下。

① 将文本插入点定位到文本"提纲"之前，在"页面布局"选项卡中单击"分隔符"按钮，在打开的下拉列表中选择"分页符"选项。

② 在文本插入点所在位置插入分页符，此时，"提纲"的内容将从下一页开始，效果如图 2-123 所示。

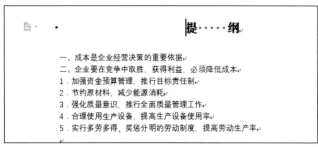

图 2-123　插入分页符后的效果

③ 将文本插入点定位到文本"摘要"之前，在"页面布局"选项卡中单击"分隔符"按钮吕，在打开的下拉列表中选择"下一页分节符"选项。

④ 此时在"提纲"的结尾部分会插入分节符，"摘要"的内容将从下一页开始，效果如图 2-124 所示。

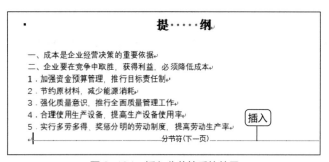

图 2-124　插入分节符后的效果

**提示**　如果文档中的编辑标记未显示，则可以在"开始"选项卡中单击"显示/隐藏编辑标记"按钮，使该按钮呈选中状态，此时隐藏的编辑标记会显示出来。

⑤ 使用相同的方法为"降低企业成本途径分析"设置分节符。

## （四）设置页眉和页脚

为了使页面美观、便于阅读，许多文档都添加了页眉和页脚。在编辑文档时，可在页眉和页脚中插入文本和图形，如页码、公司徽标、日期和作者名等。具体操作如下。

① 在"插入"选项卡中单击"页眉和页脚"按钮，激活"页眉和页脚"选项卡；单击该选项卡中的"页眉横线"按钮，在打开的下拉列表中选择图 2-125 所示的样式。

② 在页眉编辑区中输入文本"毕业论文"，将字体设置为"等线"，字号设置为"五号"，对齐方式设置为"居中对齐"。

③ 在"页眉和页脚"选项卡中单击"页眉页脚选项"按钮，打开"页眉/页脚设置"对话框，按图 2-126 所示的内容设置后，单击　　按钮。

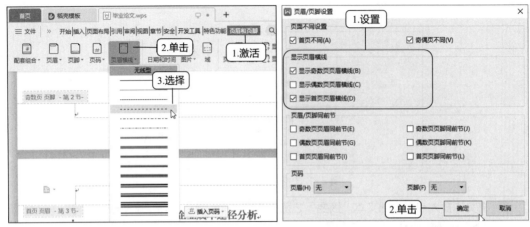

图2-125 设置页眉横线　　　　　　　图2-126 设置不同页面的显示方式

④ 在"页眉和页脚"选项卡中单击"页眉页脚切换"按钮，切换至页脚编辑区；单击 插入页码 按钮，在打开的列表中选择"位置"栏中的"居中"选项，然后单击 确定 按钮，如图 2-127 所示。

⑤ 在"页眉和页脚"选项卡中单击"关闭"按钮 退出页眉和页脚视图，查看插入页眉和页脚的效果，如图 2-128 所示。

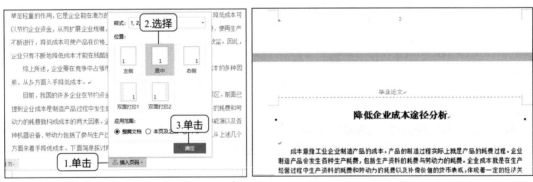

图2-127 设置页脚　　　　　　　　　图2-128 插入页眉和页脚后的效果

## （五）设置封面和创建目录

微课 2-47

设置封面和创建
目录

封面格式的设置需要通过设置文本格式来完成。对于设置了多级标题样式的文档，可通过索引和目录功能提取目录。设置封面和创建目录的具体操作如下。

① 在文档开始处单击以定位文本插入点，在"插入"选项卡中单击"封面页"按钮；在打开的列表中选择"预设封面页"栏中的第一种样式，在文档标题处输入文本"毕业论文"，在文档副标题处输入文本"降低企业成本途径分析"。

② 删除封面页中的其他占位符，只保留研究生姓名、学号、专业名称 3 项，设置完成后删除原来的封面页内容，参考效果如图 2-129 所示。

图 2-129　封面效果

**提示**　设置封面后，页眉可能会根据封面页自动进行调整。若出现这一问题，可手动重新设置页眉。

③ 选择摘要中的"关键词："文本，设置文本格式为"思源黑体 CN ExtraLight，四号，加粗"。

④ 在封面页的末尾定位文本插入点，按【Ctrl+Enter】组合键快速分页；在新创建的空白页第 1 行输入文本"目　录"，将文本格式设置为"居中，加粗，三号"，如图 2-130 所示。

⑤ 按【↓】键，将文本插入点定位于第 2 行左侧，在"引用"选项卡中单击"目录"按钮 ；在打开的下拉列表中选择"自定义目录"选项，打开"目录"对话框；在"制表符前导符"下拉列表中选择第 3 个选项，在"显示级别"数值框中输入"2"，取消选中"使用超链接"复选框，单击 按钮，如图 2-131 所示。

图 2-130　输入并设置文本格式

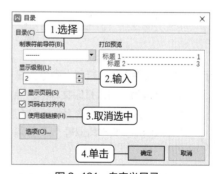

图 2-131　自定义目录

⑥ 返回文档编辑区即可查看插入的目录，效果如图 2-132 所示。

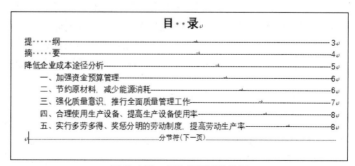

图 2-132　插入目录后的效果

## （六）预览并打印文档

微课 2-48

预览并打印文档

文档中的文本内容编辑完成后可打印到纸张上。为了使打印出的文档内容效果更佳，需及时检查以发现文档中隐藏的排版问题。可在打印文档之前预览打印效果，具体操作如下。

① 在 WPS 文字的快速访问工具栏中单击"打印预览"按钮🔍，在打开的窗口中预览打印效果。

② 确定没有问题后，在"打印预览"选项卡的"份数"数值框中设置打印份数，这里设置为"2"，如图 2-133 所示，然后单击"直接打印"按钮🖨开始打印。

图 2-133　设置打印份数

> **提示**　选择"文件"→"打印"命令，在打开的"打印"对话框中的"页码范围"栏中选中"当前页"单选项，将只打印文本插入点所在的页面；选中"页码范围"单选项，再在其右边的文本框中输入指定页码或页码范围（连续页码可以使用英文半角半字线"−"分隔，不连续的页码可以使用英文半角逗号","分隔），则可打印指定页面。

## 拓展阅读——文档版式设计

版式设计主要是指将文档版面的各种构成要素（如文本、图形、色彩等）通过点、线、面的不同组合与排列，并采用比喻、夸张、象征等各种手法来体现不同的视觉效果，以起到传递信息和美化版面的作用。精美的版式设计不仅能够呈现出令人愉悦的风格，同时也有醒目的标题、精致的内容，让读者可以在"赏心悦目"的状态下阅读文档内容。我们可以按照以下思路来完成文档的版式设计工作。

首先，我们可通过绘制图形、插入图片、设置文本格式等操作，使这些对象在文档中呈现出美的感觉。其次，我们需要锻炼自己的色彩运用能力，精确到位的色彩组合、具有良好效果的色彩搭配都是提升文档美感的有效手段。为文档中的各个对象应用合适的色彩，会极大地提升版面效果。最后，我们可通过对版面上"点""线""面"的逻辑思考，打破固定和呆板的版面空间，让版面更加灵活、生动，这也会极大地提高文档的美观性。

下面简单介绍几类常见的版式设计及规范。

- 严谨型版式设计。这类版式设计较常应用于书籍，往往采用竖向通栏、双栏等形式，使用大量文本和少数图片混合排列，给人以严谨、和谐、理性的感受，让书籍内容既显得理性有条理，又显得活泼而具有弹性。图 2-134 所示为书籍内页的版式效果。
- 全图型版式设计。这类版式设计较常应用于各种出版物的封面或插图页面，往往以图像撑满页面，用少量文本进行说明，有较强的视觉冲击力。图 2-135 所示为杂志封面的版式效果。
- 图文混排型版式设计。这类版式设计较常应用于杂志内页，其版式设计灵活多变，强调使用图文混排的设计风格达到美观、精致等效果，如图 2-136 所示。

图 2-134　书籍内页的版式效果

图 2-135　杂志封面的版式效果

图 2-136　杂志内页的版式效果

## 课后练习

**1. 选择题**

（1）WPS 文字中最接近打印效果的视图是（　　）。

　　A. 阅读版式视图　　　　B. 页面视图　　　　C. 大纲视图　　　　D. Web 版式视图

（2）在 WPS 文字编辑环境下，打开已有文档的组合键为（　　）。

    A.【Ctrl+N】        B.【Ctrl+Shift+N】  C.【Ctrl+O】        D.【Ctrl+ Shift+O】

（3）下面有关 WPS 文字"查找和替换"功能的说法中，正确的是（　　）。

    A. 该功能只能对文字进行查找和替换

    B. 该功能可以对指定格式的文本进行查找和替换

    C. 该功能不能对制表符进行查找和替换

    D. 该功能不能对段落格式进行查找和替换

（4）在 WPS 文字中要加选多个形状对象，应配合（　　）键进行操作。

    A.【Alt】           B.【Ctrl】           C.【Enter】        D.【Tab】

（5）在 WPS 文字中要快速进入页眉和页脚的编辑状态，可通过双击（　　）来实现。

    A. 文本编辑区                B. 功能选项卡

    C. 标尺                       D. 页面上方空白区域

（6）要想强制将某些内容显示到下一页，则应该插入的是（　　）。

    A. 分页符         B. 自动换行符       C. 分栏符         D. 分节符

（7）若多个段落属于并列关系，则可以为这些段落添加（　　）来提高文档的可读性。

    A. 项目符号        B. 编号            C. 多级符号       D. 以上符号均可

（8）下列说法不正确的是（　　）。

    A. 每次保存文档时都要设置文档名称

    B. 文档既可以保存在硬盘上，也可以保存到 U 盘中

    C. 另存文档时，需要设置文档的保存位置、文件名、保存类型等

    D. 在第一次保存文档时会打开"另存为"对话框

（9）当需要调整文档内容的层级和排列顺序时，最方便的视图是（　　）。

    A. 阅读版式视图    B. 页面视图       C. Web 版式视图   D. 大纲视图

（10）在文档中选择插入的图片对象后，不能通过该图片上出现的控制点进行的操作是（　　）。

    A. 调整图片高度    B. 调整图片宽度   C. 移动图片        D. 缩放图片

## 2. 操作题

（1）新建一个空白文档，将其命名为"个人简历.wps"并保存，按照下列要求对文档进行操作，效果如图 2-137 所示。

    ① 在新建的文档中绘制一个 8 行 7 列的表格，然后通过"表格工具"选项卡对单元格进行合并和拆分操作。

    ② 利用表格下边框中间位置显示的"添加"按钮添加 4 行新的单元格，然后将多个单元格合并成一个单元格，并输入相应的文本内容。

    ③ 为表格添加颜色为"钢蓝，着色 5"的双横线外边框，然后添加黑色的内边框。

    ④ 调整表格的行高，并为单元格添加"矢车菊蓝，着色 1，浅色 80%"的底纹颜色（配套文件:\效果文件\项目二\课后练习\个人简历.wps）。

（2）启动 WPS 文字，按照下列要求对文档进行操作，参考效果如图 2-138 所示。

    ① 新建空白文档，将其命名为"公司新闻.wps"并保存，在文档中输入文本内容（配套文件:\素材文件\项目二\课后练习\公司新闻.txt）。

    ② 在文档起始位置插入 3 个换行符，然后在文档中插入"填充-黑色，文本 1，轮廓-背景 1，清晰阴影-着色 5"效果的艺术字，在文本框中输入"季度工作会议圆满召开"，并调整艺术字的位置。

    ③ 插入图片"会议.jpg"（配套文件:\素材文件\项目二\课后练习、会议.jpg），调整图片的大小和位置，将图片的环绕文字方式设置为"四周型"。

④ 将正文格式设置为"华文中宋"，并对段落进行首行缩进设置；对最后一段文本进行右对齐设置。

⑤ 更改总体方针内容的字体颜色并为字体添加边框后，保存文档（配套文件:\效果文件\项目二\课后练习\公司新闻.wps）。

## 个人简历

| 基本信息 | | | | | |
|---|---|---|---|---|---|
| 姓名 | | 性别 | | 出生年月日 | |
| 民族 | | 学历 | | 政治面貌 | |
| 身份证号 | | | | 居住地 | |
| 工作年限 | | | | 户籍所在地 | |
| 受教育经历 | | | | | |
| 时间 | | 学校 | | 学历 | |
| | | | | | |
| 工作经历 | | | | | |
| 时间 | | 所在公司 | 担任职位 | 离职原因 | |
| | | | | | |
| 自我评价 | | | | | |
| | | | | | |

图 2-137 "个人简历"文档效果

## 季度工作会议圆满召开

2022 年 4 月 23 日上午 8 点 30 分，云帆普有限公司第二季度工作会议在公司五楼会议室正式召开。此次会议由副总裁主持，包括公司总裁、公司总部相关管理人员、各分公司负责人员和特约嘉宾在内的近百人出席。会议开始，公司总裁在季度工作报告中回顾了2021 年公司取得的可喜成绩，并布置了之后季度的主要工作。报告指出，2022 年公司的总体方针是"优化人员结构、提高员工素质，优化产业结构、注重效益增长"。

会议过程中，公司行政总监宣读公司组织机构整合决议，并公布公司管理岗位及人事调整方案。公司董事长在会议最后特别强调，2022 年

图 2-138 "公司新闻"文档效果

（3）打开"工作计划.wps"文档，按照下列要求对文档进行操作，参考效果如图 2-139 所示。

① 打开素材文件"工作计划.wps"文档（配套文件:\素材文件\项目二\课后练习\工作计划.wps），将文本插入点定位到第一段文本的最左侧；单击"插入"选项卡中的"封面页"按钮，插入"预设封面页"中的最后一个封面；将封面页中除标题和副标题文本框外的所有文本框都删除，并在标

题和副标题文本框中分别输入文本"8月工作计划""张小明"。

② 选择标题文本，在"开始"选项卡中将文本格式设置为"思源黑体，三号，居中"，将字符间距设置为"加宽，3磅"。

③ 通过"开始"选项卡中的"段落"对话框将"一、指导思想"文本下方的段落格式设置为"首行缩进，2字符"。

④ 按住【Ctrl】键的同时选择"村级组织建设""调整产业结构"文本以及"三、基础设施建设"文本下方的段落文本，为其设置编号"（1）（2）（3）…"，并将其段落格式设置为"首行缩进，0.75厘米"。

⑤ 选择"村级组织建设""调整产业结构""精神文明建设"文本下方的文本，在"开始"选项卡的第3栏中单击"项目符号"按钮≡右侧的下拉按钮，在打开的下拉列表中选择"带填充效果的大圆形项目符号"选项。

⑥ 将文档中所有数字的文本格式设置为"灰色底纹，加粗，红色"效果，并将最后一段文本右对齐（配套文件:\效果文件\项目二\课后练习\工作计划.wps）。

（a）封面

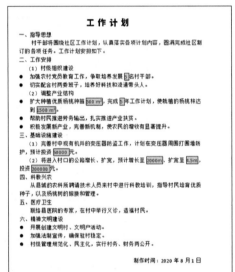

（b）正文

图2-139 "工作计划"文档效果

（4）打开"员工手册.wps"文档（配套文件:\素材文件\项目二\课后练习\员工手册.wps），按照下列要求对文档进行操作，效果如图2-140所示。

① 将纸张宽度调整为"22厘米"，高度调整为"28厘米"。

② 在文档中为每一章的标题、"声明"文本、"附件"文本应用"标题1"样式，为第一章、第三章、第五章和第六章的标题下方含大写数字的段落应用"标题2"样式。

③ 使用大纲视图显示3级大纲内容，然后退出大纲视图状态。

④ 为文档中的图片插入题注，将文本插入点定位到附件中的"《招聘员工申请表》和《职位说明书》"文本后面，然后输入文本（请参阅），在"参阅"文字后面创建一个"标题"类型的交叉引用。

⑤ 在"第一章"文本前插入一个分页符，然后为文档添加相应的页眉"新源科技——员工手册"。

⑥ 将文本插入点定位到"序"文本前，添加2级目录（配套文件:\效果文件\项目二\课后练习\员工手册.wps）。

序

一、编制目的

欢迎加入新源科技有限责任公司。为了帮助员工全面了解本公司，保障员工的权益和明确义务，提高工作效率和严格执行规程，将员工培养成合格的成员，特制

（a）目录

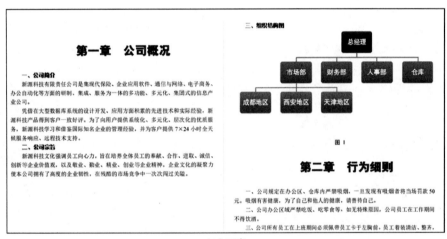

（b）正文

图2-140　"员工手册"文档效果

# 项目三
## 高效管理数据——电子表格制作

**03**

## 情景导入

日常办公中，肖磊不仅会与各种文档打交道，也会用到许多表格。在不断提升文档制作能力的同时，肖磊发现使用 WPS 文字来制作表格和管理表格数据显得不那么高效，于是他请教了相关人员，开始逐步去了解 WPS 表格的功能。实际上，WPS 表格是一款功能强大的电子表格处理软件，主要用于将繁杂的数据转换为比较直观的表格或图表。WPS 表格更为强大的数据处理功能则主要体现在计算数据和分析数据上，如使用公式与函数来排序数据、筛选数据、分类汇总数据，创建和使用数据透视表、数据透视图来分析数据等，这些功能可以使表格数据管理工作变得非常轻松。

## 课堂学习目标

- 制作学生成绩表。
- 制作产品价格表。
- 制作产品销售测评表。

- 制作业务人员提成表。
- 制作销售分析表。
- 分析固定资产统计表。

---

## 任务 3.1 制作学生成绩表

### 任务要求

查看"学生成绩表"相关知识

学校期末考试后，班主任让肖磊制作本班同学的成绩表，并以"学生成绩表"为名保存。肖磊在取得各位同学的成绩单后，便开始使用 WPS 表格制作电子表格，参考效果如图 3-1 所示。相关要求如下。

- 新建一个空白工作簿，并以"学生成绩表"为名保存。
- 在 A1 单元格中输入"建筑设计专业学生成绩表"文本，然后在 A2:J23 单元格区域输入相关文本内容。
- 在 A3 单元格中输入 1，然后拖动鼠标填充序列。

- 使用相同的方法输入学号列的数据，然后依次输入姓名以及各科的成绩。
- 合并 A1:J1 单元格区域，设置单元格格式为"方正兰亭中黑简体，18"。
- 选择 A2:J2 单元格区域，设置单元格格式为"方正中等线简体，12，居中对齐"，设置底纹为"橙色，着色 4，浅色 40%"。

- 选择 D3:I23 单元格区域，设置条件格式为"加粗倾斜，红色"。
- 调整 F、G 列的列宽到合适的宽度，设置第 3~23 行的行高为"15"。
- 为工作表设置图片背景，背景图片为"背景.jpg"素材。

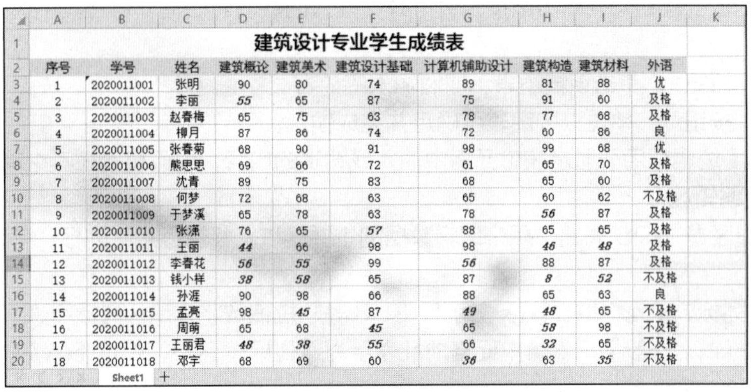

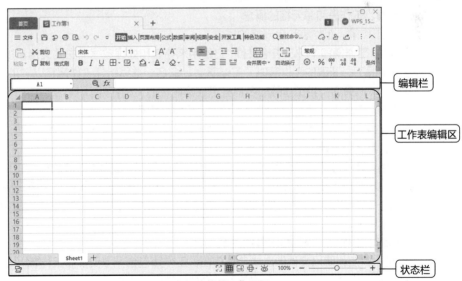

图 3-1 "学生成绩表"工作簿效果

## 探索新知

### 3.1.1 熟悉WPS表格的工作界面

WPS 表格的工作界面与 WPS 文字的工作界面相似，由快速访问工具栏、标题栏、"文件"菜单、功能选项卡、功能区、编辑栏、工作表编辑区和状态栏等部分组成，如图 3-2 所示。下面主要介绍编辑栏、工作表编辑区和状态栏的作用，其他区域的功能与 WPS 文字的相同，这里不再赘述。

图 3-2 WPS 表格的工作界面

#### 1. 编辑栏

编辑栏用来显示和编辑当前选择的单元格中的数据或公式。在默认情况下，编辑栏包括名称框、"浏览公式结果"按钮 ⊕、"插入函数"按钮 fx 和编辑框。在单元格中输入数据或插入公式与函数时，编辑栏中的"取消"按钮 × 和"输入"按钮 ✓ 将显示出来。

- 名称框。名称框用来显示当前单元格的地址或函数名称，如在名称框中输入"A3"后，按【Enter】键则会选中 A3 单元格。
- "浏览公式结果"按钮 ⊕。单击该按钮将自动显示当前包含公式或函数的单元格的计算结果。
- "插入函数"按钮 fx。单击该按钮会打开"插入函数"对话框，可在其中选择相应的函数插入表格。
- "取消"按钮 ×。单击该按钮表示取消输入的内容。
- "输入"按钮 ✓。单击该按钮表示确定并完成输入。
- 编辑框。编辑框用于显示在单元格中输入或编辑的内容，也可直接在其中输入和编辑内容。

**2．工作表编辑区**

工作表编辑区是 WPS 表格中用来编辑数据的主要区域，包括行号与列标、单元格地址和工作表标签等。

- 行号与列标、单元格地址。行号用 1、2、3 等阿拉伯数字标识，列标用 A、B、C 等大写英文字母标识。一般情况下，单元格地址表示为"列标+行号"，如位于 A 列 1 行的单元格可表示为 A1 单元格。
- 工作表标签。工作表标签用来显示工作表的名称。WPS 表格默认只包含一张工作表，单击"新建工作表"按钮 +，将新建一张工作表。当工作簿中包含多张工作表后，便可单击任意一个工作表标签实现工作表之间的切换。

**3．状态栏**

状态栏位于工作界面的最底端，主要用于调节当前表格的显示比例和视图显示模式。

### 3.1.2 了解工作簿、工作表、单元格

工作簿、工作表和单元格是构成 WPS 表格的框架，它们之间也存在包含与被包含的关系。了解其概念和彼此之间的关系，有助于更好地使用 WPS 表格。

**1．工作簿、工作表和单元格的概念**

下面介绍工作簿、工作表和单元格的概念。

- 工作簿。工作簿即 WPS 表格文件，它是用来存储和处理数据的主要文档，也称为电子表格。默认情况下，新建的工作簿以"工作簿 1"命名，继续新建工作簿将以"工作簿 2""工作簿 3"……命名，且工作簿的名称显示在标题栏的文档名处。
- 工作表。工作表是用来显示和分析数据的区域，它存储在工作簿中。默认情况下，一个工作簿只包含一张工作表，以"Sheet1"命名，继续新建工作表将以"Sheet2""Sheet3"……命名，其名称显示在"工作表标签"栏中。
- 单元格。单元格是 WPS 表格中基本的数据存储单元，它通过对应的行号和列标进行命名和引用。单个单元格地址表示为"列标+行号"，多个连续的单元格称为单元格区域，其地址表示为"单元格:单元格"，如 A2 单元格与 C5 单元格之间连续的单元格可表示为 A2:C5 单元格区域。

**2．工作簿、工作表、单元格三者的关系**

在计算机中，工作簿以文件的形式独立存在，工作簿包含一张或多张工作表，工作表是由排列成行和列的单元格组成的，它们三者的关系是包含与被包含的关系。

### 3.1.3 单元格的基本操作

单元格是表格中行与列的交叉部分，它是组成表格的最小单元。用户对单元格的基本操作包括选择、插入、删除、合并与拆分等。

### 1. 选择单元格

要在表格中输入数据，应先选择输入数据的单元格。在工作表中选择单元格的方法有以下 6 种。

- 选择单个单元格。单击单元格，或在名称框中输入单元格的行号和列标后按【Enter】键选择所需的单元格。
- 选择所有单元格。单击行号和列标左上角交叉处的"全选"按钮 ◢，或按【Ctrl+A】组合键选择工作表中的所有单元格。
- 选择相邻的多个单元格。选择起始单元格后，按住鼠标左键拖动鼠标指针到目标单元格，或在按住【Shift】键的同时单击目标单元格，将选择相邻的多个单元格。
- 选择不相邻的多个单元格。在按住【Ctrl】键的同时依次单击需要选择的单元格，将选择不相邻的多个单元格。
- 选择整行。将鼠标指针移动到需要选择的行的行号上，当鼠标指针变成 ➡ 形状时，单击将选择该行。
- 选择整列。将鼠标指针移动到需要选择的列的列标上，当鼠标指针变成 ⬇ 形状时，单击将选择该列。

### 2. 插入单元格

在表格中可以插入单个单元格，也可以插入一行或一列单元格。插入单元格的方法有以下两种。

- 选择单元格，在"开始"选项卡中单击"行和列"下拉按钮 ；在打开的下拉列表中选择"插入单元格"选项，打开"插入"对话框；在该对话框中，选中"活动单元格右移"或"活动单元格下移"单选项后，单击 确定 按钮，将在选中单元格的左侧或上方插入单元格；选中"整行"或"整列"单选项后，可在右侧设置行列数，单击 确定 按钮，将在选中单元格上方插入整行单元格或在选中单元格左侧插入整列单元格。
- 选择单元格，在"开始"选项卡中单击"行和列"下拉按钮 ；在打开的下拉列表中的"在上方插入行"选项、"在下方插入行"选项、"在左侧插入列"选项或"在右侧插入列"选项右侧的数值框中输入数量，单击"确认"按钮 ✓，就会在指定位置插入指定数量的行或列。

### 3. 删除单元格

在表格中可以删除单个单元格，也可以删除一行或一列单元格。删除单元格的方法有以下两种。

- 选择要删除的单元格，在"开始"选项卡中单击"行和列"下拉按钮 ；在打开的下拉列表中选择"删除单元格"选项，并在打开的子列表中选择"删除行"或"删除列"选项，将删除整行或整列单元格。
- 在"开始"选项卡中单击"行和列"下拉按钮 ，在打开的下拉列表中选择"删除单元格"→"删除单元格"选项，打开"删除"对话框，如图 3-3 所示；选中对应单选项后，单击 确定 按钮将删除所选单元格，并由其他位置的单元格代替所选单元格。

图 3-3 "删除"对话框

### 4. 合并与拆分单元格

当默认的单元格样式不能满足实际需求时，可通过合并与拆分单元格的方法来设置表格。

- 合并单元格。选择需要合并的多个单元格，在"开始"选项卡中单击"合并居中"按钮 ，可以合并单元格，并使其中的内容居中显示。除此之外，单击 合并居中 下拉按钮，在打开的下拉列表中还可根据需要选择"合并单元格""合并相同单元格""合并内容"等选项执行合并操作。
- 拆分单元格。拆分单元格的方法与合并单元格的方法完全相反，在拆分时需先选择合并后的单元格，然后单击"合并居中"按钮 ；或单击"段落扩展"按钮 打开"单元格格式"对话框，在"对齐"选项卡中取消选中"合并单元格"复选框，单击 确定 按钮，将拆分已合并的单元格。

### 3.1.4　数据录入技巧

输入数据是制作电子表格的基础。WPS 表格支持不同类型数据的输入，具体方法有以下 3 种。

- 选择需要的单元格，直接输入数据后按【Enter】键，单元格中原有的数据将被覆盖。
- 双击单元格，此时单元格中将出现文本插入点，按方向键可调整文本插入点的位置，然后直接输入数据并按【Enter】键完成录入操作。
- 选择单元格，在编辑栏的编辑框中单击以定位插入点，在其中输入数据后按【Enter】键。

在 WPS 表格的单元格中可以输入文本、正数、负数、小数、百分数、日期、时间、货币等各种类型的数据，它们的输入方法与显示格式如表 3-1 所示。

表 3-1　不同类型数据的输入方法与显示格式

| 类型 | 举例 | 输入方法 | 单元格显示 | 编辑栏显示 |
|---|---|---|---|---|
| 文本 | 员工编号 | 直接输入 | 员工编号，左对齐 | 员工编号 |
| 正数 | 99 | 直接输入 | 99，右对齐 | 99 |
| 负数 | -99 | 输入负号"-"后输入数据 99，即"-99"；或输入英文状态下的括号"( )"，并在其中输入数据，即"(99)" | -99，右对齐 | -99 |
| 小数 | 5.2 | 依次输入整数位、小数点和小数位 | 5.2，右对齐 | 5.2 |
| 百分数 | 60% | 依次输入数据和百分号，其中百分号利用【Shift+5】组合键输入 | 60%，右对齐 | 60% |
| 日期 | 2022 年 6 月 18 日 | 依次输入年、月、日数据，中间用"-"或"/"符号隔开 | 2023-6-18，右对齐 | 2023-6-18 |
| 时间 | 10 点 25 分 16 秒 | 依次输入时、分、秒数据，中间用英文状态下的冒号":"隔开 | 10:25:16，右对齐 | 10:25:16 |
| 货币 | ¥88 | 依次输入货币符号和数据，其中在英文状态下按【Shift+4】组合键可输入美元符号，在中文状态下按【Shift+4】组合键可输入人民币符号 | ¥80，右对齐 | ¥80 |

> **提示**　当需要在单元格中使用某些特殊符号时，如五角星，可利用 WPS 表格提供的符号功能进行插入。方法为：选择要输入符号的单元格后，单击"插入"选项卡中的"符号"按钮Ω，打开"符号"对话框；在其中的"符号"选项卡或"特殊字符"选项卡中选择所需的符号，然后单击 插入(I) 按钮便可插入符号到指定单元格中。

### 3.1.5　了解条件格式

WPS 表格内置了多种类型的条件格式，用于对电子表格中的内容进行指定条件的判断，并返回预先指定的格式。如果内置的条件格式不能满足制作需求，用户还可以新建条件格式规则。设置条件格式的方法为：选择需要设置条件格式的单元格区域，在"开始"选项卡中单击"条件格式"按钮田，在打开的下拉列表中提供了多种内置条件格式，如"突出显示单元格规则""项目选取规则""数据条"等，如图 3-4 所示；选择其中任意一个选项，在打开的子列表中选择对应选项，将为单元格应用所选内置条件格式。如果在"条件格式"下拉列表中选择"新建规则"选项，则将打开"新建格式规则"对话框，如图 3-5 所示；在其中可以选择规则类型，并根据提示信息编辑规则，设置完成后单击 确定 按钮完成操作。

图 3-4　内置条件格式

图 3-5　"新建格式规则"对话框

## 3.1.6　数据有效性的应用

数据有效性是指对单元格中录入的数据添加一定的限制条件。例如，用户通过设置基本的数据有效性使单元格中只能录入整数、小数、时间等，也可以创建下拉列表进行数据的录入。设置数据有效性的方法为：在工作表中选择要设置数据有效性的单元格区域，然后单击"数据"选项卡中的"数据有效性"按钮 $\boxminus \times$ ，打开"数据有效性"对话框；在"设置"选项卡的"允许"下拉列表中提供了不同的设置属性，如整数、小数、序列、日期、时间等，如图 3-6 所示；选择相应属性后设置具体的条件，最后单击 确定 按钮。

图 3-6　"数据有效性"对话框

# 任务实践

## （一）新建并保存工作簿

新建并保存工作簿的方法与新建并保存 WPS 文档的方法类似，具体操作如下。

① 选择"开始"→"WPS Office"命令，启动 WPS Office。

② 单击"新建"按钮 ⊕ ，在打开的界面中单击"表格"按钮 █ ，然后选择"新建空白文档"选项。

③ 稍后系统将自动新建一个名为"工作簿 1"的空白工作簿。

④ 选择"文件"→"保存"命令，打开"另存为"窗口；在"位置"下拉列表中选择文件保存路径，在"文件名"文本框中输入"学生成绩表"文本，然后单击 保存(S) 按钮。

微课 3-1

新建并保存
工作簿

> **提示**　按【Ctrl+N】组合键可快速新建空白工作簿；在桌面或文件夹的空白位置单击鼠标右键，在弹出的快捷菜单中选择"新建"→"XLSX 工作表"命令也可以新建空白工作簿。

## （二）输入工作表数据

输入数据是制作表格的基础。WPS 表格支持输入各种类型的数据，如文本和数字等，具体操作如下。

微课 3-2

输入工作表数据

① 选择 A1 单元格，在其中输入"建筑设计专业学生成绩表"文本，然后按【Enter】键切换到 A2 单元格，在其中输入"序号"文本。

② 按【Tab】键或【→】键切换到 B2 单元格，在其中输入"学号"文本，使用相同的方法依次在后面的单元格中输入"姓名""建筑概论""建筑美术""建筑设计基础""计算机辅助设计""建筑构造""建筑材料""外语"等文本。

③ 选择 A3 单元格，在其中输入"1"；将鼠标指针移动到 A3 单元格右下角，出现┿控制柄，在按住【Alt】键的同时将控制柄拖动至 A23 单元格，此时 A4:A23 单元格区域会自动生成序号。

④ 在 B3 单元格中输入学号"2020011001"，使用相同的方法按住【Alt】键并拖动控制柄自动填充 B4:B23 单元格区域；然后拖动鼠标选择 B3:B23 单元格区域，在"开始"选项卡的 常规 下拉列表中选择"文本"选项，自动填充数据的效果如图 3-7 所示。

图 3-7 自动填充数据的效果

## （三）设置数据有效性

微课 3-3

设置数据有效性

为单元格设置数据有效性，可保证输入的数据在指定的范围内，从而降低出错率。具体操作如下。

① 在 C3:C23 单元格区域输入学生姓名，然后选择 D3:I23 单元格区域。

② 在"数据"选项卡中单击"有效性"按钮，在打开的下拉列表中选择"有效性"选项，打开"数据有效性"对话框；在"允许"下拉列表中选择"整数"选项，在"数据"下拉列表中选择"介于"选项，在"最小值"和"最大值"文本框中分别输入"0"和"100"，如图 3-8 所示。

③ 单击"输入信息"选项卡，在"标题"文本框中输入"注意"文本，在"输入信息"文本框中输入"请输入 0～100 之间的整数"文本。

④ 单击"出错警告"选项卡，在"标题"文本框中输入"警告"文本，在"错误信息"文本框中输入"输入的数据不在指定范围内，请重新输入"文本，设置完成后单击 确定 按钮。

⑤ 在单元格中依次输入学生成绩；选择 J3:J23 单元格区域，打开"数据有效性"对话框；在"设置"选项卡的"允许"下拉列表中选择"序列"选项，在"来源"文本框中输入"优,良,及格,不及格"文本，单击 确定 按钮。

⑥ 选择 J3:J23 单元格区域的任意单元格，然后单击单元格右侧的下拉按钮，在打开的下拉列表中选择需要的选项即可，如图 3-9 所示。

图 3-8　设置数据有效性

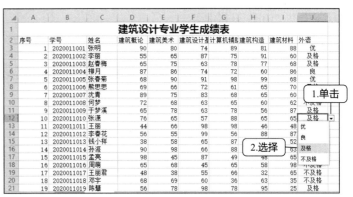

图 3-9　选择需要的选项

## （四）设置单元格格式

输入数据后，通常还需要对单元格进行相关设置，以美化表格。具体操作如下。

① 选择 A1:J1 单元格区域，在"开始"选项卡中单击"合并居中"按钮 ；或单击该按钮下方的下拉按钮 ，在打开的下拉列表中选择"合并居中"选项。

② 返回工作表可看到选中的单元格区域合并为了一个单元格，且其中的数据自动居中显示。

③ 保持单元格的选中状态，在"开始"选项卡的"字体"下拉列表中选择"方正兰亭中黑简体"选项，在"字号"下拉列表中选择"18"选项。

④ 选择 A2:J2 单元格区域，设置字体为"方正中等线简体"，字号为"12 号"，然后在"开始"选项卡中单击"水平居中"按钮 。

⑤ 在"开始"选项卡中单击"填充颜色"按钮 右侧的下拉按钮 ，在打开的下拉列表中选择"橙色，着色 4，浅色 40%"选项；选择剩余的数据，设置对齐方式为"水平居中"，完成后的效果如图 3-10 所示。

微课 3-4
设置单元格格式

图 3-10　设置单元格格式后的效果

## （五）设置条件格式

微课 3-5
设置条件格式

设置条件格式可以将不满足或满足条件的数据单独显示出来，具体操作如下。

① 选择 D3:I23 单元格区域，在"开始"选项卡中单击"条件格式"按钮 ；在打开的下拉列表中选择"新建规则"选项，打开"新建格式规则"对话框。

② 在"选择规则类型"列表框中选择"只为包含以下内容的单元格设置格式"选项；在"编辑规则说明"栏的第二个下拉列表中选择"小于"选项，在其右侧的数值框中

输入"60"，如图3-11所示。

③ 单击 格式(F)... 按钮，打开"单元格格式"对话框，在"字体"选项卡中设置字形为"加粗 倾斜"，将"颜色"设置为标准色中的"红色"，如图3-12所示。

④ 依次单击 确定 按钮返回工作界面，即可查看设置完条件格式的工作表。

图3-11　新建格式规则　　　　　　　　　图3-12　设置条件格式

## （六）调整行高与列宽

微课3-6
调整行高与列宽

在默认状态下，单元格的行高和列宽是固定不变的。当单元格中的内容太多而不能完全显示时，需要调整单元格的行高或列宽使其能完全显示内容，具体操作如下。

① 选择F列单元格，在"开始"选项卡中单击"行和列"按钮，在打开的下拉列表中选择"最适合的列宽"选项，返回工作表中可以看到F列单元格变宽，如图3-13所示。

② 按照相同的操作方法将G列单元格调整到合适的宽度。

③ 将鼠标指针移到第1行行号间的间隔线上，当鼠标指针变为╪时，向下拖动鼠标；此时鼠标指针右侧会显示具体的数据，待拖动合适的距离后释放鼠标左键。

④ 选择第3~23行，在"开始"选项卡中单击"行和列"按钮；在打开的下拉列表中选择"行高"选项，打开的"行高"对话框的数值框中默认显示"13.5"；这里输入"15"，然后单击 确定 按钮。此时，工作表第3~23行的行高增大，效果如图3-14所示（配套文件\效果文件\项目三\学生成绩表.et）。

图3-13　自动调整列宽　　　　　　　　　图3-14　设置行高后的效果

## 任务 3.2 制作产品价格表

### 任务要求

肖磊应公司要求到公司旗下的商场护肤品专柜实习。由于季节变换，专柜最近需要新进一批产品，经理让肖磊制作一份产品价格表，用于对比产品成本。肖磊使用 WPS 表格的功能完成了产品价格表的制作，完成后的效果如图 3-15 所示。相关要求如下。

查看"产品价格表"相关知识

- 打开素材工作簿，先插入一个工作表，然后删除"Sheet2""Sheet3""Sheet4"工作表。
- 复制两次"Sheet1"工作表，并将所有工作表分别重命名为"BS 系列""MB 系列""RF 系列"。
- 将"BS 系列"工作表以 C4 单元格为中心拆分为 4 个窗格，将"MB 系列"工作表中的 B3 单元格作为冻结中心冻结窗格。
- 将 3 个工作表标签依次设置为"红色""橙色""绿色"。
- 将工作表的对齐方式设置为"垂直居中"并横向打印 5 份。
- 选择"RF 系列"工作表的 E3:E20 单元格区域，为其设置保护；最后为工作表和工作簿分别设置保护密码，密码为"123"。

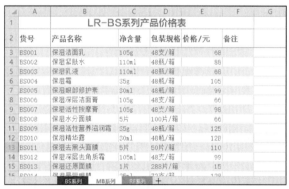

图 3-15 "产品价格表"工作簿效果

### 探索新知

### 3.2.1 工作表的基本操作

工作表用于存储和管理各种数据信息。只有熟悉工作表的各种基本操作后，才能更好地使用 WPS Office 制作电子表格。工作表的基本操作包括选择、插入、删除、移动和复制等。

#### 1. 工作表的选择

当工作簿中存在多张工作表时，就会涉及工作表的选择操作。下面介绍 4 种选择工作表的方法。

- 选择单张工作表。单击相应的工作表标签即可选择对应的工作表。
- 选择多张不相邻工作表。选择第 1 张工作表后，按住【Ctrl】键，继续单击任意一个工作表标签，可同时选择多张不相邻的工作表。

- 选择连续的工作表。选择第 1 张工作表后，按住【Shift】键，继续单击任意一个工作表标签，可同时选择这两张工作表及它们之间的所有工作表。
- 选择所有工作表。在任意工作表标签上单击鼠标右键，在弹出的快捷菜单中选择"选定全部工作表"命令，可选择当前工作簿中的所有工作表。

> **提示** 在 WPS 表格中选择多张工作表实际上是将这些工作表组成了一个组。若要取消成组的工作表，可单击任意一张没有被选择的工作表；如果所有工作表都处于选中状态，则可以在被选择的工作表标签上单击鼠标右键，在弹出的快捷菜单中选择"取消成组工作表"命令。

#### 2. 工作表的插入

工作簿中默认的一张工作表往往是不够用的，此时，需要用户手动插入新工作表来满足实际需求。插入工作表的方法有以下 4 种。

- 单击工作表标签右侧的"新建工作表"按钮+，可在该按钮左侧插入一张空白工作表。
- 在工作表标签上单击鼠标右键，在弹出的快捷菜单中选择"插入工作表"命令，打开"插入工作表"对话框；在"插入数目"数值框中输入需要插入的工作表数量，在"插入"栏中指定工作表的插入位置，然后单击 确定 按钮，如图 3-16 所示。

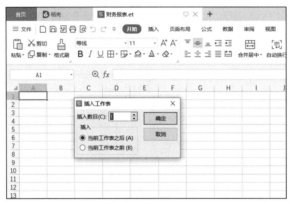

图 3-16　插入工作表

- 在"开始"选项卡中单击"工作表"下拉按钮，在打开的下拉列表中选择"插入工作表"选项，此时将打开"插入工作表"对话框，按上述相同的方法可插入工作表。
- 直接按【Shift+F11】组合键可在当前工作表左侧插入一张空白工作表。

#### 3. 工作表的删除

对于不需要或无用的工作表，应及时将其从工作簿中删除，其方法有以下两种。

- 在工作簿中选择需要删除的工作表，然后在"开始"选项卡中单击"工作表"下拉按钮，在打开的下拉列表中选择"删除工作表"选项。
- 在工作簿中需要删除的工作表标签上单击鼠标右键，在弹出的快捷菜单中选择"删除工作表"命令。

#### 4. 工作表的移动和复制

工作表在工作簿中的位置并不是固定不变的，通过移动或复制工作表等操作，可以有效提高电子表格的制作效率。在工作簿中移动和复制工作表的方法为：在工作簿中选择要移动或复制的工作表后，在"开始"选项卡中单击"工作表"下拉按钮；在打开的下拉列表中选择"移动或复制工作表"选项，打开"移动或复制工作表"对话框，如图 3-17 所示；在"工作簿"下拉列表中选择当前打开的任意一个目标工作簿，在"下列选定工作表之前"列表框中选择工作表移动或复制的位置，选中"建立副本"复选框表示复制工作表，未选中该复选框则表示移动工作表，然后单击 确定 按钮完成操作。

图 3-17 "移动或复制工作表"对话框

提示 在工作表标签上按住鼠标左键，水平拖动鼠标，当出现下三角形标记时释放鼠标左键，即可将工作表移动到该标记所在的位置。如果在拖动鼠标的同时按住【Ctrl】键，则可实现工作表的复制操作。

## 3.2.2 工作表背景的设置

工作表默认是无背景的，如果想要让工作表看上去更加生动和形象，可以手动为工作表设置背景。其方法为：切换到需要设置背景的工作表，在"页面布局"选项卡中单击"背景图片"按钮，打开"工作表背景"对话框；选择背景图片后，单击 打开(O) 按钮。设置背景后的工作表如图 3-18 所示。

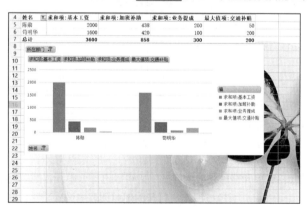

图 3-18 设置背景后的工作表

## 3.2.3 工作表主题与样式的设定

在编辑电子表格的过程中，用户还可以对工作表的主题和样式进行设置，这样不仅能提高工作表的美化效率，而且可以使最终的表格效果更加专业和美观。

### 1. 设置工作表主题

在 WPS 表格中新建一个工作簿或者工作表后，显示的是默认主题效果。如果用户对该默认主题不满意，则可以选择 WPS 表格提供的其他主题，并对该主题中的字体、颜色、效果进行修改。

其方法为：单击"页面布局"选项卡中的"主题"下拉按钮，在打开的下拉列表中选择某种主题效果即可，如图3-19所示。

图3-19　选择主题效果

### 2. 套用表格样式

如果用户希望工作表更美观，但又不想花费太多的时间设置工作表样式，则可利用"表格样式"功能直接套用系统中设置好的表格样式。其方法为：选择需要套用表格样式的单元格区域，在"开始"选项卡中单击"表格样式"按钮，在打开的下拉列表中选择一种预设的表格样式。由于已选择了需要套用表格样式的单元格区域，因此只需在打开的"套用表格样式"对话框中单击[ 确定 ]按钮，如图3-20所示。套用表格样式后，在"开始"选项卡中单击"格式"按钮，在打开的下拉列表中选择"清除"→"格式"选项，可将套用了表格样式的单元格区域转换为普通的单元格区域。

（a）单击"确定"按钮　　　　　　　　　（b）套用表格样式后的效果

图3-20　套用表格样式

> **提示**　若要为某个单元格或单元格区域应用样式，则可以选择该单元格或单元格区域，在"开始"选项卡中单击 单元格样式·下拉按钮，在打开的下拉列表中选择某种样式。

## 3.2.4　工作表的打印设置

工作表制作完成后可以打印出来供他人使用。在打印之前，用户还可以根据需要设置工作表的打印区域。其方法为：选择要打印的单元格区域，在"页面布局"选项卡中单击"打印区域"按钮，所选择的单元格区域将指定为待打印的区域，如图3-21所示。选择"文件"→"打印"→"打印预览"命令，进入工作簿打印预览的界面，在其中可以设置打印份数、选择打印机，还可以设置打印区域、页数范围、打印顺序、打印方向、页面大小、页边距等，如图3-22所示。设置完成后单击"直接打印"按钮 即可打印工作表。

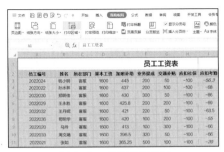

图 3-21　设置打印区域　　　　图 3-22　设置打印参数

## 任务实践

### （一）打开工作簿

要查看或编辑保存在计算机中的工作簿，先要打开该工作簿，具体操作如下。

① 启动 WPS Office 后，单击"打开"按钮📁或按【Ctrl+O】组合键，打开"打开文件"窗口，其中显示了最近编辑过的文档、工作簿和演示文稿等。若要打开最近使用过的工作簿，则只需选择相应文件；若要打开计算机中保存的工作簿，则需在"位置"下拉列表中选择文件的保存路径。

② 这里在"位置"下拉列表中选择"项目三"选项，在其下的"名称"栏中选择"产品价格表.et"工作簿（配套文件:\素材文件\项目三\产品价格表.et），单击 打开(O) 按钮即可打开选择的工作簿，如图 3-23 所示。

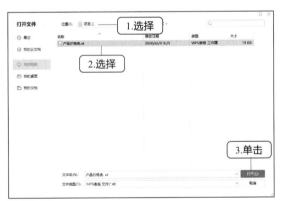

图 3-23　打开工作簿

### （二）插入与删除工作表

当 WPS 表格中的工作表不够用时，可插入工作表；若插入了多余的工作表，可将其删除，以节省系统资源。

#### 1. 插入工作表

在默认情况下，WPS 表格只提供一张工作表，用户可以根据需要插入多张工作表。下面介绍如何在"产品价格表.et"工作簿中通过"插入工作表"对话框插入空白工作表，具体操作如下。

① 在"Sheet1"工作表标签上单击鼠标右键，在弹出的快捷菜单中选择"插入"命令，如

图 3-24（a）所示。

②　打开"插入工作表"对话框，在其中可以设置工作表的插入数量和插入位置，如图 3-24（b）所示；这里选中"当前工作表之前"单选项，然后单击　确定　按钮，即可在所选工作表的前面插入一张新的空白工作表，如图 3-24（c）所示。

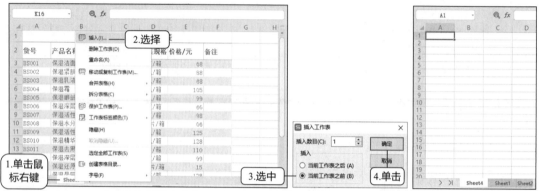

（a）选择"插入"命令　　　（b）设置插入数量和插入位置　（c）插入工作表后的效果

图 3-24　插入工作表

> **提示**　单击工作表标签后的"新建工作表"按钮 + 可快速插入空白工作表；或在"开始"选项卡中单击"工作表"按钮 ⊞，在打开的下拉列表中选择"插入工作表"选项，通过打开的"插入工作表"对话框插入空白工作表。

微课 3-9

删除工作表

### 2. 删除工作表

当工作簿中存在不需要的工作表时，可以将其删除。下面删除"产品价格表.et"工作簿中的"Sheet2""Sheet3""Sheet4"工作表，具体操作如下。

①　按住【Ctrl】键的同时选择不需要的"Sheet2""Sheet3""Sheet4"工作表，在"开始"选项卡中单击"工作表"按钮 ⊞，在打开的下拉列表中选择"删除工作表"选项，如图 3-25（a）所示；或者在所选工作表标签上单击鼠标右键，在弹出的快捷菜单中选择"删除工作表"命令。

②　返回工作簿，可以看到"Sheet2""Sheet3""Sheet4"工作表已被删除，如图 3-25（b）所示。

（a）选择"Sheet2""Sheet3""Sheet4"工作表　　　（b）删除后的效果

图 3-25　删除工作表

提示 若删除的工作表有数据，则会打开询问是否永久删除这些数据的对话框。单击 确定 按钮删除工作表和工作表中的数据，单击 取消 按钮取消删除工作表的操作。

## （三）移动与复制工作表

WPS 表格中工作表的位置并不是固定不变的。为了避免重复制作相同的工作表，用户可根据需要移动或复制工作表，具体操作如下。

微课 3-10

移动与复制
工作表

① 在"Sheet1"工作表标签上单击鼠标右键，在弹出的快捷菜单中选择"移动或复制工作表"命令，如图 3-26（a）所示。

② 在打开的"移动或复制工作表"对话框的"下列选定工作表之前"列表框中选择工作表移动的位置，这里选择"移至最后"选项；然后选中"建立副本"复选框，单击 确定 按钮移动并复制"Sheet1"工作表，如图 3-26（b）所示。

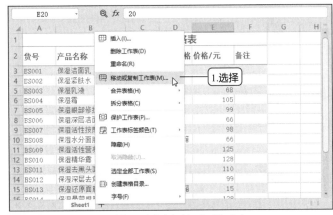

（a）选择"移动或复制工作表"命令　　（b）"移动或复制工作表"对话框

图 3-26　移动并复制工作表

提示 将鼠标指针移动到需移动或复制的工作表标签上，按住鼠标左键不放，当鼠标指针变成时将其拖动到目标位置；工作表标签上有一个▼符号随鼠标指针移动，释放鼠标左键后，在目标位置可看到移动的工作表。在按住【Ctrl】键的同时拖动工作表标签，可以复制工作表。

③ 用相同的方法在"Sheet1（2）"工作表后继续移动并复制工作表，完成后的效果如图 3-27 所示。

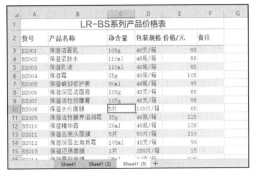

（a）单击鼠标右键　　　　　　　　（b）移动并复制工作表后的效果

图 3-27　移动并复制工作表的效果

## （四）重命名工作表

微课 3-11

重命名工作表

工作表的名称默认为"Sheet1""Sheet2"……为了便于查询，可重命名工作表。下面在"产品价格表.et"工作簿中重命名工作表，具体操作如下。

① 双击"Sheet1"工作表标签，或在"Sheet1"工作表标签上单击鼠标右键，在弹出的快捷菜单中选择"重命名"命令，此时被选中的工作表标签呈可编辑状态，如图 3-28（a）所示。

② 输入文本"BS 系列"，按【Enter】键或在工作表的任意位置单击以退出编辑状态，如图 3-28（b）所示。

③ 使用相同的方法分别将"Sheet1（2）"和"Sheet1（3）"工作表重命名为"MB 系列"和"RF 系列"，完成后的效果如图 3-28（c）所示。

|（a）工作表标签呈可编辑状态 |（b）输入文本"BS 系列" |（c）重命名后的效果 |

图 3-28　重命名工作表的效果

## （五）拆分工作表

微课 3-12

拆分工作表

在 WPS 表格中，用户可以通过拆分工作表功能将工作表拆分为多个窗格，在每个窗格中都可进行单独的操作，这样有助于在数据量比较大的工作表中查看数据的前后对照关系。要拆分工作表，先要选中作为拆分中心的单元格，然后执行拆分命令。下面在"产品价格表.et"工作簿的"BS 系列"工作表中以 C4 单元格为中心拆分工作表，具体操作如下。

① 在"BS 系列"工作表中选择 C4 单元格，然后在"视图"选项卡中单击"拆分窗口"按钮，如图 3-29（a）所示。

② 此时工作表以 C4 单元格为中心被拆分为 4 个窗格，在任意一个窗格中选择单元格，然后滚动鼠标滚轮可查看工作表中的其他数据，如图 3-29（b）所示。

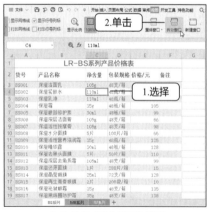

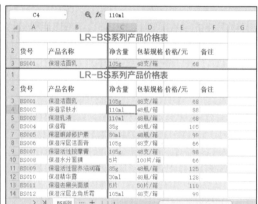

（a）单击"拆分窗口"按钮　　　　　　　（b）拆分后的效果

图 3-29　拆分工作表

## （六）冻结窗格

在数据量比较大的工作表中，为了方便查看表头与数据的对应关系，用户可通过冻结工作表窗格来查看工作表的其他部分内容而不必移动表头所在的行或列。下面在"产品价格表.et"工作簿的"MB系列"工作表中以B3单元格为冻结中心冻结窗格，具体操作如下。

微课 3-13
冻结窗格

① 选择"MB系列"工作表，在其中选择B3单元格作为冻结中心，然后在"视图"选项卡中单击"冻结窗格"按钮，在打开的下拉列表中选择"冻结至第2行A列"选项，如图3-30（a）所示。

② 返回工作表中，拖动水平或垂直滚动条，可在保持B3单元格上方和左侧的行和列位置不变的情况下，查看工作表的其他行或列，如图3-30（b）所示。

（a）冻结窗格　　　　　　　　　（b）冻结后的效果

图3-30　冻结窗格并查看工作表的其他行或列

## （七）设置工作表标签颜色

在默认状态下，工作表标签呈灰底黑字或白底绿字显示。为了让工作表标签美观醒目，可设置工作表标签的颜色。下面在"产品价格表.et"工作簿中设置各工作表标签的颜色，具体操作如下。

微课 3-14
设置工作表标签颜色

① 选择"BS系列"工作表标签，单击鼠标右键，在弹出的快捷菜单中选择"工作表标签颜色"→"红色"命令，如图3-31（a）所示。

② 返回工作表中可查看所设置的工作表标签颜色，如图3-31（b）所示。

③ 单击其他工作表标签，使用相同的方法分别设置"MB系列"和"RF系列"工作表标签的颜色为"橙色"和"绿色"。

（a）选择"工作表标签颜色"→"红色"命令　　　　（b）设置后的效果

图3-31　设置工作表标签颜色

## （八）预览并打印表格数据

在打印表格之前需预览打印效果，对表格内容和页面设置满意后再开始打印。在 WPS 表格中，根据打印内容的不同，可分为两种情况：一是打印整个工作表，二是打印区域数据。

微课 3-15

设置打印参数

### 1. 设置打印参数

选择需打印的工作表，预览其打印效果后，若对表格内容和页面设置不满意，可重新设置至满意后再打印。下面以在"产品价格表.et"工作簿中预览并打印工作表为例设置打印参数，具体操作如下。

① 选择"文件"→"打印"→"打印预览"命令或在快速访问工具栏中单击"打印预览"按钮，激活"打印预览"选项卡，预览打印效果，如图 3-32 所示。

② 在"打印预览"选项卡中单击横向按钮，然后单击"页面设置"按钮；在打开的"页面设置"对话框中单击"页边距"选项卡，在"居中方式"栏中选中"水平"和"垂直"复选框，然后单击确定按钮，如图 3-33 所示。

图 3-32 预览打印效果

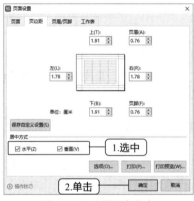

图 3-33 设置居中方式

**提示** 在"页面设置"对话框中单击"工作表"选项卡，在其中可设置打印区域或打印标题等内容。设置完成后单击确定按钮返回工作簿的打印窗口，单击"打印"按钮可只打印设置区域的数据。

③ 返回"打印预览"选项卡，在"份数"数值框中可设置打印份数。这里输入"5"，设置完成后单击"直接打印"按钮打印表格。

微课 3-16

设置打印区域
数据

### 2. 设置打印区域数据

当只需打印表格中的部分数据时，可设置工作表的打印区域。下面在"产品价格表.et"工作簿中将"RF 系列"工作表的打印区域设置为 A2:E10 单元格区域，具体操作如下。

① 在"RF 系列"工作表中选择 A2:E10 单元格区域，在"页面布局"选项卡中单击"打印区域"按钮，此时，工作表中所选区域四周出现虚线框，如图 3-34 所示。

② 在快速访问工具栏中单击"打印"按钮🖨，如图 3-35 所示，即可打印所选区域。

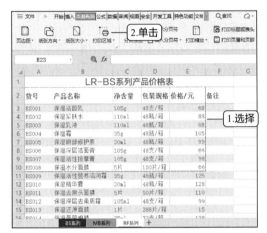

图 3-34　设置打印区域　　　　　　　图 3-35　打印区域数据

## （九）保护表格数据

用户可能会在 WPS 表格中存放一些重要的数据，因此，利用 WPS 表格提供的保护单元格、保护工作表和保护工作簿功能对表格数据进行保护，能够有效避免他人查看或恶意更改表格数据。

### 1. 保护单元格

为防止他人更改单元格中的数据，可锁定重要的单元格或隐藏单元格中包含的计算公式。下面在"产品价格表.et"工作簿中为"RF 系列"工作表的 E3:E20 单元格区域设置保护功能，具体操作如下。

微课 3-17

保护单元格

① 选择"RF 系列"工作表，然后在选择 E3:E20 单元格区域后按【Ctrl+1】组合键，或者在所选单元格上单击鼠标右键，在弹出的快捷菜单中选择"设置单元格格式"命令。

② 在打开的"单元格格式"对话框中单击"保护"选项卡，选中"锁定"和"隐藏"复选框，然后单击 确定 按钮完成对单元格的保护设置，如图 3-36 所示。

图 3-36　保护单元格

### 2. 保护工作表

设置保护工作表功能后，其他用户只能查看该工作表的表格数据，不能修改数据，这样可避免他人恶意更改表格数据。下面在"产品价格表.et"工作簿中设置工作表的保护功能，具体操作如下。

① 选择"RF系列"工作表，在"审阅"选项卡中单击"保护工作表"按钮 。

② 在打开的"保护工作表"对话框的"密码（可选）"文本框中输入密码，这里输入"123"，然后单击 确定 按钮，如图3-37（a）所示。

③ 在打开的"确认密码"对话框的"重新输入密码"文本框中输入相同的密码，然后单击 确定 按钮，如图3-37（b）所示。返回工作表中，可发现相应选项卡中的按钮或命令呈灰色状态显示，如图3-37（c）所示。

（a）输入密码　　　　（b）确认密码

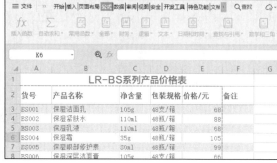

（c）设置后的效果

图3-37　保护工作表

### 3. 保护工作簿

若不希望工作簿中的重要数据被他人查看或使用，可以为工作簿设置保护功能。下面在"产品价格表.et"工作簿中设置工作簿的保护功能，具体操作如下。

① 在"审阅"选项卡中单击"保护工作簿"按钮 。

② 打开"保护工作簿"对话框，在"密码（可选）"文本框中输入密码"123"，如图3-38（a）所示，然后单击 确定 按钮。

③ 在打开的"确认密码"对话框的"重新输入密码"文本框中输入相同的密码，然后单击 确定 按钮，如图3-38（b）所示。返回工作表中，保存并关闭工作簿（配套文件:\效果文件\项目三\产品价格表.et）。

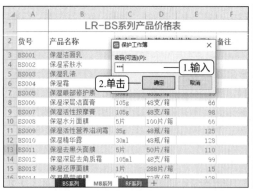

（a）输入密码

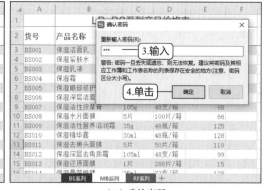

（b）确认密码

图3-38　保护工作簿

提示　要撤销工作表或工作簿的保护功能，可在"审阅"选项卡中单击"撤销工作表保护"按钮 或"撤销工作簿保护"按钮 ，然后在打开的对话框中输入工作表或工作簿的保护密码，并单击 确定 按钮。

## 任务 3.3　制作产品销售测评表

### 任务要求

公司旗下各门店总结了上半年的营业情况，经理让肖磊统计各门店每个月的营业额，并制作"产品销售测评表"，以便根据各门店的营业情况评出优秀门店并予以奖励。肖磊按照经理提出的要求，使用 WPS 表格制作了上半年产品销售测评表，效果如图 3-39 所示，相关要求如下。

- 使用求和函数 SUM 计算各门店的营业总额。
- 使用平均值函数 AVERAGE 计算各门店的月平均营业额。
- 使用最大值函数 MAX 和最小值函数 MIN 计算各门店的月最高营业额和月最低营业额。
- 使用排名函数 RANK 计算各门店的销售排名。
- 使用 IF 嵌套函数计算各门店的营业总额是否达到评定为优秀门店的标准。
- 使用 INDEX 函数查询"产品销售测评表"中的"B 店二月营业额"和"D 店五月营业额"。

查看"产品销售测评表"相关知识

| 店名 | 营业额/万元 | | | | | | 营业总额/万元 | 月平均营业额/万元 | 名次 | 是否优秀 |
|---|---|---|---|---|---|---|---|---|---|---|
| | 一月 | 二月 | 三月 | 四月 | 五月 | 六月 | | | | |
| A店 | 95 | 85 | 85 | 90 | 89 | 84 | 528 | 88 | 1 | 优秀 |
| B店 | 92 | 84 | 85 | 85 | 88 | 90 | 524 | 87 | 2 | 优秀 |
| D店 | 85 | 89 | 87 | 84 | 84 | 83 | 511 | 85 | 4 | 优秀 |
| E店 | 80 | 82 | 86 | 88 | 81 | 80 | 497 | 83 | 6 | 合格 |
| F店 | 87 | 89 | 96 | 84 | 83 | 88 | 517 | 86 | 3 | 优秀 |
| G店 | 86 | 84 | 85 | 81 | 80 | 82 | 498 | 83 | 5 | 合格 |
| H店 | 71 | 73 | 69 | 74 | 69 | 77 | 433 | 72 | 11 | 合格 |
| I店 | 69 | 74 | 76 | 72 | 76 | 65 | 432 | 72 | 12 | 合格 |
| J店 | 76 | 72 | 72 | 77 | 72 | 80 | 449 | 75 | 9 | 合格 |
| K店 | 72 | 77 | 80 | 82 | 86 | 88 | 485 | 81 | 7 | 合格 |
| L店 | 88 | 70 | 80 | 79 | 77 | 75 | 469 | 78 | 8 | 合格 |
| M店 | 74 | 65 | 78 | 77 | 68 | 73 | 435 | 73 | 10 | 合格 |
| 最高营业额/万元 | 95 | 89 | 87 | 90 | 89 | 90 | 528 | 88 | | |
| 最低营业额/万元 | 69 | 65 | 69 | 72 | 68 | 65 | 432 | 72 | | |
| 查询B店二月营业额 | 84 | | | | | | | | | |
| 查询D店五月营业额 | 84 | | | | | | | | | |

图 3-39　"产品销售测评表"工作簿效果

### 探索新知

#### 3.3.1　公式运算符和语法

在 WPS 表格中使用公式前，需要大致了解公式中的运算符和公式的语法。下面分别进行简单介绍。

**1. 运算符**

运算符即公式中的运算符号，主要用于连接数字并产生相应的计算结果。运算符有算术运算符（如加、减、乘、除）、比较运算符（如逻辑值 false 与 true）、文本运算符（如&）、引用运算符（如冒号与空格）和括号运算符（如()）5 种。当一个公式包含这 5 种运算符时，应遵循从高到低的优先级规则进行计算。若公式中包含括号运算符，则一定要注意每个左括号必须配一个右括号。

**2. 语法**

WPS 表格中的公式是按照特定的顺序进行数值运算的，这一特定顺序即语法。WPS 表格中的公式遵循特定的语法：前面是等号，后面是参与计算的元素和运算符。如果公式中同时用到了多个运算符，则需按照运算符的优先级进行运算；如果公式包含相同优先级的运算符，则先进行括号里面的运算，再从左到右依次计算。

### 3.3.2 单元格引用和单元格引用分类

在使用公式计算数据前要了解单元格引用和单元格引用分类的基础知识。

**1. 单元格引用**

WPS 表格是通过单元格的地址来引用单元格的，单元格地址是单元格的行号与列标的组合。例如，"=193800+123140+146520+152300"中的数据"193800"位于 B3 单元格中，其他数据依次位于 C3、D3 和 E3 单元格中。通过单元格引用，使用公式"=B3+C3+D3+E3"同样可以获得这 4 个数据的计算结果。

**2. 单元格引用分类**

在计算数据表中的数据时，通常会通过复制或移动公式来实现快速计算，因此会涉及不同的单元格引用方式。WPS 表格中包括相对引用、绝对引用和混合引用 3 种引用方式，不同的引用方式得到的计算结果也不相同。

- 相对引用。相对引用是指输入公式时直接通过单元格地址来引用单元格。相对引用单元格后，如果复制或剪切公式到其他单元格，那么公式中引用的单元格地址会根据复制或剪切的位置发生相应改变。
- 绝对引用。绝对引用是指无论引用单元格的公式的位置如何改变，所引用的单元格均不会发生变化。绝对引用的形式是在单元格的行号和列标前加上符号"$"。
- 混合引用。混合引用包含相对引用和绝对引用。混合引用有两种形式：一种是行绝对、列相对，如"B$2"表示行不发生变化，但是列会随着新的位置发生变化；另一种是行相对、列绝对，如"$B2"表示列保持不变，但是行会随着新的位置发生变化。

### 3.3.3 使用公式计算数据

WPS 表格中的公式是对工作表中的数据进行计算的等式，它以"="（等号）开始，其后是公式的表达式。公式的表达式可包含运算符、常量数值、单元格地址和单元格区域地址。

**1. 输入公式**

在 WPS 表格中输入公式的方法为：选择要输入公式的单元格，在单元格或编辑栏中输入"="；接着输入公式内容，输入完成后按【Enter】键或单击编辑栏中的"输入"按钮 ✓。

在单元格中输入公式后，按【Enter】键可在计算出公式结果的同时选择同列的下一个单元格，按【Tab】键可在计算出公式结果的同时选择同行的下一个单元格，按【Ctrl+Enter】组合键则可在计算出公式结果后，仍保持选择当前单元格。

**2. 编辑公式**

编辑公式与编辑数据的方法相同：选择含有公式的单元格，将文本插入点定位到编辑栏或单元格中需要修改的位置，按【Backspace】键删除多余或错误的内容，再输入正确的内容；完成后按【Enter】键即可完成对公式的编辑，WPS 表格会自动根据新公式进行计算。

**3. 复制公式**

在 WPS 表格中复制公式是快速计算数据的极佳方法，因为在复制公式的过程中，WPS 表格会自动改变所引用单元格的地址，避免手动输入公式带来的麻烦，可以提高工作效率。通常使用"开始"选项卡或单击鼠标右键进行复制粘贴，也可以拖动控制柄进行复制，还可选择添加了公式的单元格，按【Ctrl+C】组合键进行复制；然后将文本插入点定位到要复制的目标单元格中，按【Ctrl+V】组合键进行粘贴。

### 3.3.4　WPS 表格的常用函数

WPS 表格提供了多种函数，每个函数的功能、语法结构及参数的含义各不相同，除 SUM 函数和 AVERAGE 函数外，常用的函数还有 IF 函数、MAX/MIN 函数、COUNT 函数、SIN 函数、PMT 函数和 SUMIF 函数等。

- SUM 函数。SUM 函数的功能是对被选择的单元格或单元格区域进行求和。其语法结构为 SUM(number1,number2,…)，number1,number2,…表示若干个需要求和的参数。填写参数时，可以使用单元格地址（如 E6、E7、E8），也可以使用单元格区域（如 E6:E8），甚至可以混合输入（如 E6、E7:E8）。

- AVERAGE 函数。AVERAGE 函数的功能是求平均值，计算方法是：将选择的单元格或单元格区域中的数据先相加，再除以单元格数量。其语法结构为 AVERAGE(number1,number2,…)，number1,number2,…表示需要计算平均值的若干个参数。

- IF 函数。IF 函数是一种常用的条件函数，它能判断真假值，并根据逻辑运算的真假值返回不同的结果。其语法结构为 IF(logical_test,value_if_true,value_if_false)，logical_test 表示计算结果为 true 或 false 的任意值或表达式；value_if_true 表示 logical_test 为 true 时要返回的值，可以是任意数据；value_if_false 表示 logical_test 为 false 时要返回的值，也可以是任意数据。

- MAX/MIN 函数。MAX 函数的功能是返回被选中单元格区域中所有数值的最大值，MIN 函数用来返回所选单元格区域中所有数值的最小值。它们的语法结构为 MAX/MIN(number1,number2,…)，number1,number2,…表示要筛选的若干个参数。

- COUNT 函数。COUNT 函数用于对给定数据集合或单元格区域中数据的个数进行计数。其语法结构为 COUNT(value1,value2,…)，value1,value2,…为包含或引用各种类型数据的参数（1～30 个），但只有数字类型的数据才会被计算。

- SIN 函数。SIN 函数的功能是返回给定角度的正弦值。其语法结构为 SIN(number)，number 为需要计算正弦值的角度，以弧度表示。

- PMT 函数。PMT 函数的功能是基于固定利率及等额分期付款方式，返回贷款的每期付款额。其语法结构为 PMT(rate,nper,pv,fv,type)，rate 为贷款利率；nper 为该项贷款的付款总数；pv 为现值或一系列未来付款的当前值的累积和，也称为本金；fv 为未来值，或在最后一次付款后希望得到的现金余额（如果省略 fv，则假设其值为 0，也就是贷款的未来值为 0）；type 为数字 0 或 1，用于指定各期的付款时间是在期初还是期末。

- SUMIF 函数。SUMIF 函数的功能是根据指定条件对若干单元格求和。其语法结构为 SUMIF(range,criteria,sum_range)，range 为用于条件判断的单元格区域；criteria 为求和条件，其形式可以为数字、表达式或文本；sum_range 为需要求和的实际单元格。

- RANK 函数。RANK 函数是排名函数，其功能是返回某数字在一列数字中相对于其他数字的大小排名。其语法结构为 RANK(number,ref,order)，number 为需要排位的数字（单元格内必须为数字）；ref 为数字列表数组或对数字列表的引用；order 用于指明排位的方式。order 的值为 0 或 1，默认为 0 不用输入，得到从大到小的排名；若想求倒数第几名，order 的值则应为 1。

- INDEX 函数。INDEX 函数用于返回数据清单或数组中的元素值，此元素由行序号和列序号的索引值给定。函数 INDEX 的语法结构为 INDEX(array,row_num,column_num)，array 为单元格区域或数组常数；row_num 为数组中某行的行序号，函数从该行返回数值；

column_num 是数组中某列的列序号，函数从该列返回数值。如果省略 row_num，则必须有 column_num；如果省略 column_num，则必须有 row_num。

## 任务实践

### （一）使用求和函数 SUM 计算营业总额

微课 3-20

使用求和函数 SUM 计算营业总额

求和函数 SUM 主要用于计算某一单元格区域中所有数字之和。使用 SUM 函数计算各门店营业总额的具体操作如下。

① 打开"产品销售测评表.et"工作簿（配套文件:\素材文件\项目三\产品销售测评表.et），选择 H4 单元格，在"公式"选项卡中单击"自动求和"按钮∑。

② 此时，H4 单元格中会插入求和函数 SUM，同时 WPS 表格将自动识别函数参数"B4:G4"，如图 3-40 所示。

③ 单击编辑区中的"输入"按钮✓，完成求和计算；将鼠标指针移动到 H4 单元格右下角，当其变为➕时，向下拖动鼠标，至 H15 单元格时释放鼠标左键，WPS 表格将自动填充各门店的营业总额，如图 3-41 所示。

图 3-40　插入求和函数

图 3-41　自动填充营业总额

### （二）使用平均值函数 AVERAGE 计算月平均营业额

微课 3-21

使用平均值函数 AVERAGE 计算月平均营业额

查看常用统计函数

平均值函数 AVERAGE 用来计算某一单元格区域中的数据平均值，即先将单元格区域中的数据相加再除以单元格数量。使用 AVERAGE 函数计算月平均营业额的具体操作如下。

① 选择 I4 单元格，在"公式"选项卡中单击"自动求和"按钮∑下方的下拉按钮▼，在打开的下拉列表中选择"平均值"选项。

② 此时，I4 单元格中会插入平均值函数 AVERAGE，同时 WPS 表格会自动识别函数参数"B4:H4"，将自动识别的函数参数手动更改为"B4:G4"，如图 3-42 所示。

③ 单击编辑区中的"输入"按钮✓，完成求平均值的计算。

④ 将鼠标指针移动到 I4 单元格右下角，当其变为➕时，向下拖动鼠标；当拖动至 I15 单元格时释放鼠标左键，WPS 表格将自动填充各门店的月平均营业额，如图 3-43 所示。

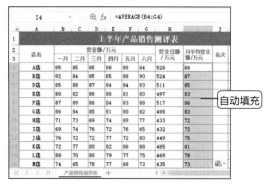

图 3-42　更改函数参数　　　　　　　　图 3-43　自动填充月平均营业额

## （三）使用最大值函数 MAX 和最小值函数 MIN 计算营业额

最大值 MAX 函数和最小值 MIN 函数分别用于显示一组数据中的最大值或最小值。使用这两个函数计算营业额的最大值和最小值的具体操作如下。

① 选择 B16 单元格，在"公式"选项卡中单击"自动求和"按钮 Σ 下方的下拉按钮 ，在打开的下拉列表中选择"最大值"选项，如图 3-44 所示。

② 此时，B16 单元格中会插入最大值函数 MAX，同时 WPS 表格会自动识别函数参数"B4:B15"，如图 3-45 所示。

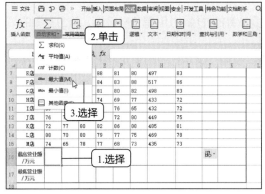

图 3-44　选择"最大值"选项　　　　　　图 3-45　插入最大值函数

③ 单击编辑区中的"输入"按钮 ，得到函数的计算结果；将鼠标指针移动到 B16 单元格右下角，当其变为 ＋ 时，向右拖动鼠标，至 I16 单元格时释放鼠标左键，WPS 表格将自动计算出各门店月最高营业额、最高营业总额和月最高平均营业额。

④ 选择 B17 单元格，在"公式"选项卡中单击"自动求和"按钮 Σ 下方的下拉按钮 ，在打开的下拉列表中选择"最小值"选项。

⑤ 此时，B17 单元格中会插入最小值函数 MIN，同时 WPS 表格会自动识别函数参数"B4:B16"，手动将其更改为"B4:B15"；单击编辑区中的"输入"按钮 ，得到函数的计算结果，如图 3-46 所示。

⑥ 将鼠标指针移动到 B17 单元格右下角，当其变为 ＋ 时，向右拖动鼠标，至 I17 单元格时释放鼠标左键，WPS 表格将自动计算出各门店月最低营业额、最低营业总额和月最低平均营业额，如图 3-47 所示。

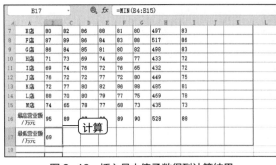

图 3-46　插入最小值函数得到计算结果　　　　图 3-47　自动填充最低营业额

## （四）使用排名函数 RANK 计算销售排名

微课 3-23

使用排名函数
RANK 计算销售
排名

排名函数 RANK 用来计算某个数字在数字列表中的名次。使用 RANK 函数计算销售排名的具体操作如下。

① 选择 J4 单元格，在"公式"选项卡中单击"插入函数"按钮 *fx*，打开"插入函数"对话框。

② 在"或选择类别"下拉列表中选择"统计"选项，在"选择函数"列表框中选择"RANK"选项，单击 确定 按钮，如图 3-48 所示。

③ 打开"函数参数"对话框，在"数值"文本框中输入"H4"，单击"引用"文本框右侧的"收缩"按钮 。

④ 此时该对话框呈收缩状态，拖动鼠标选择要计算的 H4:H15 单元格区域，单击右侧的"展开"按钮 。

⑤ 返回"函数参数"对话框，按【F4】键将"引用"文本框中的单元格的引用地址转换为绝对引用，单击 确定 按钮，如图 3-49 所示。

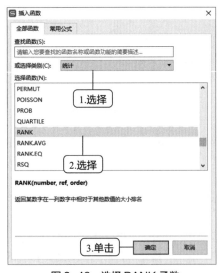

图 3-48　选择 RANK 函数

图 3-49　设置函数参数

⑥ 返回工作界面，可查看排名情况。选中 J4 单元格，将鼠标指针移动到 J4 单元格右下角，当其变为 **+** 时，向下拖动鼠标至 J15 单元格时释放鼠标左键，即可显示出每个门店的销售排名。

> **提示** 除了上述排名函数外，WPS 表格还提供了两个排名函数：RANK.AVG 和 RANK.EQ。这两个函数主要用于判断排名相同的情况。RANK.AVG 函数返回某数字在一列数字中相对于其他数字的大小排名；如果多个数字排名相同，则返回平均值排名。该函数的语法结构为 RANK.AVG(number,rdf,order)。RANK.EQ 函数返回某数字在一列数字中相对于其他数字的大小排名；如果多个数字排名相同，则返回该组数字的最佳排名。该函数的语法结构为 RANK.EQ（number,rdf,order）。

## （五）使用 IF 嵌套函数计算等级

IF 嵌套函数用于判断数据表中的某个数据是否满足指定条件，如果满足则返回特定值，不满足则返回其他值。使用该函数计算等级的具体操作如下。

① 选择 K4 单元格，单击编辑栏中的"插入函数"按钮 *fx*，打开"插入函数"对话框。

② 在"或选择类别"下拉列表中选择"常用函数"选项，在"选择函数"列表框中选择"IF"选项，单击 确定 按钮，如图 3-50 所示。

③ 打开"函数参数"对话框，分别在 3 个文本框中输入测试条件和返回逻辑值，单击 确定 按钮，如图 3-51 所示。

微课 3-24
使用 IF 嵌套函数计算等级

图 3-50 选择 IF 函数

图 3-51 输入测试条件和返回逻辑值

④ 返回工作界面，由于 H4 单元格中的值大于"510"，因此 K4 单元格显示为"优秀"。将鼠标指针移动到 K4 单元格右下角，当其变为 **+** 时，向下拖动鼠标至 K15 单元格时释放鼠标左键，WPS 表格将自动填充"是否优秀"列。

## （六）使用 INDEX 函数查询营业额

INDEX 函数用于显示工作表或单元格区域中的值或对值的引用。使用该函数查询营业额的具体操作如下。

① 选择 B19 单元格，在编辑栏中输入"=INDEX("，编辑栏下方将自动提示 INDEX 函数的参数输入规则；拖动鼠标选择 A4:G15 单元格区域，编辑栏中将自动录入"A4:G15"。

② 在编辑栏中输入参数"，2,3)"，单击编辑栏中的"输入"按钮 ✓，如图 3-52 所示，得到函数的计算结果。

③ 选择 B20 单元格，在编辑栏中输入"=INDEX("；拖动鼠标选择 A4:G15 单元格区域，编辑栏中将自动录入"A4:G15"，如图 3-53 所示。

微课 3-25
使用 INDEX 函数查询营业额

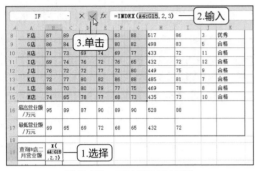
图 3-52　应用 INDEX 函数

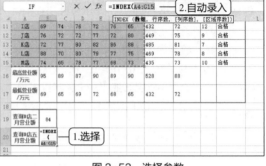
图 3-53　选择参数

④ 在编辑栏中输入参数 ",3,6)"，按【Ctrl+Enter】组合键确认应用函数并得到计算结果（配套文件\效果文件\项目三\产品销售测评表.et）。

## 任务 3.4　制作业务人员提成表

### 任务要求

查看"业务人员提成表"相关知识

　　肖磊由于业务能力强，又被公司安排到了销售部做实习文员，销售经理让他制作本部门的"业务人员提成表"，以便制订下个月的部门计划。月末，肖磊使用 WPS 表格统计公司销售部业务人员的提成，完成的工作簿效果如图 3-54 所示，相关要求如下。

- 打开已经创建并编辑完成的业务人员提成表，对其中的数据分别进行简单排序、多重排序和自定义排序。
- 对表中的数据按照不同的条件进行自动筛选、自定义筛选和高级筛选操作，并在表格中使用条件格式。
- 按照不同的设置字段，对表格中的数据进行分类汇总，然后查看分类汇总的数据。

图 3-54　"业务人员提成表"工作簿效果

### 探索新知

#### 3.4.1　数据排序

　　数据排序是统计工作中的一项重要内容。在 WPS 表格中，可将数据按照指定的顺序排列。一般情况下，数据排序分为以下 3 种情况。

- 单列数据排序。单列数据排序是指在工作表中以一列单元格中的数据为依据，对工作表中的所有数据进行排序。
- 多列数据排序。在对多列数据进行排序时，需要按某个数据排列，该数据称为"关键字"。以关键字为依据排序，其他列中的单元格数据的顺序将随之变化。对多列数据进行排序时，先要选择多列数据对应的单元格区域，然后选择关键字，排序时会自动以该关键字为依据进行排序，未选择的单元格区域将不参与排序。
- 自定义排序。使用自定义排序可以设置多个关键字对数据进行排序，并可以通过其他关键字对相同的数据进行排序。

### 3.4.2 数据筛选

数据筛选是对数据进行分析时常用的操作之一。数据筛选分为以下 3 种情况。

- 自动筛选。自动筛选数据即根据用户设定的筛选条件，自动将表格中符合条件的数据显示出来，而表格中的其他数据将被隐藏。
- 自定义筛选。自定义筛选是在自动筛选的基础上进行的，即单击自动筛选后需自定义的字段名称右侧的下拉按钮▾，在打开的下拉列表中选择相应的选项来确定筛选条件，然后在打开的"自定义筛选方式"对话框中进行相应的设置。
- 高级筛选。若需要根据自己设置的筛选条件对数据进行筛选，则需要使用高级筛选功能。高级筛选功能可以筛选出同时满足两个或两个以上条件的数据。

### 3.4.3 数据分类汇总

数据分类汇总分为分类和汇总两部分，即以某一列字段为分类项目，然后对表格中其他数据列的数据进行汇总。对数据进行分类汇总的方法很简单，首先选择工作表中包含数据的任意一个单元格，然后单击"数据"选项卡中的"分类汇总"按钮▦，在打开的"分类汇总"对话框中设置分类字段、汇总方式、选定汇总项等参数，如图 3-55（a）所示；最后单击 确定 按钮即可自动生成分类汇总表，如图 3-55（b）所示。

（a）设置分类汇总的参数　　　　　　　　　（b）生成的分类汇总表

图 3-55　生成分类汇总表

## 任务实践

微课 3-26

排序业务人员提成表中的数据

### （一）排序业务人员提成表中的数据

使用 WPS 表格中的数据排序功能对数据进行排序，有助于快速、直观地显示、组织和查找所需的数据，具体操作如下。

① 打开"业务人员提成表.et"工作簿（配套文件:\素材文件\项目三\业务人员提成表.et），选择 E 列任意单元格，在"数据"选项卡中单击"升序"按钮 ↓，将选择的数据表按照"合同金额"由低到高排序。

② 选择 A2:G17 单元格区域，在"数据"选项卡中单击"排序"按钮 ↓。

③ 打开"排序"对话框，在"主要关键字"下拉列表中选择"合同金额"选项，在"排序依据"下拉列表中选择"数值"选项，在"次序"下拉列表中选择"降序"选项，如图 3-56 所示。

④ 单击 + 添加条件(A) 按钮，在"次要关键字"下拉列表中选择"商品提成（差价的 60%）"选项，在"排序依据"下拉列表中选择"数值"选项，在"次序"下拉列表中选择"升序"选项，单击 确定 按钮。

⑤ 此时将对数据表按照"合同金额"列降序排列，对于"合同金额"列中相同的数据，按照"商品提成（差价的 60%）"列升序排列，结果如图 3-57 所示。

图 3-56　设置主要排序条件

| 商品型号 | 能效等级 | 合同金额 | 商品销售底价 | 商品提成（差价的60%） |
|---|---|---|---|---|
| 3P | 一级 | ¥8,520.0 | ¥6,520.0 | ¥1,200.0 |
| 大2P | 三级 | ¥7,000.0 | ¥6,100.0 | ¥540.0 |
| 3P | 一级 | ¥6,800.0 | ¥5,600.0 | ¥720.0 |
| 2P | 二级 | ¥6,500.0 | ¥5,300.0 | ¥720.0 |
| 2P | 二级 | ¥5,500.0 | ¥4,200.0 | ¥780.0 |
| 大2P | 一级 | ¥5,400.0 | ¥4,800.0 | ¥360.0 |
| 3P | 一级 | ¥5,200.0 | ¥4,680.0 | ¥312.0 |
| 1.5P | 三级 | ¥4,500.0 | ¥3,600.0 | ¥540.0 |
| 1.5P | 一级 | ¥4,500.0 | ¥3,250.0 | ¥750.0 |
| 2P | 二级 | ¥3,800.0 | ¥3,000.0 | ¥480.0 |

图 3-57　排序结果

⑥ 选择"文件"→"选项"命令，打开"选项"对话框，在左侧的列表框中单击"自定义序列"选项卡。

⑦ 在"输入序列"文本框中输入序列字段"3P、大 2P、2P、1.5P、大 1P、1P"，单击 添加(A) 按钮，将自定义字段添加到左侧的"自定义序列"列表框中，如图 3-58 所示。

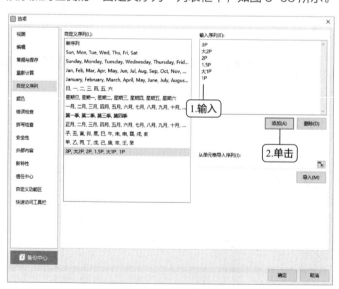

图 3-58　自定义排序字段

⑧ 单击 确定 按钮，返回数据表，选择任意一个单元格，在"排序和筛选"组中单击"排序"按钮 ↓，打开"排序"对话框。

⑨ 单击 删除条件(D) 按钮，删除设置好的多条件排序格式；在"主要关键字"下拉列表中选择"商

品型号"选项，在"次序"下拉列表中选择"自定义序列"选项；打开"自定义序列"对话框，在"自定义序列"列表框中选择前面创建的序列，单击 确定 按钮。

⑩ 返回"排序"对话框，"次序"下拉列表中将显示设置的自定义序列，单击 确定 按钮，如图 3-59 所示。

⑪ 此时数据表将按照"商品型号"列的自定义序列进行排序，结果如图 3-60 所示。

图 3-59 设置自定义序列

图 3-60 自定义序列排序的结果

> **提示** 输入自定义序列时，各个字段之间必须使用逗号或分号（英文符号）隔开，也可以换行输入。对数据进行排序时，如果出现提示框提示"要求合并单元格都具有相同大小"，则表示当前数据表中包含合并后的单元格，此时需要用户先手动选择规则的排序区域，再进行排序操作。

## （二）筛选业务人员提成表中的数据

WPS 表格的数据筛选功能可以用来显示满足某一个或某几个条件的数据，并隐藏其他的数据。

### 1. 自动筛选

通过自动筛选功能可以快速地在数据表中显示指定字段的记录并隐藏其他记录。下面在"业务人员提成表.et"工作簿中筛选出商品型号为"3P"的业务人员提成数据，具体操作如下。

微课 3-27

自动筛选

① 打开表格，选择工作表中包含数据的任意单元格，在"数据"选项卡中单击"自动筛选"按钮 ▽，进入筛选状态，列标题单元格右侧会显示"筛选"按钮 ▾。

② 在 C1 单元格中单击"筛选"按钮 ▾，在打开的下拉列表中仅选中"3P"复选框，单击 确定 按钮，如图 3-61（a）所示。

③ 此时数据表中会显示商品型号为"3P"的业务人员数据，其他数据全部被隐藏，如图 3-61（b）所示。

（a）选中"3P"复选框　　　　　　　　（b）自动筛选结果

图 3-61 自动筛选指定数据

微课 3-28
自定义筛选

### 2. 自定义筛选

自定义筛选多用于筛选数值数据，通过设定筛选条件可以将满足指定条件的
数据筛选出来，而隐藏其他数据。下面在"业务人员提成表.et"工作簿中筛选出
合同金额大于"5500"的相关数据，具体操作如下。

① 单击 C1 单元格右侧的"筛选"按钮 ，在打开的下拉列表中单击"清
空条件"按钮 ，如图 3-62 所示，取消对商品型号的筛选操作。

② 单击 E1 单元格右侧的"筛选"按钮 ，在打开的下拉列表中单击"数字筛选"按钮 ，再
在打开的下拉列表中选择"大于"选项，如图 3-63 所示。

图 3-62 清空筛选条件

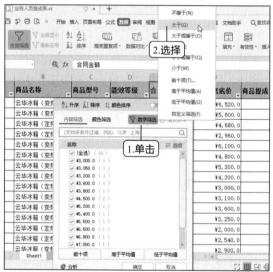

图 3-63 进行数字筛选

③ 打开"自定义自动筛选方式"对话框，在"合同金额"栏的"大于"下拉列表右侧的下拉列
表框中输入"5500"，然后单击 确定 按钮，如图 3-64 所示。

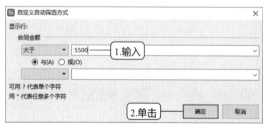

（a）设置筛选方式 （b）筛选后的效果

图 3-64 自定义筛选

### 3. 高级筛选

微课 3-29

高级筛选

通过高级筛选功能，可以自定义筛选条件，在不影响当前数据表的情况下显示筛选结果。对于较复杂的筛选，可以使用高级筛选功能。下面在"业务人员提成表.et"工作簿中筛选出商品销售底价大于"3000"、商品提成小于"600"的数据，具体操作如下。

① 单击"数据"选项卡中的"自动筛选"按钮 ▽，退出筛选状态；在"Sheet1"工作表的 I3:J3 单元格区域中输入筛选条件，即商品销售底价大于"3000"，商品提成（差价的60%）小于"600"，如图 3-65 所示。

② 单击"自动筛选"按钮 ▽ 所在栏右下角的对话框启动器图标 ⌐，如图 3-66 所示。

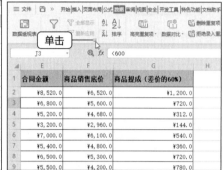

图 3-65　在工作表中输入筛选条件　　　图 3-66　单击对话框启动器图标

③ 打开"高级筛选"对话框，在"方式"栏中选中"将筛选结果复制到其他位置"单选项，将"列表区域"设置为"Sheet1!$A$1:$G$17"，将"条件区域"设置为"Sheet1!$I$2:$J$3"，将"复制到"设置为"Sheet1!$I$5"，选中"选择不重复的记录"复选框，最后单击 确定 按钮，如图 3-67 所示。

④ 此时"Sheet1"工作表中以 I5 单元格为起始单元格的 I5:O10 单元格区域便会单独显示筛选结果，如图 3-68 所示。

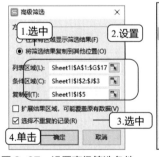

图 3-67　设置高级筛选条件

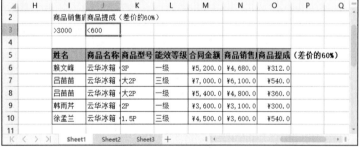

图 3-68　高级筛选结果

### 4. 使用条件格式

微课 3-30

使用条件格式

条件格式用于将数据表中满足指定条件的数据以特定的格式显示出来，以便用户直观地查看与区分数据。下面在"业务人员提成表.et"工作簿中将合同金额大于"5000"的数据以浅红色填充显示，具体操作如下。

① 选择 E2:E17 单元格区域，在"开始"选项卡中单击"条件格式"按钮 ，在打开的下拉列表中选择"突出显示单元格规则"→"大于"选项。

② 打开"大于"对话框，在数值框中输入"5000"，在"设置为"下拉列表中选择"浅红色填充"选项，单击 确定 按钮，如图3-69所示。

③ 此时E2:E17单元格区域中所有数据大于"5000"的单元格便会以浅红色填充显示，如图3-70所示。

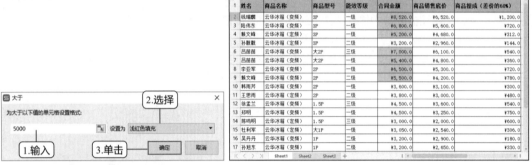

图3-69 设置条件格式    图3-70 应用条件格式的结果

# （三）对数据进行分类汇总

微课3-31

对数据进行分类汇总

运用WPS表格的分类汇总功能可对表格中的同一类数据进行统计，使工作表中的数据更加清晰、直观，具体操作如下。

① 选择工作表中包含数据的任意一个单元格，在"数据"选项卡中单击"升序"按钮 ，对数据进行排序。

② 在"数据"选项卡中单击"分类汇总"按钮 ，打开"分类汇总"对话框，在"分类字段"下拉列表中选择"商品名称"选项，在"汇总方式"下拉列表中选择"求和"选项，在"选定汇总项"列表框中选中"合同金额"复选框，单击 确定 按钮，如图3-71所示。

③ 完成数据的分类汇总，同时会直接在表格中显示分类汇总的结果，如图3-72所示。

图3-71 设置分类汇总    图3-72 分类汇总的结果

④ 在分类汇总数据表格的左上角单击 ② 按钮，隐藏汇总的部分数据，如图 3-73 所示。

> **提示** 分类汇总实际上就是分类加汇总，先通过排序功能对数据进行分类排序，然后按照分类进行汇总。如果没有进行排序，汇总的结果就没有意义。所以，在分类汇总时，必须先对数据进行排序，再进行汇总操作，且排序的条件涉及的字段最好是需要分类汇总的相关字段，这样汇总的结果才会更加清晰。

⑤ 在分类汇总数据表格的左上角单击 ① 按钮，隐藏汇总的全部数据，只显示总计的汇总数据，如图 3-74 所示（配套文件:\效果文件\项目三\业务人员提成表.et）。

图 3-73　隐藏汇总的部分数据 　　　　　图 3-74　隐藏汇总的全部数据

> **提示** 对数据进行分类汇总后，单击分类汇总数据表格左侧的"展开"按钮 ➕，可显示对应栏中的单个分类汇总明细行；单击"收缩"按钮 ➖，可以将对应栏中单个分类汇总的明细行隐藏。

> **提示** 并不是所有数据表都能够进行分类汇总，只有数据表中具有可以分类的序列时才能进行分类汇总。另外，打开已经进行了分类汇总的工作表，在表中选择任意单元格，然后在"数据"选项卡中单击"分类汇总"按钮，打开"分类汇总"对话框，单击 全部删除(R) 按钮可删除已实现的分类汇总。

## 任务 3.5　制作销售分析表

### 📝 任务要求

年关将至，总经理需要在年终总结会议上确定来年的销售方案，因此，需要一份数据差异和走势明显，并且能够辅助预测公司发展趋势的电子表格。行政部负责人让肖磊参与该表格的制作，并在一周之内提交销售分析表的最终文件。制作完成后的效果如图 3-75 所示，相关要求如下。

查看"销售分析表"相关知识

- 打开已经创建并编辑好的素材表格，根据表格中的数据创建图表，并将其移动到新的工作表中。
- 对图表进行编辑，包括修改图表数据、修改图表类型、设置图表样式、调整图表布局、设置图表格式、调整图表对象的显示与分布方式和使用趋势线等。
- 在表格中插入组合图。

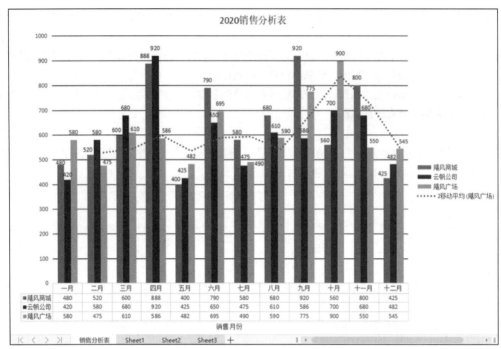

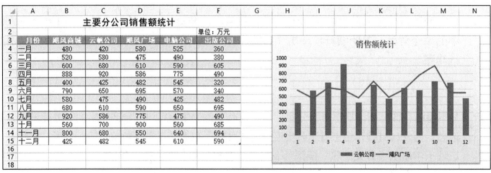

图 3-75 "销售分析表"效果

探索新知

### 3.5.1 图表的类型

图表是 WPS 表格中重要的数据分析工具。WPS 表格提供了多种图表类型，包括柱形图、条形图、折线图、饼图和面积图等，用户可根据需要选用不同类型的图表。下面介绍 5 种常用的图表类型及其适用情况。

- 柱形图。柱形图常用于几个项目之间数据的对比。
- 条形图。条形图与柱形图的用法相似，但数据位于 $y$ 轴，值位于 $x$ 轴，与柱形图相反。
- 折线图。折线图多用于显示等时间间隔数据的变化趋势，强调数据的时间性和变动率。
- 饼图。饼图用于显示一个数据系列中各项的大小与各项总和的比例。
- 面积图。面积图用于显示每个数值的变化量，强调数据随时间变化的幅度，还能直观地体现整体和部分的关系。

### 3.5.2 使用图表的注意事项

图表除了要具备必要的图表元素外，还要能一目了然。制作图表应该注意以下 6 点。

- 在制作图表前如需先制作表格，应根据前期收集的数据制作出相应的电子表格，并对表格进行一定的美化。
- 根据表格中的某些数据项或所有数据项创建相应形式的图表。选择表格中的数据时，可根据图表的需要而定。
- 检查创建的图表中的数据，及时添加或删除数据，然后对图表形状、样式和布局等进行相应的设置，完成图表的创建与修改。
- 不同类型的图表能够进行的操作可能不同，如二维图表和三维图表就具有不同的格式设置。
- 图表中的数据较多时，应该尽量将所有数据都显示出来，一些非重点部分，如图表标题、坐标轴标题和数据表格等可以考虑省略。
- 办公文件讲究简单明了，因此最好使用 WPS 表格自带的格式作为图表的格式。除非有特定的要求，否则没有必要设置复杂的格式来影响图表的查阅。

## 任务实践

### （一）创建图表

图表可以将数据以图例的方式展示出来。创建图表时，先要创建或打开 WPS 表格，然后根据表格创建图表。下面为"销售分析表.et"工作簿创建图表，具体操作如下。

微课 3-32

创建图表

① 打开"销售分析表.et"工作簿（配套文件\素材文件\项目三\销售分析表.et），选择 A3:F15 单元格区域，在"插入"选项卡中单击"插入柱形图"按钮，在打开的下拉列表的"二维柱形图"栏中选择"簇状柱形图"选项。

② 此时便会在当前工作表中插入一个柱形图，图中显示了各公司每月的销售情况。将鼠标指针移动到图中的某一系列，会显示该系列对应的分公司在该月的销售数据，效果如图 3-76 所示。

> **提示** 在 WPS 表格中，如果不选择数据而直接插入图表，则图表显示的内容为空白。这时可以在"图表工具"选项卡中单击"选择数据"按钮，打开"编辑数据源"对话框，在其中设置与图表数据对应的单元格区域，在图表中添加数据。

③ 在"图表工具"选项卡中单击"移动图表"按钮，打开"移动图表"对话框，选中"新工作表"单选项，在其后面的文本框中输入工作表的名称，这里输入"销售分析表"文本，单击 确定 按钮，如图 3-77 所示。

④ 此时图表移动到新工作表中，同时图表将被自动调整成适合工作表区域的大小。

> **提示** 在 WPS 表格中成功插入图表后，图表右侧会自动显示 5 个按钮，从上至下依次为"图表元素"按钮，可以用于添加、删除和更改图表元素，如坐标轴、数据标签、图表标题等；"图表样式"按钮，可以用于设置图表的样式和配色方案；"图表筛选器"按钮，可以用于设置图表上需要显示的数据点和名称；"在线图表"按钮，可以用于使用更加丰富的图表样式，但计算机需要接入互联网；"设置图表区域格式"按钮，可以用于精确地设置所选图表元素的格式。

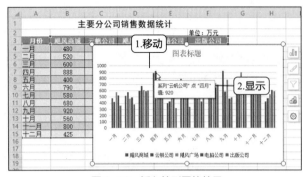

图 3-76　插入柱形图的效果

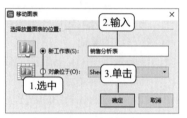

图 3-77　移动图表

## （二）编辑图表

微课 3-33

编辑图表

编辑图表包括修改图表数据、修改图表类型、设置图表样式、调整图表布局、设置图表格式、调整图表对象的显示与分布方式等，具体操作如下。

① 选择创建好的图表，在"图表工具"选项卡中单击"选择数据"按钮 ，打开"编辑数据源"对话框，单击"图表数据区域"文本框右侧的"收缩"按钮 。

② 对话框将收缩，在工作表中选择 A3:D15 单元格区域，单击 按钮展开"编辑数据源"对话框，如图 3-78 所示，在"图例项（系列）"和"轴标签（分类）"列表框中可看到修改的数据区域。

③ 单击 确定 按钮，返回图表，可以看到图表显示的序列发生了变化，如图 3-79 所示。

图 3-78　选择数据源

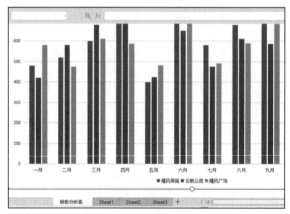

图 3-79　修改数据后的效果

④ 在"图表工具"选项卡中单击"更改类型"按钮 ，打开"更改图表类型"对话框，单击对话框左侧的"条形图"选项，在对话框右侧选择"簇状条形图"选项，如图 3-80 所示，单击 插入 按钮，更改所选图表的类型与样式。

⑤ 更改类型与样式后，图表中展现的数据并不会发生变化，如图 3-81 所示。

⑥ 在"图表工具"选项卡中单击"快速布局"按钮 ，在打开的下拉列表中选择"布局 5"选项。

⑦ 此时所选图表的布局将更改为同时显示数据表与图表，效果如图 3-82 所示。

⑧ 在图表区中单击任意一条红色数据条（系列"云帆公司"），WPS 表格会自动选择图表中该公司的所有数据系列。在"图表工具"选项卡中单击"设置格式"按钮 ，打开"属性"任务窗格，单击"填充与线条"按钮 ，在"填充"下拉列表中选择"黑色，文本 1，浅色 25%"，如图 3-83 所示，此时图表中该序列的样式便会发生变化。

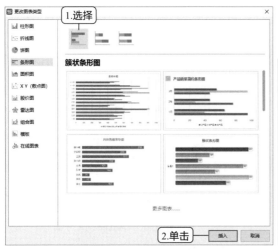

图 3-80　更改图表类型

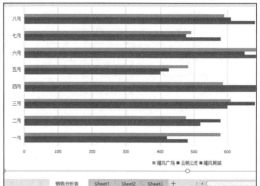

图 3-81　修改类型与样式后的效果

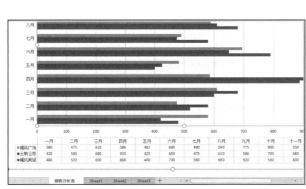

图 3-82　更改图表布局

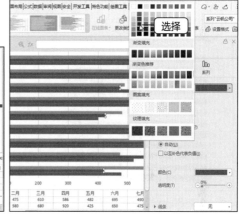

图 3-83　设置数据系列的样式

⑨ 在"图表工具"选项卡的"图表元素"下拉列表 系列"云帆公司" 中选择"水平（值）轴主要网格线"选项，在"属性"任务窗格中单击"填充与线条"按钮 ◇，在"线条"栏中选中"实线"单选项，然后将实线格式设置为"黑色，1.00 磅"，如图 3-84 所示。

**提示** 如果用户对图表中设置的图表元素的格式不满意，可以将图表元素恢复到默认设置，然后重新设置。其方法为：单击"图表工具"选项卡中的"重置样式"按钮 🔟。需要注意的是，单击"重置样式"按钮 🔟只能恢复最近一次的设置。如果最近一次进行的是图表标题样式的设置，那么只能恢复图表标题样式，不能恢复数据标签样式。

⑩ 单击图表上方的图表标题将其选中，然后输入图表标题内容，这里输入"2020 销售分析表"文本。

⑪ 在"图表工具"选项卡中单击"添加元素"按钮 🔟，在打开的下拉列表中选择"轴标题"→"主要纵向坐标轴"选项，如图 3-85 所示。

⑫ 在纵向坐标轴左侧会显示坐标轴标题框，单击插入的纵向坐标轴标题框后输入"销售月份"文本，在"图表工具"选项卡中单击"添加元素"按钮 🔟，在打开的下拉列表中选择"图例"→"右侧"选项添加图例元素，效果如图 3-86 所示。

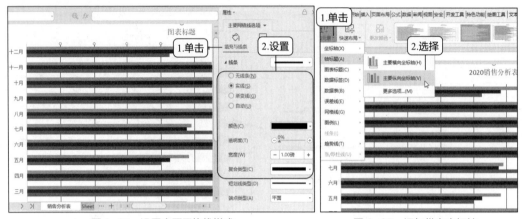

图3-84 设置主要网格线样式　　　　图3-85 添加纵向坐标轴

⑬ 在"图表工具"选项卡中单击"添加元素"按钮🔳，在打开的下拉列表中选择"数据标签"→"数据标签外"选项，在条形图中添加数据标签，完成后的效果如图3-87所示。

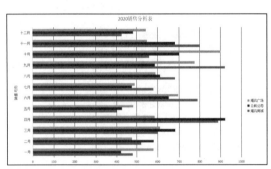

图3-86 设置坐标轴标题框和图例的显示位置

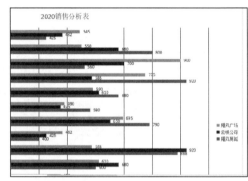

图3-87 设置数据标签的显示位置

⑭ 此时可看到条形图中有部分数据标注被遮挡，可选择被遮挡的数据，按住鼠标左键轻微移动。

## （三）使用趋势线

微课3-34
使用趋势线

趋势线用于标识图表数据的分布与规律，使用用户能够直观地了解数据的变化趋势，或根据数据进行预测、分析。下面为"销售分析表.et"工作簿中的图表添加趋势线，具体操作如下。

① 在"图表工具"选项卡中单击"更改类型"按钮🔳，打开"更改图表类型"对话框，在左侧的列表框中单击"柱形图"，在右侧的列表框中选择"簇状柱形图"选项，单击 插入 按钮。

② 在"图表工具"选项卡中单击"添加元素"按钮🔳，在打开的下拉列表中选择"趋势线"→"移动平均"选项，如图3-88所示。

③ 打开"添加趋势线"对话框，在"添加基于系列的趋势线"列表中选择"飓风广场"选项，然后单击 确定 按钮。

④ 选择添加的趋势线，在"属性"任务窗格中将趋势线的线条颜色设置为"印度红，着色2"，趋势线的宽度设置为"2.5磅"，效果如图3-89所示。

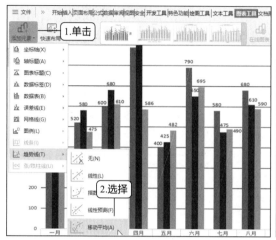

图 3-88　选择趋势线类型

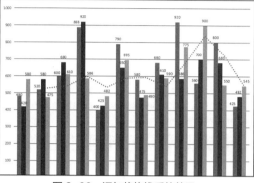

图 3-89　添加趋势线后的效果

## （四）插入组合图

WPS 表格提供的组合图能够帮助用户处理和分析各种复杂的数据。尤其是当图表中数据的范围变化较大或具有混合类型的数据时，使用组合图将为数据分析工作提供极大的便利。插入组合图的具体操作如下。

微课 3-35

插入组合图

① 切换到"Sheet1"工作表，选择 C3:D15 单元格区域，在"插入"选项卡中单击"插入组合图"按钮，在打开的下拉列表中选择"组合图"栏中的第一个样式，如图 3-90 所示。

② 此时"Sheet1"工作表中会插入由柱形图和拆线图组成的组合图，如图 3-91 所示。

图 3-90　选择组合图样式

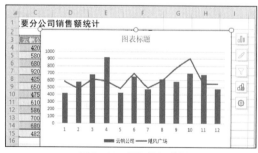

图 3-91　插入的组合图

③ 将图表标题更改为"销售数据统计"，并适当移动图表的位置，如图 3-92 所示。

④ 单击选择图表，在"绘图工具"选项卡的"样式"列表框 中选择"细微效果-深绿色，强调颜色 3"选项，效果如图 3-93 所示（配套文件:\效果文件\项目三\销售分析表.et）。

> **提示**　插入的图表中的标题名称文本或坐标轴名称文本的格式可以通过"文本工具"选项卡设置，可设置的内容包括字体、字号、文本填充颜色、文本轮廓和文本效果等。

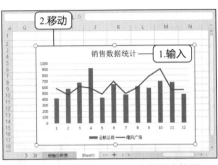

图 3-92　输入图表标题和调整图表位置

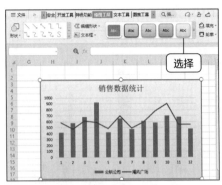

图 3-93　设置样式后的效果

## 任务 3.6　分析固定资产统计表

### 任务要求

查看"固定资产
统计表"相关
知识

　　每个企业都有自己的固定资产，也都需要对固定资产进行管理，如盘点、折旧、租用、出售等。因此大多数情况下，企业都需要对固定资产的各方面数据进行汇总统计和分析管理。财务部的小张就接到了经理下达的任务，让她对公司的固定资产进行盘点并以表格的形式将相关数据发送到财务主管李青的电子邮箱。小张打算使用 WPS 表格提供的数据透视表和数据透视图功能来灵活汇总和分析固定资产表格中的数据。制作完成后的效果如图 3-94 所示，相关要求如下。

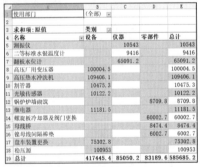

（a）数据透视表

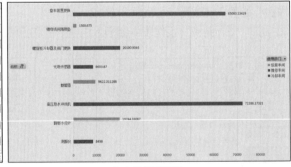

（b）数据透视图

图 3-94　"固定资产统计表"工作簿效果

- 打开已经创建并编辑好的素材表格，根据表格中的数据创建数据透视表，并对数据透视表进行显示和隐藏明细数据、排序、筛选以及刷新等操作。
- 对数据透视表进行适当美化，包括应用预设样式、手动美化等。
- 在表格中创建数据透视图，并对数据透视图进行筛选和美化等操作。

### 探索新知

#### 3.6.1　了解数据透视表

数据透视表是一种交互式报表，利用它可以按照不同的需要以及不同的关系来提取、组织和分析数据，从而得到需要的分析结果。它集筛选、排序和分类汇总等功能于一身，是 WPS 表格中重要的分析性报告工具。数据透视表如图 3-95 所示。

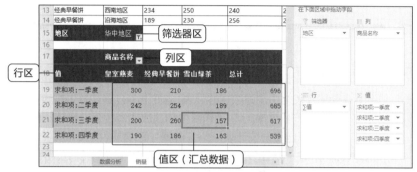

图 3-95　数据透视表

从结构来看，数据透视表分为以下 4 个部分。

- 行区。该区域中的字段将作为数据透视表的行标签。
- 列区。该区域中的字段将作为数据透视表的列标签。
- 值区（汇总数据）。该区域中的字段将作为数据透视表显示汇总的数据。
- 筛选器区。该区域中的字段将作为数据透视表的报表筛选字段。

## 3.6.2　了解数据透视图

数据透视图可为关联数据透视表中的数据提供其图形表示形式。数据透视图也是交互式的，使用数据透视图可以直观地分析数据的各种属性。创建数据透视图时，数据透视图中将显示数据系列、图例、数据标记和坐标轴（与标准图表相同）。对关联数据透视表中的布局和数据的更改会立即体现在数据透视图的布局和数据中。图 3-96 所示为基于数据透视表的数据透视图。

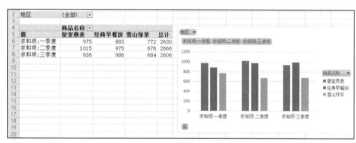

图 3-96　基于数据透视表的数据透视图

需要注意的是，数据透视图是数据透视表和图表的结合体，其效果与为表格创建图表的效果类似。但数据透视图与标准图表也有区别，主要表现在以下 5 个方面。

- 行/列方向。数据透视图不能通过"编辑数据源"对话框切换数据透视图的行/列方向，但是可以通过旋转关联数据透视表的"行"和"列"标签来实现。
- 图表类型。数据透视图不能用于制作 XY 散点图、股价图和气泡图。
- 嵌入方式。标准图表默认嵌入当前工作表，而数据透视图默认嵌入图表工作表（仅包含图表的工作表）。
- 格式。刷新数据透视图时，将保留大多数格式（包括添加的图表元素、布局和样式），但不能保留趋势线、数据标签、误差线，以及对数据集执行的其他更改。标准图表一旦应用此类格式，就不会将这些格式丢失。

- 源数据。标准图表中的数据直接链接到工作表单元格，数据透视图中的数据则是基于关联数据透视表的数据。

# 任务实践

## （一）创建数据透视表

微课 3-36

创建数据透视表

要在 WPS 表格中创建数据透视表，先要选择创建数据透视表的单元格区域。下面在"固定资产统计表.et"工作簿中创建数据透视表，具体操作如下。

① 打开"固定资产统计表.et"工作簿（配套文件\素材文件\项目三\固定资产统计表.et），在"明细"工作表中选择 A2:F16 单元格区域，然后单击"插入"选项卡中的"数据透视表"按钮，如图 3-97 所示。

② 打开"创建数据透视表"对话框，选中"请选择放置数据透视表的位置"栏中的"新工作表"单选项，单击 确定 按钮，如图 3-98 所示。

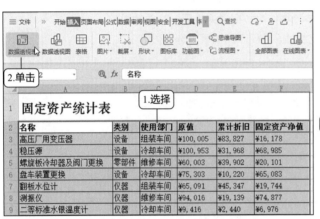

图 3-97　选择数据透视表显示区域并单击按钮

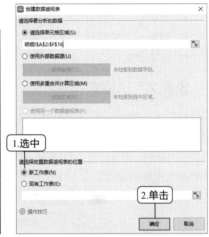

图 3-98　设置数据透视表的放置位置

③ 创建数据透视表后，在自动打开的"数据透视表"任务窗格的"字段列表"中选中"使用部门"复选框，该字段将自动添加到下方"数据透视表区域"的"行"列表框中。

④ 拖动"使用部门"字段至"列"列表框，调整该字段的位置，如图 3-99 所示。

⑤ 选中"字段列表"中的"类别"复选框和"原值"复选框，此时，在"Sheet1"工作表中，可见数据透视表的行标签对应"类别"字段的内容，列标签对应"使用部门"字段的内容，值标签对应"求和项：原值"字段的内容，如图 3-100 所示。

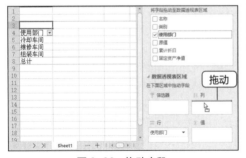

图 3-99　拖动字段

图 3-100　添加字段

## （二）使用数据透视表

成功创建数据透视表后，用户便可使用数据透视表来进行数据分析。下面在数据透视表中进行显示与隐藏明细数据、排序、筛选以及刷新数据透视表等操作，具体如下。

微课 3-37

使用数据透视表

① 在"Sheet1"工作表中选中"字段列表"中的"名称"复选框，将"名称"字段添加到"数据透视表区域"的"行"列表框中，使行标签中出现两个字段。

② 在"行"列表框中将"名称"字段拖动至"类别"字段上方，调整两个字段的放置顺序，如图 3-101 所示。

③ 选择工作表中的 A5 单元格，单击"分析"选项卡中的"折叠字段"按钮，此时，产品名称下的明细数据被隐藏起来，如图 3-102 所示。

④ 单击"分析"选项卡中的"展开字段"按钮，使隐藏的数据重新显示。

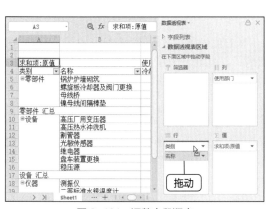

图 3-101　调整字段顺序

图 3-102　隐藏字段数据

⑤ 选择"数据透视表"窗格的"行"列表框中的"名称"字段，在打开的下拉列表中选择"删除字段"选项，如图 3-103 所示。

⑥ 单击工作表中"类别"单元格右侧的下拉按钮，在打开的下拉列表中选择"降序"选项，如图 3-104 所示。

图 3-103　删除字段

图 3-104　对字段进行降序排列

⑦ 此时，数据透视表的数据将按照名称（拼音的字母顺序）降序排列。再次单击"类别"单元格右侧的下拉按钮，在打开的下拉列表中选择"其他排序选项"选项。

⑧ 打开"排序（类别）"对话框，选中"降序排序（Z 到 A）依据"单选项后，在其下方的列表框中选择"求和项：原值"选项，然后单击 确定 按钮，此时，数据透视表的数据将按照不同类别固定资产原值的总计数由高到低排列，如图 3-105 所示。

（a）设置排序参数

（b）排序结果

图 3-105　对字段进行自定义排序

⑨ 将"使用部门"字段拖动到"数据透视表区域"的"筛选器"列表框中，将"类别"字段拖动到"数据透视表区域"的"列"列表框中，效果如图 3-106 所示，然后选中"字段列表"中的"名称"复选框。

⑩ 单击数据透视表左上方出现的"使用部门"字段右侧的下拉按钮，在打开的下拉列表中将鼠标指针移至"维修车间"选项上，单击"仅筛选此项"，如图 3-107 所示。

图 3-106　调整数据透视表中的字段

图 3-107　筛选部门

⑪ 此时，数据透视表中只显示维修车间的固定资产原值数据。

> 提示　如果用户想要一次筛选多个数据，可以单击待筛选字段右侧的下拉按钮，在打开的下拉列表中选中"选择多项"复选框，然后依次选中待筛选字段的名称，最后单击 确定 按钮。

⑫ 选择"明细"工作表，修改测振仪的原值、累计折旧和固定资产净值等数据。

⑬ 切换到"Sheet1"工作表，此时可看到数据透视表中测振仪的固定资产净值并没有同步更改。单击"分析"选项卡中的"刷新"按钮，更新数据透视表中测振仪的数据，使之与源数据保持一致。

微课 3-38

美化数据透视表

### （三）美化数据透视表

数据透视表虽然是根据源数据创建的，但同样可以对其外观进行美化。下面为数据透视表应用样式，并手动美化数据透视表，具体操作如下。

① 在"Sheet1"工作表中单击 B1 单元格右侧的"筛选"按钮，将鼠标指针移至打开的下拉列表中的"全部"选项上，单击"清除筛选"，如图 3-108 所示。

② 此时，数据透视表会重新显示所有部门的固定资产原值数据。

③ 选择数据透视表中包含数据的任意一个单元格，在"设计"选项卡中的"预设样式"列表框中选择"数据透视表样式浅色3"选项，如图3-109所示。

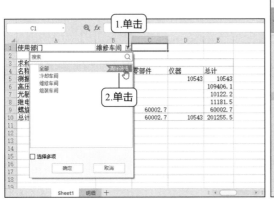

图3-108　清除数据透视表中的筛选结果

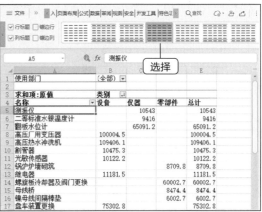

图3-109　为数据透视表应用预设样式

④ 选中"设计"选项卡中的"镶边行"复选框和"镶边列"复选框，此时，数据透视表各行各列都会添加边框。设计数据透视表样式后的效果如图3-110所示。

⑤ 选择"Sheet1"工作表中的A1:E19单元格区域，在"开始"选项卡的"字体"下拉列表中选择"方正新楷体简体"，在"字号"下拉列表中选择"14"选项。

⑥ 选择A、E列单元格，单击"开始"选项卡中的"行和列"按钮，在打开的下拉列表中选择"最适合的列宽"选项。

⑦ 选择第5～18行单元格，打开"行高"对话框，将行高设置为"20"，然后单击 确定 按钮，手动美化数据透视表的效果如图3-111所示。

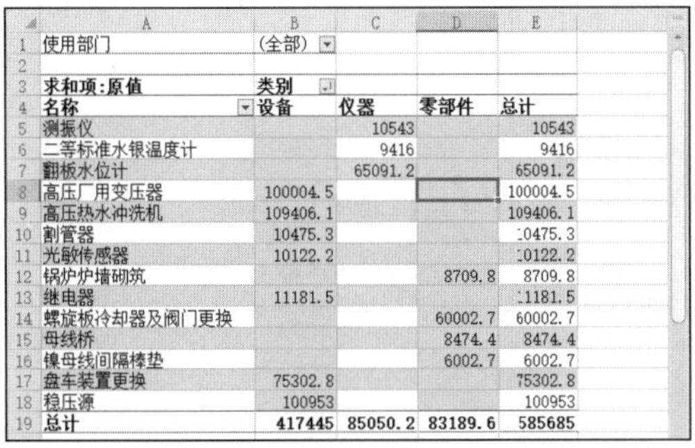

图3-110　设计数据透视表样式后的效果

图3-111　手动美化数据透视表的效果

## （四）创建数据透视图

创建数据透视图需要指定源数据，同样也需要将字段添加到"数据透视图"窗格。下面在"固定资产统计表.et"工作簿中创建数据透视图，具体操作如下。

① 在"明细"工作表中选择A5单元格，在"插入"选项卡中单击"数据透视图"按钮，如图3-112所示。

微课 3-39

创建数据透视图

② 打开"创建数据透视图"对话框，"请选择单元格区域"文本框中会默认显示"明细!\$A\$2:\$F\$16"，单击 确定 按钮，如图3-113所示。

③ 此时，在"Sheet2"工作表中会成功创建数据透视图并打开"数据透视图"任务窗格，在"字段列表"中选中"名称""使用部门""固定资产净值"复选框。

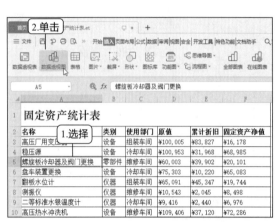

图3-112　选择单元格并单击按钮

图3-113　设置数据透视图参数

④ 将"轴（类别）"列表框中的"使用部门"字段拖动至"图例（系列）"列表框中，如图3-114所示。

⑤ 在"图表工具"选项卡中单击"移动图表"按钮，打开"移动图表"对话框，在"选择放置图表的位置"栏中选中"新工作表"单选项，然后单击 确定 按钮，如图3-115所示。

⑥ 此时，数据透视图会移动到自动新建的"Chart1"工作表中。该数据透视图成为工作表中的唯一对象，且随工作表大小的变化而变化。

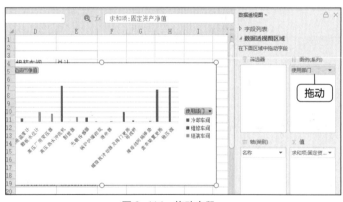

图3-114　拖动字段

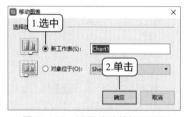

图3-115　设置移动数据透视图

微课3-40

使用数据透视图

## （五）使用数据透视图

数据透视图兼具数据透视表和图表的功能，因此适用于这两种对象的操作也适用于它。下面对数据透视图进行筛选、添加数据标签、设置和美化等操作，具体如下。

① 切换至"Chart1"工作表，单击数据透视图中的"名称"按钮，在打开的下拉列表中取消选中"二等标准水银温度计"复选框、"高压厂用变压器"复选框、"锅炉炉墙砌筑"复选框、"继电器"复选框，然后单击 确定 按钮，如图 3-116 所示。

② 此时，数据透视图中不再显示取消选中的复选框对应字段的信息。

③ 在"图表工具"选项卡中单击"添加元素"按钮，在打开的下拉列表中选择"数据标签"→"数据标签外"选项，如图 3-117 所示。

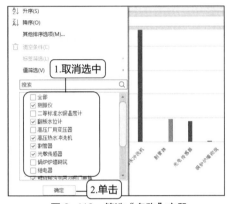

图 3-116 筛选"名称"字段

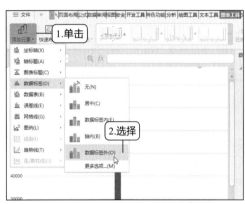

图 3-117 添加数据标签

④ 选择图表区，在"绘图工具"选项卡中单击"填充"按钮右侧的下拉按钮，在打开的下拉列表中选择"金色，背景 2"选项，如图 3-118 所示。

⑤ 在"图表工具"选项卡中单击"更改类型"按钮，在打开的"更改图表类型"对话框左侧的列表框中单击"条形图"选项，在右侧列表框中选择"簇状条形图"，然后单击 插入 按钮（配套文件:\效果文件\项目三\固定资产统计表.et）。

⑥ 此时，数据透视图从柱形图更改为条形图，如图 3-119 所示。

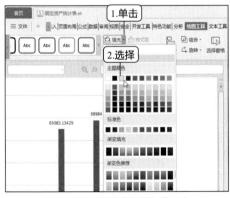

图 3-118 为图表区添加背景色

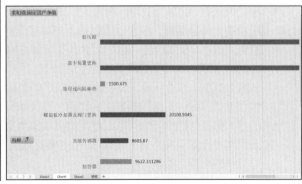

图 3-119 更改类型后的效果

## 拓展阅读——了解大数据

大数据是互联网技术快速发展的产物，它是指无法在一定时间范围内用常规软件、工具进行捕捉、管理和处理的数据集合，又称巨量资料、海量资料。现代社会每分每秒都会产生海量的数据，这些数据如果能够有效地汇集起来，就可以通过分析、挖掘等操作找到极具价值的信息，这也正是大数据带给我们的宝贵财富。

大数据具有数据体量大、数据类型多、数据产生速度快、数据价值密度低等特点。

- 数据体量大。个人计算机使用的数据量一般是 GB 或 TB 级的，而大数据处理的是 PB、EB级，甚至是 ZB 级别的数据体量（1GB=1024MB，1TB=1024GB，1PB=1024TB，1EB=1024PB，1ZB=1024EB）。
- 数据类型多。大数据的数据类型包括结构化数据、非结构化数据和半结构化数据。其中，结构化数据可以简单看作二维表格；非结构化数据包括图片、音频、视频等各种数据；半结构化数据是结构化数据的一种形式，但结构更加复杂。
- 数据产生速度快。大数据的产生速度非常快，例如某些热点新闻刚一发布就会在短时间内达到上万次浏览量和转发量。
- 数据价值密度低。上述三大特点导致大数据的价值密度会过低，这就需要我们在采集到大数据后，通过加工、处理和分析来过滤掉无用的内容，提高其价值。这也正是数据分析存在的必要性。

我国工业和信息化部于 2021 年发布的《"十四五"大数据产业发展规划》中明确提出"发挥大数据特性优势"，坚持大数据"5V"特性与产业高质量发展相统一；通过"技术应用+制度完善"双向引导，重点推进"大体量"汇聚、"多样性"处理、"时效性"流动、"高质量"治理、"高价值"转化等各环节协同发展；鼓励企业探索应用模式，推广行业通用发展路径，建立健全符合规律、激发创新、保障底线的制度体系，实现大数据产业发展和数据要素价值释放互促共进。

在国家的大力支持下，大数据的应用范围越来越广，几乎涉及生活的各个方面。下面仅列举几种大数据的应用场景，让大家对大数据在现代社会所起到的作用有更深刻的理解。

- 电商大数据。电商企业可以利用大数据预测流行趋势、消费趋势、地域消费特点、客户消费习惯等，从而改善客户体验，提高企业销售业绩。
- 零售大数据。零售行业可以利用大数据对商品进行精准营销，降低营销成本，打造更受客户青睐的商品。
- 农业大数据。农业可以利用大数据预测和控制农牧产品生产，不仅能够提高产量和质量，还能有效降低不必要的成本。
- 金融大数据。金融行业可以利用大数据为客户设计更好的金融产品，对产品进行更有效的风险管控、精准营销，并可以提供有力的决策支持。
- 交通大数据。交通行业可以利用大数据了解车辆通行密度，合理进行道路规划，提高交通线路的运行能力，减小交通事故的发生概率。
- 教育大数据。教育行业可以利用大数据了解教师与学生的情况，从而优化教育机制，提升个性化教学质量，充分挖掘学生的兴趣，发挥教师的教学特长。
- 医疗大数据。医疗行业可以利用大数据收集大量的病例和治疗方案，以及病人的基本特征，从而建立针对疾病特点的数据库，在诊断时便可以利用疾病数据库快速帮助病人确诊，并制订准确的治疗方案。
- 生物大数据。生物行业可以利用大数据将人类和其他生物体基因分析的结果进行记录和存储，通过建立基于大数据技术的基因数据库来研究基因技术，改良农作物、消灭害虫、战胜疾病等。

## 课后练习

**1. 选择题**

（1）在 WPS 表格中，默认的工作表有（　　）张。

　　A. 2　　　　　　　　B. 3　　　　　　　　C. 1　　　　　　　　D. 4

（2）默认情况下，在 WPS 表格的某单元格中输入数据后，按【Enter】键执行的操作是（　　）。

    A．换行　　　　　　　　　　　　　B．不执行任何操作

    C．自动选择右边的单元格　　　　　D．自动选择下一个单元格

（3）选择第 1 张工作表后，按住（　　）键不放，继续单击任意一个工作表标签，可同时选择多张不相邻的工作表。

    A．【Ctrl】　　　　B．【Shift】　　　　C．【Alt】　　　　D．【Ctrl+Shift】

（4）要对工作表中的行高和列宽进行调整，应单击（　　）组中的"格式"按钮。

    A．"样式"　　　　B．"单元格"　　　　C．"编辑"　　　　D．"对齐方式"

（5）在 WPS 表格中，进行分类汇总之前，要先对工作表进行（　　）处理。

    A．筛选　　　　B．设置格式　　　　C．排序　　　　D．计算

（6）在 WPS 表格中，下列关于套用表格样式的表述中，正确的是（　　）。

    A．对表格自动套用表格样式后，不能再对表格进行任何修改

    B．在对旧表格自动套用表格样式时，必须选定整张表格

    C．可设置在生成新表格时自动套用样式或在插入表格后自动套用样式

    D．只能直接用自动套用样式功能生成表格

（7）在 WPS 表格中找出学生成绩表中所有数学成绩在 95 分以上（包括 95 分）的学生，最适合使用（　　）命令。

    A．"查找"　　　　B．"分类汇总"　　　　C．"定位"　　　　D．"筛选"

（8）在 WPS 表格中，公式"=AVERAGE(D6:D8)"等价于下面哪个公式？（　　）

    A．=(D6+D7+D8)*3　　　　　　　B．=D6+D7+D8/3

    C．=D6+D7+D8　　　　　　　　　D．=(D6+D7+D8)/3

（9）某学生想对最近 4 个月里的成绩变化进行分析，适合使用的图表类型是（　　）。

    A．条形图　　　　B．柱形图　　　　C．折线图　　　　D．饼图

（10）周老师要统计班级学生期末考试成绩的总分，可运用 WPS 表格中的（　　）函数。

    A．MAX　　　　B．SUM　　　　C．AVERAGE　　　　D．MIN

（11）下列关于工作簿、工作表、单元格的表述中，正确是（　　）。

    A．工作簿结构保护是指用户不能插入、删除、隐藏、重命名、复制或移动工作表

    B．保护工作表后不可以增加新的工作表

    C．仅进行单元格的保护也有实际意义

    D．工作簿的保护是限制其他用户对工作表进行操作，同时受保护的工作表内的单元格也不可以修改

（12）在 WPS 表格中建立数据透视表时，默认的字段汇总方式是（　　）。

    A．最小值　　　　B．平均值　　　　C．求和　　　　D．最大值

**2．操作题**

（1）打开"供货商管理表.et"工作簿（配套文件:\素材文件\项目三\课后练习\供货商管理表.et），按照下列要求对工作簿进行操作，参考效果如图 3-120 所示。

    ① 合并 A1:G1 单元格区域，然后选择 A～G 列，利用"行和列"按钮将所选单元格的列宽调整为合适的宽度。

    ② 选择 F3:F15 单元格区域，通过"开始"选项卡将日期格式设置为"长日期"。

    ③ 在第 7 行单元格的上方插入新行，并输入相应的文本内容。

    ④ 将 A8 单元格中的"庆云"修改为"德瑞"。

⑤ 查找"私营"，并将其替换为"私营有限责任公司"，然后手动调整 B 列单元格的列宽。

⑥ 选择 A1 单元格，设置文本格式为"方正兰亭中黑简体，20，蓝色"，选择 A2:G16 单元格区域，设置文本格式为"方正黑体简体，12"。

⑦ 选择 A2:G16 单元格区域，套用表格样式"表样式浅色 16"。

⑧ 选择 G3:G16 单元格区域，打开"新建格式规则"对话框，将"合同金额"大于或等于 50 的单元格文本设置为"红色，加粗，倾斜"。

⑨ 删除多余的工作表"Sheet2""Sheet3"，并将"最早客户"工作表标签颜色设置为"深蓝"，设置完成后保存工作簿（配套文件:\效果文件\项目三\课后练习\供货商管理表.et）。

| | A | B | C | D | E | F | G |
|---|---|---|---|---|---|---|---|
| 1 | | | 供货商管理表 | | | | |
| 2 | 公司名称 | 公司性质 | 主要负责人姓名 | 电话 | 注册资金/万元 | 与本公司第一次合作时间 | 合同金额/万元 |
| 3 | 万鼎明贸易 | 私营有限责任公司 | 李先生 | 8967**** | 100 | 2020年6月3日 | 20 |
| 4 | 花朋实业 | 联营 | 姚女士 | 8875**** | 50 | 2018年6月4日 | 15 |
| 5 | 松柏五金配件部 | 私营有限责任公司 | 刘经理 | 8777**** | 20 | 2019年6月5日 | 5 |
| 6 | 蒙托亚贸易 | 私营有限责任公司 | 王小姐 | 8988**** | 200 | 2020年6月6日 | 25 |
| 7 | 金字达实业 | 股份公司 | 李女士 | 8759**** | 100 | 2021年6月3日 | 65 |
| 8 | 德瑞制冷设备 | 个体户 | 蒋先生 | 8662**** | 100 | 2019年6月7日 | 20 |
| 9 | 梅莉五金配件 | 个体户 | 胡先生 | 8777**** | 20 | 2019年6月8日 | 10 |
| 10 | 商华环保设备 | 合伙企业 | 方女士 | 2514**** | 200 | 2020年8月9日 | 50 |
| 11 | 彭达电缆 | 私营有限责任公司 | 袁经理 | 8662**** | 150 | 2019年6月3日 | 20 |
| 12 | 华临墙体材料 | 有限责任公司 | 吴小姐 | 8754**** | 50 | 2021年7月3日 | 20 |
| 13 | 庄聚龙实业 | 私营有限责任公司 | 杜先生 | 8988**** | 200 | 2020年6月1日 | 55 |
| 14 | 蓝鑫兰贸易 | 私营有限责任公司 | 郑经理 | 8662**** | 100 | 2019年9月2日 | 30 |
| 15 | 铮汇实业股份 | 股份公司 | 师小姐 | 8777**** | 200 | 2018年4月1日 | 50 |
| 16 | 格仁实业股份 | 股份公司 | 陈经理 | 8988**** | 100 | 2021年6月3日 | 70 |

图 3-120 "供货商管理表"效果

（2）打开素材文件"员工固定奖金表.et"工作簿（配套文件:\素材文件\项目三\课后练习\员工固定奖金表.et），按照下列要求对表格进行操作，参考效果如图 3-121 所示。

① 调整列宽和行高，并设置表格的格式，包括单元格边框、填充颜色、数字格式等。

② 利用自动求和函数 SUM 计算员工的合计数。

③ 利用排名函数 RANK.EQ 分析员工排名情况。在对该函数中的 ref 参数进行设置时，所引用的单元格要为绝对引用单元格。

④ 对 E 列单元格中的数据进行降序排列（配套文件:\效果文件\项目三\课后练习\员工固定奖金表.et）。

（3）打开"产品销量记录表.et"工作簿（配套文件:\素材文件\项目三\课后练习\产品销量记录表.et），按照下列要求对表格进行操作，参考效果如图 3-122 所示。

① 打开已经创建并编辑完成的"产品销量记录表"，对其中的数据进行自定义排序，排序方式为"空调,电视机,冰箱,洗衣机"。

② 复制排序后的工作表"Sheet1"，并将复制后的工作表重命名为"高级筛选"，然后对"高级筛选"工作表中的数据按照 C23:D24 单元格区域中的条件进行高级筛选。

③ 复制"Sheet1"工作表，并将其重命名为"分类汇总"，然后对"产品名称"字段进行分类汇总，其中汇总方式为"求和"，汇总项为"销售额"。

④ 使用"最大值"汇总方式查看分类汇总的数据。

⑤ 为"Sheet1"工作表添加背景图片"01.jpg"（配套文件:\效果文件\项目三\课后练习\产品销量记录表.et）。

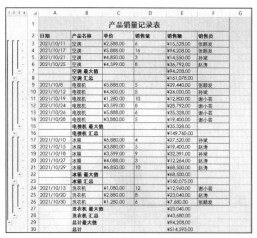

图 3-121 "员工固定奖金表"效果　　　　图 3-122 "产品销量记录表"效果

（4）打开"销售额统计表.et"工作簿（配套文件:\素材文件\项目三\课后练习\销售额统计表.et），按照下列要求对表格进行操作，参考效果如图 3-123 所示。

① 创建数据透视表，并编辑创建后的数据透视表，包括添加字段、应用样式和筛选数据。

② 在数据透视表的基础上创建数据透视图，编辑创建的数据透视图，并对数据透视图进行美化（配套文件:\效果文件\项目三\课后练习\销售额统计表.et）。

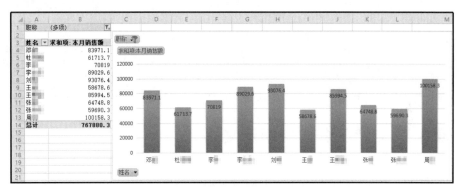

图 3-123 "销售额统计表"效果

# 项目四

## 提升说服力——演示文稿制作

04

### 情景导入

在公司实习了一段时间后，肖磊也接触过多次公司会议了。他发现会议上的电子屏幕里显示的文字、图片等内容可以随着会议演讲者的意愿运动或变化，使得整个会议的气氛变得更加轻松。后来肖磊询问了其他同事才得知，这是使用 WPS 演示制作的演示文稿。这种文档专门应用于各种演讲、演示场合，它可以通过图表、视频和动画等多媒体形式表现复杂的内容，帮助用户制作出图文并茂、富有感染力的演示文稿。WPS 演示作为主流的演示文稿制作软件，在易学性、易用性等方面得到了广大用户的肯定，是许多个人和组织首选的软件。

### 课堂学习目标

- 制作工作总结演示文稿。
- 编辑产品上市策划演示文稿。

- 设置市场分析演示文稿。
- 放映并输出课件演示文稿。

---

## 任务 4.1　制作工作总结演示文稿

###  任务要求

查看"工作总结"
相关知识

　　快到年底了，公司要求员工结合自己的工作情况写一份工作总结，并在年终总结会议上演讲。肖磊作为实习员工也不例外。在其他同事的帮助下，肖磊将尝试使用 WPS 演示来完成这个任务。但作为 WPS 演示的新手，肖磊希望尽量通过简单的操作制作出演示文稿。图 4-1 所示为制作完成后的"工作总结"演示文稿，相关要求如下。

- 启动 WPS Office，使用"工作总结"模板新建一个演示文稿，然后以"工作总结.dps"为名将其保存在桌面上。
- 在标题幻灯片中输入演示文稿的标题和副标题。
- 删除第 2~13 张幻灯片，然后新建一张"标题和内容"版式的幻灯片作为演示文稿的目录，再在占位符中输入文本。
- 新建一张"标题和内容"版式的幻灯片，在占位符中输入文本；添加一个横排文本框，在文本框中输入文本。
- 复制 6 张与第 2 张幻灯片内容相同的幻灯片，然后分别在其中输入相应内容。

- 调整第 4 张幻灯片的位置至第 5 张幻灯片之后。
- 在第 8 张幻灯片中调整文本的位置。
- 在第 8 张幻灯片中复制文本，再修改复制后的文本。
- 在第 10 张幻灯片中删除副标题文本。

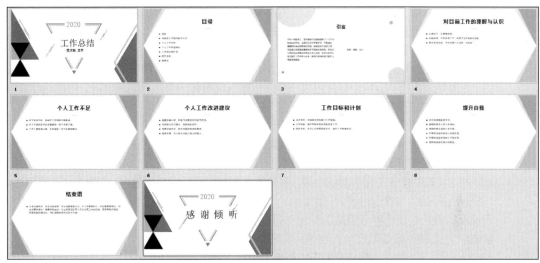

图 4-1 "工作总结"演示文稿

## 探索新知

### 4.1.1 熟悉 WPS 演示的工作界面

双击计算机中保存的 WPS 演示文稿（其扩展名为.dps）或打开 WPS Office 并单击首页左侧的"新建"按钮➕，在打开的页面中选择"演示"→"新建空白文档"选项，即可启动 WPS 演示。WPS 演示的工作界面如图 4-2 所示。

图 4-2 WPS 演示的工作界面

> **提示** 以双击演示文稿的方式启动 WPS 演示，将在启动的同时打开该演示文稿；以单击按钮的方式启动 WPS 演示，将在启动的同时自动生成一个名为"演示文稿 1"的空白演示文稿。WPS Office 的几个软件的启动方法类似，用户可触类旁通。

从图 4-2 中可以看出，WPS 演示的工作界面与 WPS 文字和 WPS 表格的工作界面类似，其中快速访问工具栏、标题栏、选项卡和功能区等的结构及作用也很相近（选项卡的名称以及功能区的按钮会因为软件的不同而不同）。下面介绍 WPS 演示特有的功能。

- 幻灯片编辑区。幻灯片编辑区位于 WPS 演示工作界面的中心，用于显示和编辑幻灯片的内容。在默认情况下，标题幻灯片包含一个正标题占位符和一个副标题占位符，内容幻灯片包含一个标题占位符和一个内容占位符。
- "幻灯片"浏览窗格。"幻灯片"浏览窗格位于幻灯片编辑区的左侧，主要用于显示当前演示文稿中所有幻灯片的缩略图。单击某张幻灯片的缩略图，可跳转到该幻灯片并在右侧的幻灯片编辑区中显示该幻灯片的内容。
- 状态栏。状态栏位于工作界面的底端，用于显示当前幻灯片的页面信息，主要由状态提示栏、"备注"按钮 ≡、视图切换按钮组 ▣ 器 ▥、"播放"按钮 ▶、显示比例栏和最右侧的"最佳显示比例"按钮 ⊡ 6 个部分组成。单击"备注"按钮 ≡，将隐藏备注面板；单击"播放"按钮 ▶，可以播放当前幻灯片（若想从头开始播放或进行放映设置，则需要单击"播放"按钮 ▶ 右侧的下拉按钮 ⌄，在打开的下拉列表中进行选择）；拖动显示比例栏中的缩放比例滑块，可以调节幻灯片的显示比例；单击状态栏最右侧的"最佳显示比例"按钮 ⊡，可以使幻灯片显示比例自动适应当前窗口的大小。

### 4.1.2 了解演示文稿与幻灯片

演示文稿和幻灯片是相辅相成的两个部分，它们的关系是包含与被包含。演示文稿由幻灯片组成，每张幻灯片有自己独立表达的主题。

"演示文稿"由"演示"和"文稿"两个词语组成，这说明它是用于演示某种效果而制作的文档，主要应用于会议、产品展示和教学课件等方面。

### 4.1.3 了解 WPS 演示视图

WPS 演示提供了普通视图、幻灯片浏览视图、阅读视图和备注页视图 4 种视图模式。在工作界面下方的状态栏中单击相应的视图按钮或在"视图"选项卡中单击相应的视图按钮，可进入相应的视图。各视图的功能如下。

- 普通视图。普通视图是 WPS 演示默认的视图模式，打开演示文稿即可进入普通视图，单击"普通视图"按钮 ▣ 也可切换到普通视图。在普通视图中，可以调整幻灯片的总体结构，也可以编辑单张幻灯片。普通视图是编辑幻灯片时常用的视图模式。
- 幻灯片浏览视图。单击"幻灯片浏览"按钮 器 即可进入幻灯片浏览视图。在该视图中可以浏览演示文稿的整体效果，调整其整体结构，如调整演示文稿的背景、移动或复制幻灯片等，但是不能编辑幻灯片中的内容。
- 阅读视图。单击"阅读视图"按钮 ▥ 即可进入幻灯片阅读视图。进入阅读视图后，可以在当前计算机上以窗口的方式查看演示文稿的放映效果，单击"上一页"按钮 ＜ 和"下一页"按钮 ＞ 可切换幻灯片。
- 备注页视图。在"视图"选项卡中单击"备注页"按钮 ▤ 即可进入备注页视图。备注页视图以整页格式查看和使用"备注"窗格，在备注页视图中可以方便地编辑、备注内容。

### 4.1.4　演示文稿的制作流程

演示文稿的制作流程并没有硬性规定。一般来讲，我们可以参考以下制作流程，并结合自身的操作习惯来决定具体制作流程。

#### 1. 创建基本内容

制作演示文稿时，需要先创建演示文稿和幻灯片，并在幻灯片中输入基本的内容（主要是文本内容），从而创建出整个演示文稿的内容框架。

#### 2. 统一演示文稿

统一演示文稿主要是指统一演示文稿的背景、主题以及对象格式等。这样做一方面可以提高制作演示文稿的效率；另一方面，具备统一风格的演示文稿会更加美观和专业。

#### 3. 丰富演示文稿

在具备内容框架的条件下，可以根据内容来调整演示文稿，如将文本调整为图表，插入各种形状、图片对象，创建表格，插入音频、视频等多媒体对象。这些生动的对象可以更好地丰富演示文稿的内容。

#### 4. 添加动画

动画是演示文稿的特色功能。完善了演示文稿的风格和内容后，可以为幻灯片及幻灯片中的各个对象添加活泼有趣的动画，进一步提升演示文稿的交互性和趣味性。

#### 5. 放映并发布演示文稿

完成上述所有环节后，需要放映演示文稿来检查其内容。只有不断地放映、检查和调整，才能得到最终的演示文稿，才可以根据需要将其发布到相关平台。

### 4.1.5　演示文稿的基本操作

进入 WPS 演示工作界面后，就可以对演示文稿进行操作了。由于 WPS Office 各组件具有共通性，所以 WPS 演示的操作与 WPS 文字的操作有一定的相似之处。

#### 1. 新建演示文稿

新建演示文稿的方法很多，如新建空白演示文稿、利用模板新建演示文稿。用户可根据实际需求进行选择。

- 新建空白演示文稿。启动 WPS Office 后，在打开的界面中单击"新建"按钮●，然后选择"演示"→"新建空白文档"选项，即可新建一个名为"演示文稿 1"的空白演示文稿。另外，也可以选择"文件"→"新建"命令打开子菜单，其中显示了多种演示文稿的新建方式，选择"新建"选项即可新建一个空白演示文稿，如图 4-3 所示。另外在已打开的演示文稿中直接按【Ctrl+N】组合键可快速新建空白演示文稿。

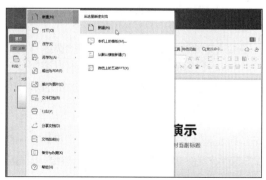

图 4-3　选择"新建"选项

- 利用模板新建演示文稿。WPS演示提供了免费和付费两种模板，这里主要介绍使用免费模板新建带有内容的演示文稿。其方法为：在WPS演示工作界面中选择"文件"→"新建"命令，在打开的子菜单中选择"本机上的模板"选项；打开"模板"对话框，其中提供了"常规"和"通用"两种模板，如图4-4所示；选择所需模板样式后，单击 确定 按钮，便可新建该模板样式的演示文稿。

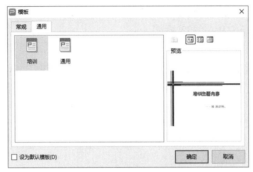

图4-4　"模板"对话框

### 2. 打开演示文稿

当需要对演示文稿进行编辑、查看或放映操作时，应先将其打开。打开演示文稿的主要方法如下。

- 打开演示文稿。在WPS演示工作界面中，选择"文件"→"打开"命令或按【Ctrl+O】组合键打开"打开文件"窗口，在其中选择需要打开的演示文稿，单击 打开(Q) 按钮。
- 打开最近使用的演示文稿。WPS演示提供了记录最近打开过的演示文稿的功能。如果想打开最近打开过的演示文稿，可在WPS演示工作界面中单击 ≡ 文件 ，在打开的"最近使用"列表中查看最近打开过的演示文稿，选择需打开的演示文稿将其打开。

### 3. 保存演示文稿

制作好的演示文稿应及时保存到计算机中，用户可根据需要选择使用不同的保存方法。下面分别进行介绍。

- 直接保存演示文稿。直接保存演示文稿是常用的保存方法：选择"文件"→"保存"命令或单击快速访问工具栏中的"保存"按钮 ，打开"另存为"窗口；在"位置"下拉列表中选择演示文稿的保存位置，在"文件名"文本框中输入文件名，单击 保存(S) 按钮完成保存。当执行过一次保存操作后，再次选择"文件"→"保存"命令或单击"保存"按钮 ，可将两次保存操作之间编辑的内容再次保存。
- 另存为演示文稿。若不想改变原有演示文稿中的内容，可通过"另存为"命令将演示文稿另存为一个新的文件，并将其保存在其他位置或更改名称。选择"文件"→"另存为"命令，在打开的"保存文档副本"下拉列表中选择所需保存类型，在打开的"另存为"窗口中进行设置即可。
- 自动保存演示文稿。选择"文件"→"选项"命令，打开"选项"对话框；单击左下角的 备份中心 按钮，在打开的"备份中心"界面中单击 设置 按钮；在展开的界面中选中"定时备份"对应的单选项，并在其后的数值框中输入自动保存的时间间隔，如图4-5所示，然后单击该界面右上角的"关闭"按钮 × 完成设置。

> **注意** "保存文档副本"下拉列表提供了多种保存类型选项，常见的有一般文件、模板文件、输出为视频、转换为WPS文字文档、低版本的演示文稿等，用户可根据需要选择。

图 4-5　"备份中心"界面

**4. 关闭演示文稿**

当不再需要对演示文稿进行操作时，可将其关闭。关闭演示文稿的常用方法有以下 3 种。

- 通过单击按钮关闭。单击 WPS 演示工作界面标题栏中的"关闭"按钮✕。
- 通过快捷菜单关闭。在 WPS 演示工作界面的标题栏上单击鼠标右键，在弹出的快捷菜单中选择"关闭"命令。
- 通过组合键关闭。按【Alt+F4】组合键，在关闭 WPS 演示的同时退出 WPS Office。

## 4.1.6　幻灯片的基本操作

幻灯片是演示文稿的重要组成部分，因此操作幻灯片是编辑演示文稿的重点。

**1. 新建幻灯片**

在新建空白演示文稿时，一般默认只有一张幻灯片，通常不能满足实际的编辑需求，因此需要用户手动新建幻灯片。新建幻灯片的方法主要有以下两种。

- 在"幻灯片"浏览窗格中新建。在"幻灯片"浏览窗格中单击鼠标右键，在弹出的快捷菜单中选择"新建幻灯片"命令。
- 通过"开始"选项卡新建。在普通视图或幻灯片浏览视图中选择一张幻灯片，在"开始"选项卡中单击"新建幻灯片"按钮🖼下方的下拉按钮▾，在打开的下拉列表中选择一种幻灯片版式即可。

**2. 应用幻灯片版式**

如果对新建的幻灯片版式不满意，可进行更改。其方法为：在"开始"选项卡中单击"版式"按钮🖿，在打开的下拉列表中选择一种幻灯片版式，将其应用于当前幻灯片。

**3. 选择幻灯片**

选择幻灯片是编辑幻灯片的前提，选择幻灯片主要有以下 3 种情况。

- 选择单张幻灯片。在"幻灯片"浏览窗格中单击幻灯片缩略图即可选择当前幻灯片。
- 选择多张幻灯片。在幻灯片浏览视图或"幻灯片"浏览窗格中按住【Shift】键并单击幻灯片，可选择多张连续的幻灯片；按住【Ctrl】键并单击幻灯片，可选择多张不连续的幻灯片。
- 选择全部幻灯片。在幻灯片浏览视图或"幻灯片"浏览窗格中按【Ctrl+A】组合键，可选择全部幻灯片。

### 4. 移动和复制幻灯片

当需要调整某张幻灯片的顺序时，可直接移动该幻灯片；当需要使用某张幻灯片中已有的版式或内容时，可直接复制该幻灯片并进行更改，以提高工作效率。移动和复制幻灯片的方法主要有以下3种。

- 拖动鼠标。选择需移动的幻灯片，将该幻灯片拖动到目标位置后，释放鼠标左键完成移动操作；选择幻灯片，在按住【Ctrl】键的同时，将幻灯片拖动到目标位置，完成幻灯片的复制操作。
- 使用快捷菜单命令。选择需移动或复制的幻灯片，在其上单击鼠标右键，在弹出的快捷菜单中选择"剪切"或"复制"命令；定位到目标位置，单击鼠标右键，在弹出的快捷菜单中选择"粘贴"命令，完成幻灯片的移动或复制。
- 使用组合键。选择需移动或复制的幻灯片，按【Ctrl+X】组合键剪切或按【Ctrl+C】组合键复制幻灯片；然后在目标位置按【Ctrl+V】组合键进行粘贴，完成移动或复制操作。另外，在"幻灯片"浏览窗格或幻灯片浏览视图中选择幻灯片，使用同样的方法也可完成移动或复制操作。

### 5. 删除幻灯片

在"幻灯片"浏览窗格或幻灯片浏览视图中均可删除幻灯片，其方法如下。

- 选择要删除的幻灯片，单击鼠标右键，在弹出的快捷菜单中选择"删除幻灯片"命令。
- 选择要删除的幻灯片，按【Delete】键。

## 任务实践

## （一）新建并保存演示文稿

微课 4-1
新建并保存演示
文稿

下面新建一个模板为"工作总结"的演示文稿，然后以"工作总结.dps"为名将其保存在计算机桌面上，具体操作如下。

① 启动 WPS Office，选择"新建"→"演示"命令；在打开界面的搜索栏中输入"工作总结 免费"文本，然后按【Enter】键，如图 4-6 所示。

② 在打开的搜索界面中会自动显示相关的"工作总结"模板。这里选择图 4-7 所示的选项，单击 免费使用 按钮，软件将自动从互联网上下载该模板，并通过该模板创建一个名称为"演示文稿 1"的演示文稿。

图 4-6 搜索模板

图 4-7 选择模板

③ 在快速访问工具栏中单击"保存"按钮 ⬚，打开"另存为"窗口；在"位置"下拉列表中将演示文稿的保存位置设置为"此电脑"→"桌面"，在"文件名"文本框中输入"工作总结"文本，在"文件类型"下拉列表中选择"WPS 演示 文件（*.dps）"选项，单击 保存(S) 按钮。

## （二）新建幻灯片并输入文本

下面制作前两张幻灯片，具体操作如下。

① 新建的演示文稿有 14 张标题幻灯片，选中第 1 张幻灯片后，选择标题占位符中的文本内容，输入"工作总结"文本；然后按【Ctrl+E】组合键，使文本居中对齐，如图 4-8 所示。

② 按照相同的操作方法，在第 1 张幻灯片的副标题占位符中输入"技术部 王林"文本，然后通过空格键使文本居中对齐。

③ 在按住【Shift】键的同时，选择第 2~13 张幻灯片，按【Delete】键将所选幻灯片删除，效果如图 4-9 所示。

图 4-8　制作标题幻灯片

图 4-9　删除幻灯片

④ 在"幻灯片"浏览窗格中选择标题幻灯片，在"开始"选项卡中单击"新建幻灯片"按钮 ⬚ 下方的下拉按钮；在打开的下拉列表中选择"新建"→"整套推荐"中的"标题和内容"选项，新建一张"标题和内容"版式的幻灯片，如图 4-10 所示。

⑤ 在各占位符中输入图 4-11 所示的文本，在"单击此处添加文本"占位符中输入文本时，系统默认在文本前添加项目符号，用户无须手动添加；按【Enter】键对文本进行分段，完成第 2 张幻灯片的制作。

图 4-10　新建"标题和内容"版式的幻灯片

图 4-11　输入幻灯片正文文本

### （三）文本框的使用

下面制作第3张幻灯片，具体操作如下。

① 在"幻灯片"浏览窗格中选择第2张幻灯片，按【Enter】键新建一张"标题和内容"版式的幻灯片。

② 在标题占位符中输入"引言"文本。将鼠标指针移动到文本占位符中，按【Backspace】键，删除文本插入点前的项目符号，并输入图4-12所示的正文文本。

③ 选择"插入"选项卡并单击"文本框"按钮，将鼠标指针移至幻灯片编辑区中，此时鼠标指针呈+；在幻灯片右下角单击以定位文本插入点，并输入文本"帮助、感恩、成长"，效果如图4-13所示。

图4-12　输入文本内容

图4-13　插入文本框并输入文本后的效果

④ 选择第2张幻灯片，在"开始"选项卡中单击"版式"按钮，在打开的下拉列表中选择"推荐排版"中的第2种版式，然后单击 应用 按钮，如图4-14所示。

⑤ 幻灯片将自动应用新选择的版式。按照相同的操作方法为第3张幻灯片应用图4-15所示的版式。

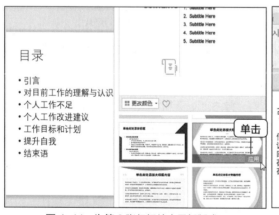

图4-14　为第2张幻灯片应用新版式

图4-15　为第3张幻灯片应用版式

### （四）复制并移动幻灯片

下面制作第4~9张幻灯片，具体操作如下。

① 在"幻灯片"浏览窗格中选择第2张幻灯片，按【Ctrl+C】组合键；将鼠标指针移动到第3张幻灯片之后，按【Ctrl+V】组合键新建一张幻灯片，其内容与第2张幻灯片完全相同，如图4-16所示。

② 按照相同的操作方法在第 4 张幻灯片之后复制 5 张与第 2 张幻灯片完全相同的幻灯片。

③ 分别在复制的 6 张幻灯片的标题占位符和文本占位符中输入相应的内容。

④ 选择第 4 张幻灯片，将其拖动到第 5 张幻灯片后释放鼠标左键，此时第 4 张幻灯片将移动到第 5 张幻灯片后，如图 4-17 所示。

图 4-16　复制幻灯片

图 4-17　移动幻灯片

## （五）编辑文本

下面编辑第 8 张和第 10 张幻灯片：先在第 8 张幻灯片中移动文本、复制文本并修改其内容，然后在第 10 张幻灯片中删除标题文本。具体操作如下。

微课 4-5

编辑文本

① 选择第 8 张幻灯片，在右侧幻灯片编辑区中拖动鼠标选择第一段和第二段文本，按住鼠标左键，此时鼠标指针变为 ；拖动鼠标到第 4 段文本前，如图 4-18 所示，将选择的第一段和第二段文本移动到第 4 段文本前。

② 选择第 4 段文本，按【Ctrl+C】组合键，或在选择的文本上单击鼠标右键，在弹出的快捷菜单中选择"复制"命令。

③ 在第 5 段文本前单击，按【Ctrl+V】组合键，或单击鼠标右键，在弹出的快捷菜单中选择"粘贴"命令，将选择的第 4 段文本复制到第 5 段前，如图 4-19 所示。

图 4-18　移动文本

图 4-19　复制文本

④ 将鼠标指针移动到复制后的第 5 段文本的"中"字之后，输入"找到工作的乐趣"文本；然后选择"实现人生的价值"文本，按【Delete】键删除该文本，最终效果如图 4-20 所示。

⑤ 选择第 10 张幻灯片，在幻灯片编辑区中选择插入文本框中的文本"Thank You"，如图 4-21 所示；按【Delete】键或【Backspace】键将其删除，完成制作（配套文件:\效果文件\项目四\工作总结.dps）。

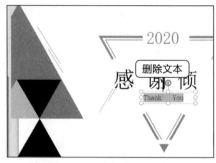

图4-20　输入并删除文本　　　　　　　　图4-21　删除副标题文本

> **提示**　在版式为"标题和内容"的幻灯片中，删除标题占位符中的文本后，标题占位符中将显示"单击此处添加标题"文本。此时可不理会，在放映时不会显示其中的内容。用户也可选择该占位符，按【Delete】键将其删除。

## 任务 4.2　编辑产品上市策划演示文稿

### 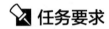 任务要求

查看"产品上市策划"相关知识

　　肖磊所在的公司最近开发了一款新的果汁饮品，不管是原材料、加工工艺，还是产品包装都无可挑剔。现在产品已准备上市，整个公司的目光都集中到了企划部。企划部为这次的上市产品进行了立体包装，希望产品"一炮而红"。现在方案已基本"出炉"，需要在公司内部审查。肖磊被暂时借调到企划部，并主动承担将方案制作为演示文稿的任务。图4-22所示为编辑完成后的"产品上市策划"演示文稿效果，相关要求如下。

- 在第4张幻灯片中将第2、3、4、6、7、8段正文文本降级；然后设置降级文本的文本格式为"楷体，22"，未降级文本的颜色为"红色"。
- 在第2张幻灯片中插入"填充-金菊黄，着色1，阴影"艺术字"目录"；移动艺术字到幻灯片顶部，设置其字体为"华文琥珀"；使用图片"橙汁.jpg"填充艺术字，设置其倒映效果为"半倒影，接触"。
- 在第4张幻灯片中插入"饮料瓶.jpg"图片，将其缩小后放在幻灯片右部；将图片逆时针旋转一些角度，再删除其白色背景，并设置阴影效果为"左上对角透视"。
- 在第6、7张幻灯片中新建"多向循环""棱锥图"智能图形，并输入文本；在第7张幻灯片的智能图形中添加一个形状，并输入文本。
- 在第9张幻灯片中绘制"房子"，在矩形中输入"学校"文本，设置格式为"黑体，20，白色，居中"；绘制折角形，输入"分杯赠饮"文本，设置格式为"楷体，加粗，28，白色，段落居中"；设置"房子"的快速样式为第二排最后一个选项；组合绘制的图形，向下垂直复制两个，再分别修改其中的文本内容。
- 在第10张幻灯片中制作一个5行4列的表格，输入内容后增加表格的行距，在最后一列和最后一行后各增加一列和一行，并输入文本；合并最后一行中除最后一个单元格外的所有单元格，设置该行底纹颜色为"浅蓝"；为表格的第一个单元格绘制一条斜线，为表格添加"向下偏移"的阴影效果。

- 在第 1 张幻灯片中插入一个跨幻灯片循环播放的音频文件，并设置声音图标在播放时不显示。

图 4-22 "产品上市策划"演示文稿效果

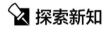 探索新知

## 4.2.1 幻灯片文本的设计原则

文本是演示文稿的重要元素之一，不仅要设计美观，还要符合观众需求。如根据演示文稿的类型设置文本的字体，为了方便用户观看设置相对较大的字号等。

### 1. 字体设计原则

字体搭配效果与演示文稿的可阅读性和感染力息息相关。实际上，字体设计也有一定的原则可循。下面介绍 5 种常见的字体设计原则。

- 幻灯片标题字体最好选用容易阅读的较粗的字体，正文则使用比标题细的字体，以区分主次。
- 标题和正文尽量选用常用的字体，而且要考虑标题字体和正文字体的搭配效果。
- 在演示文稿中若要使用英文字体，可选择"Arial"与"Times New Roman"两种英文字体。
- WPS 演示不同于 WPS 文字，其正文内容不宜过多。正文中只列出重点内容即可，其余扩展内容可由演讲者口述。
- 在商业培训等较正式场合，可使用较正规的字体，如标题使用"方正粗宋简体""黑体""方正综艺简体"等，正文使用"方正细黑简体""宋体"等；在一些相对轻松的场合，字体的使用可随意一些，如使用"方正粗倩简体""楷体（加粗）""方正卡通简体"等。

### 2. 字号设计原则

在演示文稿中，字号不仅会影响观众接受信息的体验，还会从侧面反映出演示文稿的专业度。字号需根据演示文稿演示的场合和环境来决定，因此在选用字号时要注意以下两点。

- 如果演示的场合空间较大，观众较多，幻灯片中文本的字号就应该较大，以保证最远位置的观众能看清幻灯片中的文字。此时，建议标题使用 36 号以上的字号，正文使用 28

号以上的字号。为了保证观众更易观看，一般情况下，演示文稿中的所有字号不应小于 20 号。

- 同类型和同级别的文本内容要设置同样大小的字号，这样可以保证内容的连贯性与文本的统一性，让观众更容易将信息归类，也更容易理解和接受信息。

> **注意** 除了字体、字号之外，对文本显示影响较大的元素还有颜色。文本一般使用与背景颜色反差较大的颜色，以方便观看。另外，除需重点突出的文本外，同一演示文稿中的文本最好用统一的颜色。

### 4.2.2 幻灯片对象的布局原则

幻灯片中除了文本之外，还包含图片、形状和表格等对象。在演示文稿中合理、有效地将这些元素布局在各张幻灯片中，不仅可以提高演示文稿的表现力，还可以提高演示文稿的说服力。在对幻灯片中的各个对象进行分布排列时，应遵循以下 5 个原则。

- 画面平衡。布局幻灯片时，应尽量保持幻灯片画面平衡，以避免左重右轻、右重左轻及头重脚轻等现象，使整个幻灯片画面更加协调。
- 布局简单。一张幻灯片中的对象不宜过多，否则会显得很拥挤，不利于传递信息。
- 统一和谐。同一演示文稿中各张幻灯片标题文本的位置，文字采用的字体、字号、颜色，以及页边距等应尽量统一，不能随意设置，以免破坏整体效果。
- 强调主题。要想使观众快速、深刻地对幻灯片中的内容产生共鸣，可通过颜色、字体以及样式等手段强调幻灯片要表达的核心部分和内容。
- 内容简练。幻灯片只是辅助演讲者传递信息的一种方式，且人在短时间内可接收并记忆的信息量并不多，因此，在一张幻灯片中只需列出核心内容。

##  任务实践

### （一）设置幻灯片中的文本格式

微课 4-6
设置幻灯片中的文本格式

下面打开"产品上市策划.dps"演示文稿，设置幻灯片的文本格式，具体操作如下。

① 选择"文件"→"打开"命令，打开"打开文件"窗口；在"位置"下拉列表中选择"产品上市策划.dps"演示文稿的保存位置，选择"产品上市策划.dps"演示文稿（配套文件:\素材文件\项目四\产品上市策划.dps），然后单击 打开(Q) 按钮将其打开。

② 在"幻灯片"浏览窗格中选择第 4 张幻灯片，在右侧幻灯片编辑区中选择第 2~4 段正文文本，按【Tab】键，将选择的文本降低一个等级。

③ 保持文本被选中状态，在"开始"选项卡的"字体"下拉列表中选择"楷体"选项，在"字号"数值框中输入"22"，如图 4-23 所示。

④ 保持文本被选中状态，在"开始"选项卡中单击"格式刷"按钮，此时鼠标指针将变为 形状；拖动鼠标选择第 6~8 段正文文本，为其应用第 2~4 段正文文本的格式，如图 4-24 所示。

⑤ 选择未降级的两段文本，在"开始"选项卡中单击"字体颜色"按钮右边的下拉按钮，在打开的下拉列表中选择"标准色"栏中的"红色"选项。

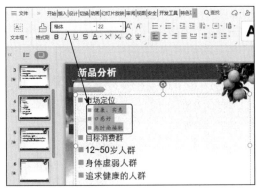

图 4-23　设置文本字体、字号

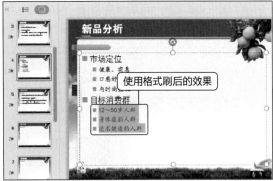

图 4-24　使用格式刷

> **提示**　要想更细致地设置字体格式，可以打开"字体"对话框。方法是：在"开始"选项卡中单击"字体"下拉列表所在栏右下角的对话框启动器图标　，在打开的"字体"对话框的"字体"选项卡中可设置字体格式，在"字符间距"选项卡中可设置字符与字符之间的距离。

## （二）插入艺术字

在演示文稿中，艺术字使用得十分频繁。它比普通文本拥有更多的美化和设置功能，如渐变的颜色、不同的形状效果、立体效果等。下面在幻灯片中插入艺术字，具体操作如下。

微课 4-7

插入艺术字

① 切换至第 2 张幻灯片，在"插入"选项卡中单击"艺术字"按钮　，在打开的下拉列表中选择"填充-金菊黄，着色 1，阴影"选项，如图 4-25 所示。

② 此时会出现一个艺术字占位符，并显示文本"请在此处输入文字"，直接输入文本"目录"。

③ 将鼠标指针移动到"目录"文本框四周的非控制点上，鼠标指针变为　时拖动鼠标将艺术字"目录"移动到幻灯片顶部。

④ 选择其中的"目录"文本，在"开始"选项卡的"字体"下拉列表中选择"华文琥珀"选项，修改艺术字的字体，并取消选中"加粗"按钮，效果如图 4-26 所示。

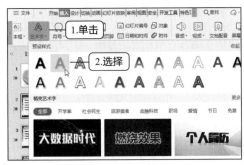

图 4-25　添加艺术字

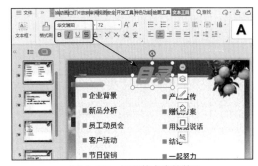

图 4-26　设置艺术字的效果

⑤ 保持文本为选中状态，此时会自动激活"文本工具"选项卡；单击该选项卡中"文本填充"按钮　右侧的下拉按钮　，在打开的下拉列表中选择"图片或纹理"→"本地图片"选项；在打开的"选择纹理"对话框中选择需要填充到艺术字中的图片"橙汁.jpg"（配套文件:\素材文件\项目四\橙汁.jpg），然后单击　打开(O)　按钮。

⑥ 在"文本工具"选项卡中单击"文本效果"按钮Ａ，在打开的下拉列表中选择"倒影"→"倒影变体"→"半倒影，接触"选项，如图4-27所示，最终效果如图4-28所示。

图4-27　设置文本效果

图4-28　最终效果

> **提示**　选择输入的艺术字，在激活的"文本工具"选项卡中还可设置艺术字的多种效果，各种效果的设置方法基本类似。例如，单击"文本效果"按钮Ａ，在打开的下拉列表中选择"转换"选项，在打开的子列表中为艺术字选择某种变形效果。

## （三）插入图片

微课4-8

插入图片

图片是演示文稿重要的部分。下面在幻灯片中插入图片，具体操作如下。

① 在"幻灯片"浏览窗格中选择第4张幻灯片，然后在"插入"选项卡中单击"图片"按钮。

② 打开"插入图片"窗口，选择需插入的图片的保存位置，这里的位置为"项目四"；在窗口工作区中选择图片"饮料瓶.jpg"（配套文件\素材文件\项目四\饮料瓶.jpg），单击 打开(O) 按钮，如图4-29所示。

③ 返回幻灯片编辑区，可查看插入图片后的效果；将鼠标指针移动到图片四角的圆形控制点上，拖动鼠标调整图片大小。

④ 选择图片，将鼠标指针移动到图片任意位置上，然后单击；当鼠标指针变为✛时，拖动鼠标到幻灯片右侧的空白处，释放鼠标左键将图片移到该位置，如图4-30所示。

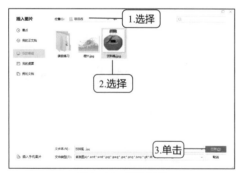

图4-29　插入图片

图4-30　移动图片

⑤ 将鼠标指针移动到图片上方的控制点上，当鼠标指针变为时，拖动鼠标使图片逆时针旋转一定角度。

⑥ 在"图片工具"选项卡中单击抠除背景按钮，在打开的下拉列表中选择"设置透明色"选项，此时鼠标指针变为；将鼠标指针移至饮料瓶中的空白处并单击，如图4-31所示。

⑦ 此时，饮料瓶的白色背景消失；在"图片工具"选项卡中单击"图片效果"按钮🔲，在打开的下拉列表中选择"阴影"→"透视"→"左上对角透视"选项，为图片设置阴影，效果如图 4-32 所示。

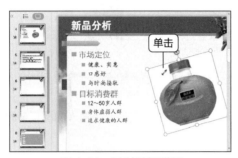

图 4-31　抠除饮料瓶背景

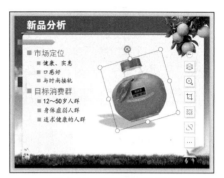

图 4-32　设置阴影的效果

## （四）插入智能图形

通过 WPS 演示提供的智能图形可以快速制作出各种逻辑关系图形。下面在幻灯片中插入智能图形，具体操作如下。

微课 4-9

插入智能图形

① 在"幻灯片"浏览窗格中选择第 6 张幻灯片，在右侧选择占位符，按【Delete】键将其删除。

② 在"插入"选项卡中单击"智能图形"按钮🔲，打开"选择智能图形"对话框；在左侧选择"循环"选项，在右侧选择"多向循环"选项，单击 插入 按钮，如图 4-33 所示。

③ 此时会在幻灯片编辑区中插入一个"多向循环"样式的智能图形。该图形主要由 3 个部分组成，在每一部分的文本框中分别输入"产品+礼品""夺标行动""刮卡中奖"文本，如图 4-34 所示。

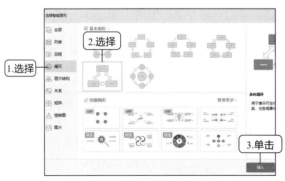

图 4-33　选择智能图形

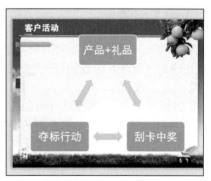

图 4-34　输入文本内容

④ 选择第 7 张幻灯片，在右侧选择占位符，按【Delete】键将其删除；在"插入"选项卡中单击"智能图形"按钮🔲。

⑤ 打开"选择智能图形"对话框，在左侧选择"棱锥图"选项，在右侧选择"棱锥形列表"选项，单击 插入 按钮。

⑥ 此时会在幻灯片编辑区中插入一个带有 3 个文本框的棱锥形图形，分别在各个文本框中输入对应文字；然后单击最后一个图形右侧浮动工具条上的"添加项目"按钮🔲，在打开的下拉列表中选择"在后面添加项目"选项，如图 4-35 所示。

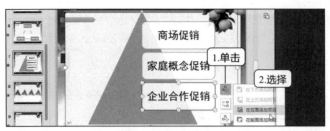

图 4-35　设置在后面添加项目

⑦ 在最后一项文本后添加一个形状；在该形状上单击，文本插入点会自动定位到新添加的形状中；输入"神秘、饥饿促销"文本。

⑧ 在"设计"选项卡的"样式"列表框中选择图 4-36 所示的选项，为插入的图形应用预设样式。

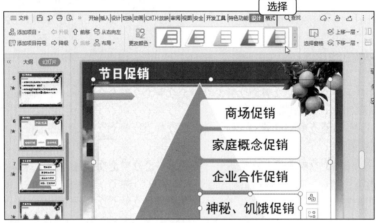

图 4-36　为插入的图形设置样式

## （五）插入形状

形状是 WPS 演示提供的基础图形。通过绘制、组合基础图形，有时可达到比图片和智能图形更好的效果。下面在幻灯片中插入形状、绘制图形，具体操作如下。

① 选择第 9 张幻灯片，删除右侧的占位符；在"插入"选项卡中单击"形状"按钮，在打开的下拉列表中选择"基本形状"栏中的"梯形"选项；此时鼠标指针变为＋，在幻灯片左上方拖动鼠标绘制一个梯形作为"房顶"。

② 在"插入"选项卡中单击"形状"按钮，在打开的下拉列表中选择"矩形"→"矩形"选项，在绘制的梯形下方绘制一个矩形作为"房子"的主体，如图 4-37 所示。

③ 选择绘制的矩形，文本插入点将自动定位到矩形中，输入"学校"文本。

④ 使用与前面相同的方法在已绘制好的图形右侧绘制一个折角形，并在折角形中输入"分杯赠饮"文本，如图 4-38 所示。

⑤ 选择"学校"文本，在"开始"选项卡中将字体格式设置为"黑体，18，白色"；然后在"开始"选项卡中单击"居中"按钮，使文本在长方形中水平居中对齐。

⑥ 使用相同的方法设置折角形中的文本字体为"楷体"，字形为"加粗"，字号为"28 号"，颜色为"白色"；单击"倾斜"按钮，取消文本的倾斜状态，使文本在折角形中水平居中对齐。

图 4-37　绘制矩形

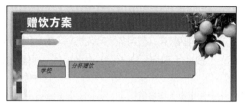

图 4-38　绘制图形并输入文本

⑦　保持折角形中文本的选中状态，单击鼠标右键，在弹出的快捷菜单中选择"设置对象格式"命令，打开"对象属性"任务窗格；选择"文本选项"→"文本框"选项，在"上边距"数值框中输入"0.40 厘米"，使文本在折角形中居中显示，如图 4-39 所示。

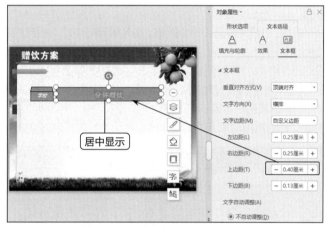

图 4-39　设置文本格式

⑧　选择左侧绘制的"房子"图形，在"绘图工具"选项卡的"样式"下拉列表中选择第二排的最后一个选项，快速更改"房子"的填充颜色和边框颜色。

⑨　同时选择左侧的"房子"图形和右侧的折角形图形，单击鼠标右键，在弹出的快捷菜单中选择"组合"→"组合"命令，将绘制的 3 个形状组合为一个图形，如图 4-40 所示。

⑩　选择组合的图形，按住【Ctrl】键和【Shift】键不放，向下拖动鼠标，将组合的图形再复制出两个。

⑪　修改所有复制而来的图形中的文本，修改文本后的效果如图 4-41 所示。

图 4-40　组合图形

图 4-41　修改文本后的效果

> **提示** 选择图形后，在拖动鼠标的同时按住【Ctrl】键是为了复制图形，按住【Shift】键则是为了使复制的图形与选择的图形能够在一个方向上保持平行或垂直，从而使最终制作完成的图形更加美观。在绘制形状的过程中，【Shift】键的使用频率较高。在绘制线和矩形等形状时，按住【Shift】键可绘制水平线、垂直线、正方形、圆等。

## （六）插入表格

微课 4-11

插入表格

表格可直观、形象地反映数据。在 WPS 演示中，不仅可在幻灯片中插入表格，还可对插入的表格进行编辑和美化。下面在幻灯片中插入表格，具体操作如下。

① 选择第 10 张幻灯片，单击占位符中的"插入表格"按钮▥；打开"插入表格"对话框，在"列数"数值框中输入"4"，在"行数"数值框中输入"5"，单击 确定 按钮。

② 在幻灯片中插入一个表格，在各单元格中输入相应的表格内容，如图 4-42 所示。

③ 将鼠标指针移动到表格中的任意位置，然后单击，此时表格四周出现一个操作框；将鼠标指针移动到操作框上，当鼠标指针变为时，按住【Shift】键，同时向下拖动鼠标，使表格垂直向下移动。

④ 将鼠标指针移动到表格最后一行操作框下方中间的控制点处，当鼠标指针变为⇕时，向下拖动鼠标，增加表格各行的行距；然后再拖动单元格的边框线，手动调整单元格的宽度，如图 4-43 所示。

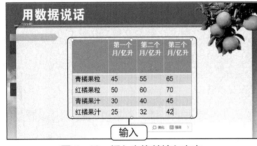

图 4-42 插入表格并输入文本

图 4-43 调整表格行距

⑤ 将鼠标指针移动到"第三个月"所在列上方，当鼠标指针变为⬇时单击；选择该列的所有单元格，在"表格工具"选项卡中单击"在右侧插入列"按钮▥。

⑥ 此时会在"第三个月"列后面插入新列，输入"季度总计"的相关内容。

⑦ 使用相同的方法在"红橘果汁"一行下方插入新行，在第一个单元格中输入"合计"文本，在最后一个单元格中输入所有饮料的销量合计"559"文本；然后调整表格的列宽，如图 4-44 所示。

⑧ 选择"合计"文本所在的单元格及其后的空白单元格，在"表格工具"选项卡中单击"合并单元格"按钮▥，效果如图 4-45 所示。

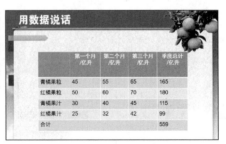

图 4-44 插入新行并输入文本          图 4-45 合并单元格

⑨ 选择"合计"文本所在的行，在"表格样式"选项卡中单击填充·按钮，在打开的下拉列表中选择"浅蓝"选项。

⑩ 选择表格的第一个单元格，在"表格样式"选项卡中单击"笔颜色"按钮右侧的下拉按钮 □ ▼，在打开的下拉列表中选择"白色，背景 1"选项；单击"边框"按钮右侧的下拉按钮 ⊞ 边框 ▼，在打开的下拉列表中选择"斜下框线"选项，为表格添加白色的斜线表头；然后输入文本，并设置除该文本外的文本垂直居中对齐，效果如图 4-46 所示。

⑪ 选择整个表格，在"表格样式"选项卡中单击"效果"按钮 ◫，在打开的下拉列框表中选择"阴影"→"外部"→"向下偏移"选项，为表格中的所有单元格应用该样式，最终效果如图 4-47 所示。

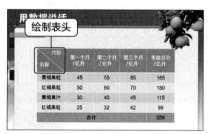

图 4-46　绘制斜线表头并输入文本

图 4-47　设置表格阴影效果

> **提示**　以上将表格的常用操作串在一起进行了简单讲解。用户在实际操作过程中制作表格可能会相对简单，只是需要编辑的内容较多。选择需要操作的单元格或表格，会自动激活"表格样式"选项卡和"表格工具"选项卡，其中"表格样式"选项卡与美化表格相关，"表格工具"选项卡与表格的内容相关。在这两个选项卡中可设置不同的表格效果。

## （七）插入媒体文件

WPS 演示支持插入媒体文件，媒体文件是指音频和视频文件。与插入图片类似，用户可根据需要插入计算机中保存的媒体文件。下面在演示文稿中插入一个音频文件，并设置该音频跨幻灯片循环播放以及在放映幻灯片时不显示声音图标。具体操作如下。

微课 4-12

插入媒体文件

① 选择第 1 张幻灯片，在"插入"选项卡中单击"音频"按钮 ◁》，在打开的下拉列表中选择"嵌入音频"选项。

② 打开"插入音频"对话框，在"位置"下拉列表中选择背景音乐的存放位置，在窗口工作区中选择"背景音乐.mp3"（配套文件:\素材文件\项目四\背景音乐.mp3），单击 打开(O) 按钮，如图 4-48 所示。

③ 将自动在幻灯片中插入一个声音图标 ◁；选择该声音图标，将激活"音频工具"选项卡；在该选项卡中单击"播放"按钮 ▷，将在 WPS 演示中播放插入的背景音乐。

④ 在"音频工具"选项卡中选中"循环播放，直至停止"和"放映时隐藏"复选框，然后选中"跨幻灯片播放"单选项，如图 4-49 所示（配套文件:\效果文件\项目四\产品上市策划.dps）。

> **提示**　插入音频文件后选择声音图标 ◁，在图标下方将自动显示声音工具栏 ▷ ◁◁ ◁》 00:00.00 ◁》 ◁。单击对应的按钮，可对音频文件执行播放、前进、后退和调整音量大小等操作。

图 4-48 插入音频　　　　　　　　　　　　图 4-49　设置音频数

# 任务 4.3　设置市场分析演示文稿

## 任务要求

查看"市场分析"
相关知识

随着公司的壮大以及响应批发市场搬离中心主城区的号召，肖磊所在的公司准备在新规划的地块上建一座商贸城。新建商贸城是公司近 10 年来重要的项目，公司上上下下都非常重视。肖磊作为近期在公司表现优异的实习员工，有幸参与了市场分析的重要任务。他决定好好调查周边的商家和人员情况，为正确定位商贸城出力。经过一段时间的努力后，肖磊完成了这个任务，并制作了一个演示文稿用于向公司汇报。演示文稿的效果如图 4-50 所示，相关要求如下。

图 4-50　"市场分析"演示文稿效果

- 打开演示文稿，应用"蓝色扁平清新模板"主题，配色方案为"复合"。
- 为演示文稿的标题页设置背景图片为"首页背景"。
- 在幻灯片母版视图中设置正文占位符的字号为"28"，字体为"方正中倩简体"；插入名为"标志"的图片并调整图片位置；插入艺术字，设置字体为"Arial"，字号为"16"；设置幻灯片的页眉和页脚效果；退出幻灯片母版视图。
- 适当调整幻灯片中各个对象的位置，使其符合应用主题和设置幻灯片母版后的效果。
- 为所有幻灯片设置"擦除"切换效果，设置切换声音为"照相机"。

- 为第 1 张幻灯片中的标题设置"飞入"动画，并设置其播放时间、速度和方向；为副标题设置"缩放"动画，并设置其动画效果选项。
- 为第 1 张幻灯片中的副标题添加一个名为"更改字体颜色"的强调动画，修改效果为"紫"，动画开始方式为"单击"；最后为标题动画添加"打字机"的声音。

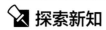 探索新知

### 4.3.1　了解母版

母版是演示文稿中特有的概念，使用母版可以快速使设置的内容在多张幻灯片、讲义和备注中生效。WPS 演示有 3 种母版：幻灯片母版、讲义母版和备注母版，其作用分别如下。

- 幻灯片母版。幻灯片母版是用于存储模板信息的设计模板。这些模板信息包括字形、占位符大小和位置、背景设计和配色方案等。只要在母版中更改了样式，对应幻灯片中相应的样式就随之改变。
- 讲义母版。讲义是指为方便用户演示演示文稿使用的纸稿，纸稿中显示了每张幻灯片的大致内容、要点等。制作讲义母版就是设置该内容在纸稿中的显示方式，主要包括设置每页纸张上显示的幻灯片数量、排列方式以及页眉和页脚的信息等。
- 备注母版。备注是指用户在幻灯片下方输入的内容，可根据需要将这些内容打印出来。备注母版的设置是指为将这些备注信息打印在纸张上而对备注进行的相关设置。

### 4.3.2　了解幻灯片动画

演示文稿之所以能够成为演示、演讲领域的主流工具，幻灯片动画起了非常重要的作用。WPS演示的幻灯片动画有两种类型，即幻灯片切换动画和幻灯片对象动画。动画效果一般在幻灯片放映时才能看到。

幻灯片切换动画是指放映演示文稿时幻灯片进入、离开屏幕时的动画效果；幻灯片对象动画是指为幻灯片中添加的各对象设置的动画效果，多种对象动画组合在一起可形成复杂而自然的动画效果。WPS 演示的幻灯片切换动画种类较简单，而幻灯片对象动画种类相对复杂。幻灯片对象动画主要有以下 4 种。

- 进入动画。进入动画指对象从幻灯片显示范围之外进入幻灯片内部的动画效果，如对象从左上角"飞入"幻灯片中指定的位置，对象在指定位置以翻转效果由远及近地显示出来等。
- 强调动画。强调动画是指对象本身已显示在幻灯片中，然后以指定的动画效果突出显示，从而起到强调作用，如将已存在的图片放大显示或旋转等。
- 退出动画。退出动画是指对象本身已显示在幻灯片中，然后以指定的动画效果离开幻灯片。如对象从显示位置左侧"飞出"幻灯片，对象从显示位置以弹跳方式离开幻灯片等。
- 路径动画。路径动画是指对象按用户绘制的或系统预设的路径移动的动画，如对象按圆形路径移动等。

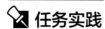 任务实践

微课 4-13
应用幻灯片模板

### （一）应用幻灯片模板

模板是一组预设的背景、文本格式等的组合。在新建演示文稿时可以应用模

板，已经创建好的演示文稿也可应用模板。应用模板后，还可以修改搭配好的颜色方案。下面打开"市场分析.dps"演示文稿，为其应用"蓝色扁平清新通用"模板，配色方案为"复合"，具体操作如下。

① 打开"市场分析.dps"演示文稿（配套文件:\素材文件\项目四\市场分析.dps），在"设计"选项卡中单击"更多设计"按钮，在打开的界面的搜索栏中输入"市场分析 免费"文本，按【Enter】键。

② 此时，在该界面中会显示搜索结果；单击"蓝色扁平清新通用"模板对应的 应用风格 按钮，如图4-51所示，为该演示文稿应用所选模板。

③ 在"设计"选项卡中单击"配色方案"按钮，在打开的下拉列表中选择"预设颜色"→"复合"选项，如图4-52所示。

图4-51　应用模板　　　　　　　　　　　　图4-52　选择模板颜色

## （二）设置幻灯片背景

幻灯片的背景可以是一种颜色，也可以是多种颜色，还可以是图片。设置幻灯片背景是快速改变幻灯片效果的方法之一。下面将"首页背景"图片设置成标题页幻灯片的背景，具体操作如下。

① 选择标题幻灯片，在幻灯片的空白处单击鼠标右键，在弹出的快捷菜单中选择"更换背景图片"命令。

② 打开"选择纹理"窗口，选择图片的保存位置后，选择"首页背景.png"选项（配套文件:\素材文件\项目四\首页背景.png），单击 打开(O) 按钮，如图4-53所示。

③ 返回幻灯片编辑区，效果如图4-54所示。

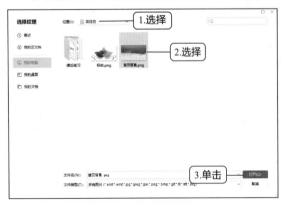

图4-53　选择背景图片　　　　　　　　　　图4-54　设置标题幻灯片背景的效果

> **提示** 在"设计"选项卡中单击"背景"按钮🎨，在打开的"对象属性"任务窗格中单击 全部应用 按钮，可将设置好的背景应用到演示文稿的所有幻灯片中，否则将只应用到选择的幻灯片中。

## （三）制作并应用幻灯片母版

母版在幻灯片的编辑过程中使用频率非常高，在母版中编辑的每一项操作都可能影响应用该版式的所有幻灯片。下面制作并应用幻灯片母版，具体操作如下。

微课 4-15

制作并应用
幻灯片母版

① 在"视图"选项卡中单击"幻灯片母版"按钮🖼️，进入幻灯片母版编辑状态。

② 选择第 1 张幻灯片母版，表示在该幻灯片下的编辑将应用于整个演示文稿；选择标题占位符中的文本，在"开始"选项卡的"字体"下拉列表中选择"方正中倩简体"选项。

③ 选择正文占位符的第一项文本，在"开始"选项卡中将文本格式设置为"方正中倩简体，28"，如图 4-55 所示。

图 4-55　设置正文占位符的文本格式

④ 在"插入"选项卡中单击"图片"按钮🖼️，打开"插入图片"窗口；在"位置"栏中选择图片位置，在窗口工作区中选择"标志.png"图片（配套文件:\素材文件\项目四\标志.png），单击 打开(O) 按钮。

⑤ 将"标志"图片插入幻灯片，将其适当缩小后移动到幻灯片右上角，如图 4-56 所示。

⑥ 在"插入"选项卡中单击"艺术字"按钮🅰️，在打开的下拉列表中选择第一列的第二个艺术字效果。

⑦ 在艺术字占位符中输入"XXX"；在"开始"选项卡中的"字体"下拉列表中选择"Arial"选项，在"字号"下拉列表中选择"16"选项，在"字体颜色"下拉列表中选择"橙色"选项；然后将设置好的艺术字移动到"标志"图片下方，如图 4-57 所示。

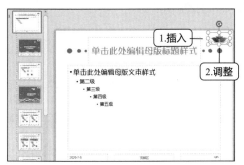

图 4-56　插入并调整"标志"图片

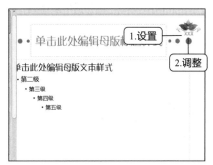

图 4-57　设置并调整艺术字

⑧ 在"插入"选项卡中单击"页眉和页脚"按钮，打开"页眉和页脚"对话框。

⑨ 单击"幻灯片"选项卡，选中"日期和时间"复选框，其中的"日期和时间"相关选项将自动激活；再选中"自动更新"单选项，使每张幻灯片下方显示日期和时间，并根据每次打开时的系统日期自动更新日期。

⑩ 选中"幻灯片编号"复选框，将根据演示文稿幻灯片的顺序显示编号。

⑪ 选中"页脚"复选框，其下方的文本框将自动激活，在其中输入"市场定位分析"文本。

⑫ 选中"标题幻灯片不显示"复选框，表示所有的设置都不在标题幻灯片中生效；然后单击 全部应用(Y) 按钮，步骤⑨～⑫的操作如图4-58所示。

⑬ 在"幻灯片母版"选项卡中单击"关闭"按钮，退出幻灯片母版视图，此时可发现设置已应用于各张幻灯片。图4-59所示为设置母版后的效果。

⑭ 依次查看每一张幻灯片，适当调整标题、正文和图片等对象的位置，使幻灯片中各对象的显示效果更和谐。

图4-58 "页眉和页脚"对话框

（a）标题页

（b）正文

图4-59 设置母版后的效果

---

**提示** 进入幻灯片母版编辑状态后，如果选择母版幻灯片中的第1张幻灯片，那么在母版中进行的设置将应用于所有幻灯片；如果想要单独设计一张母版幻灯片，则只有选择除第1张母版幻灯片以外的幻灯片进行设计才不会将设置应用于所有幻灯片。

---

**提示** 在"视图"选项卡中单击"讲义母版"按钮或"备注母版"按钮，将进入讲义母版视图或备注母版视图，可在其中设置讲义页面或备注页面的版式。

---

## （四）设置幻灯片切换动画

微课4-16

设置幻灯片切换动画

WPS演示提供了多种预设的幻灯片切换动画。在默认情况下，上一张幻灯片和下一张幻灯片之间没有切换动画；但在制作演示文稿的过程中，用户可根据需要为幻灯片添加合适的切换动画。下面为所有幻灯片设置"擦除"切换动画，然后设置切换声音为"照相机"，具体操作如下。

① 在"幻灯片"浏览窗格中选择任意一张幻灯片，然后在"切换"选项卡的"切换动画"下拉列表中选择"擦除"选项，如图4-60所示。

图 4-60　选择切换动画

② 在"切换"选项卡的"声音"下拉列表中选择"照相机"选项，然后单击该选项卡中的"应用到全部"按钮🖼，为所有幻灯片添加相同的切换效果。

③ 在"切换"选项卡的第 4 栏中选中"单击鼠标时换片"复选框，表示在放映幻灯片时，单击将进行切换操作。

> **提示**　在"切换"选项卡中单击"效果选项"按钮🔳，可以为添加的切换动画设置不同的显示效果。例如"擦除"动画可以选择"向上""向下""向左""向右""左下""左上""右下""右上"8 种切换效果。需要注意的是，不同切换动画的效果选项中的参数是有所区别的。

## （五）设置幻灯片动画效果

设置幻灯片动画效果即为幻灯片中的各对象设置动画效果，这样能够很大程度地改善演示文稿的放映效果。设置幻灯片动画效果的具体操作如下。

微课 4-17

设置幻灯片动画
效果

① 选择第 1 张幻灯片的标题，在"动画"选项卡的"动画样式"下拉列表中选择"飞入"动画效果。

② 选择副标题，在"动画"选项卡的"动画样式"下拉列表中单击"进入"栏中的"更多选项"按钮⌄，在展开的下拉列表中选择"温和型"栏中的"缩放"选项，如图 4-61 所示。

③ 选择添加的第一个动画，然后单击"动画"选项卡中的"自定义动画"按钮🖉；打开"自定义动画"任务窗格，在"方向"下拉列表中选择"自右侧"选项，如图 4-62 所示，修改动画效果。

图 4-61　添加进入效果

图 4-62　修改动画效果

④ 选择副标题，在"自定义动画"任务窗格中单击 ∥添加效果 ▾ 按钮，在打开的下拉列表中选择"强调"栏中的"更改字体颜色"选项。

⑤ 在"自定义动画"任务窗格的"字体颜色"下拉列表中选择最后一个选项。

> **提示** 通过步骤④和步骤⑤的操作，可为副标题再增加一个"更改字体颜色"动画，用户可根据需要为一个对象设置多个动画。设置动画后，对象前方显示的数字表示动画的播放顺序。

⑥ 选择添加的第一个动画，在"自定义动画"任务窗格的"速度"下拉列表中选择"中速"选项，如图4-63所示。

⑦ 选择添加的第二个动画，在"自定义动画"任务窗格的"开始"下拉列表中选择"之后"选项，如图4-64所示。

图4-63 修改动画播放速度

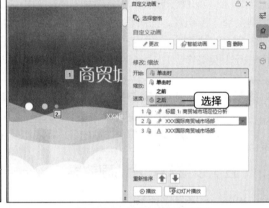

图4-64 修改动画开始时间

> **提示** 在"开始"下拉列表中选择"单击时"选项表示要单击一次后才开始播放该动画，选择"之前"选项表示设置的动画将与前一个动画同时播放，选择"之后"选项表示设置的动画将在前一个动画播放完毕后自动播放。

⑧ 选择"自定义动画"任务窗格中的第一个动画效果，单击其右侧的下拉按钮 ▾，在打开的下拉列表中选择"效果选项"，如图4-65所示。

⑨ 打开"飞入"对话框，在"声音"下拉列表中选择"打字机"选项；单击其后的 ◁ 按钮，可在打开的列表中拖动滑块，调整音量大小；单击 确定 按钮，如图4-66所示。

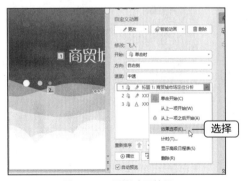

图4-65 设置动画效果

图4-66 设置动画声音

**提示** 幻灯片中各对象的动画播放顺序与对象添加动画的顺序一致。要改变播放顺序，只需单击"自定义动画"任务窗格中的"上移"按钮 或"下移"按钮 。

⑩ 为幻灯片中的对象添加动画后，可以单击"动画"选项卡中的"预览效果"按钮 预览动画效果。确认无误后，保存演示文稿（配套文件:\效果文件\项目四\市场分析.dps）。

## 任务 4.4 放映并输出课件演示文稿

### 任务要求

肖磊趁公司放假的时间回到学校，向老师汇报了近期实习的成绩。得知肖磊在公司期间掌握了多种办公软件，老师很是欣慰。恰好老师也需要制作演示课件，因此肖磊便自告奋勇，希望能够帮助老师完成课件的制作。老师告诉肖磊，这次准备对李清照的重点诗词进行赏析，课件内容已经制作完毕，只需在计算机上放映预演，以免出现意外情况。图 4-67 所示为已创建好超链接并准备放映的"课件"演示文稿，相关要求如下。

- 根据第 4 张幻灯片各项文本的内容创建超链接，并链接到对应的幻灯片中。
- 在第 4 张幻灯片右下角插入一个动作按钮，并链接到第 2 张幻灯片中；在动作按钮上方插入艺术字"作者简介"。
- 放映制作好的演示文稿，并使用超链接快速定位到"一剪梅"所在的幻灯片；然后继续放映幻灯片，依次查看各幻灯片和对象。
- 在最后一页使用黄色的"荧光笔"标记"要求:"下的文本，然后退出幻灯片放映视图。
- 隐藏最后一张幻灯片，然后进入幻灯片放映视图，查看隐藏幻灯片后的效果。
- 对演示文稿中的各动画进行排练，然后自定义演示设置。
- 将课件打印出来，要求只打印第 5~8 张幻灯片，并且需在幻灯片四周加框。
- 将设置好的课件打包到文件夹中，并命名为"课件"。

图 4-67 "课件"演示文稿效果

### 探索新知

#### 4.4.1 幻灯片放映类型

制作演示文稿的最终目的是放映。在 WPS 演示中，用户可以根据实际的演示场合选择不同的幻灯片放映类型。设置幻灯片放映类型的方法为：在"幻灯片放映"选项卡中单击"设置放映方式"按钮，打开"设置放映方式"对话框；在"放映类型"栏中选中需要的放映类型单选项，如图4-68所示，设置完成后单击 确定 按钮。

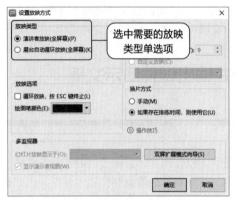

图4-68　"设置放映方式"对话框

WPS演示提供了两种放映类型，它们的作用和特点分别如下。

- 演讲者放映（全屏幕）。演讲者放映（全屏幕）是默认的放映类型，此类型将以全屏幕的方式放映演示文稿。在放映演示文稿的过程中，演讲者具有完全的控制权。演讲者可手动切换幻灯片和动画效果，也可以暂停放映演示文稿、添加细节等，还可以在放映过程中录下旁白。
- 展台自动循环放映（全屏幕）。这是比较简单的一种放映类型，不需要人为控制，系统将自动全屏幕循环放映演示文稿。使用这种放映类型时，不能通过单击切换幻灯片，但可以通过单击幻灯片中的超链接和动作按钮来进行切换；按【Esc】键可结束放映。

## 4.4.2　幻灯片输出格式

在WPS演示中除了可以将制作的文件保存为演示文稿外，还可以将其输出为其他格式。设置幻灯片输出格式的方法为：选择"文件"→"另存为"→"其他格式"命令，打开"另存为"窗口；选择文件的保存位置，在"文件类型"下拉列表中选择需要的输出格式，如图4-69所示，单击 保存(S) 按钮即可。下面讲解3种常见的输出格式。

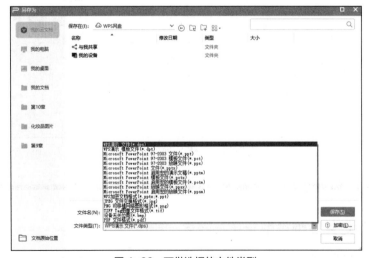

图4-69　可供选择的文件类型

- 图片。选择"JPEG 文件交换格式（*.jpg）""PNG 可移植网络图形格式（*.png）"或"TIFF Tag 图像文件格式（*.tif）"选项，单击 保存(S) 按钮；根据提示进行操作，可将当前演示文稿中的幻灯片保存为对应格式的图片。如果要在其他软件中使用，还可以将这些图片插入对应的软件。
- 自动放映的演示文稿。选择"Microsoft PowerPoint 放映文件（*.ppsx）"选项，可将演示文稿保存为自动放映的演示文稿。以后双击该演示文稿将不再打开 WPS 演示的工作界面，而是直接启动放映模式，开始放映幻灯片。
- PDF 文件。选择"PDF 文件格式（*.pdf）"选项，可将演示文稿保存为 PDF 文件。生成的 PDF 文件是以图片格式呈现的，幻灯片中的文字、图形、图片以及插入幻灯片的文本框等内容均显示为图片。

## 📘 任务实践

### （一）创建超链接与动作按钮

在浏览网页的过程中，有时单击某段文本或某张图片，会自动弹出另一个相关的网页，通常这些被单击的对象称为超链接。在 WPS 演示中，也可为幻灯片中的图片和文本创建超链接。下面为演示文稿中第 4 张幻灯片的各项文本创建超链接；然后插入一个动作按钮，并链接到第 2 张幻灯片；最后在动作按钮下方插入艺术字"作者简介"。具体操作如下。

微课 4-18

创建超链接与
动作按钮

① 打开"课件.dps"演示文稿（配套文件:\素材文件\项目四\课件.dps），选择第 4 张幻灯片；选择第 1 段正文文本，在"插入"选项卡中单击"超链接"按钮 🔗。

② 打开"插入超链接"对话框，单击"链接到"中的"本文档中的位置"按钮 🗐；在"请选择文档中的位置"列表框中选择要链接到的第 5 张幻灯片，单击 确定 按钮，如图 4-70 所示。

③ 返回幻灯片编辑区，可看到设置了超链接的文本的颜色已发生变化，并且文本下方有一条蓝色的线。使用相同的方法为剩余的 3 段文本设置超链接。

④ 在"插入"选项卡中单击"形状"按钮 ⬜，在打开的下拉列表中选择"动作按钮"栏的第 5 个选项，如图 4-71 所示。

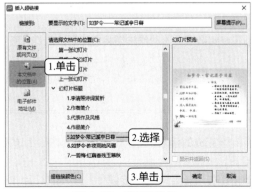

图 4-70 设置超链接

图 4-71 选择动作按钮

⑤ 此时鼠标指针变为╋，在幻灯片右下角空白处拖动鼠标，绘制一个动作按钮。

⑥ 绘制动作按钮后，会自动打开"动作设置"对话框，选中"超链接到"单选项，在其下方的下拉列表中选择"幻灯片…"选项，如图4-72所示。

⑦ 打开"超链接到幻灯片"对话框，选择第2张幻灯片；单击 确定 按钮，如图4-73所示，依次对超链接进行设置，使超链接生效。

图4-72　"动作设置"对话框

图4-73　选择超链接到的目标

⑧ 选择绘制的动作按钮，在"绘图工具"选项卡中的样式列表框中选择"纯色填充-培安紫，强调颜色4"选项。

⑨ 在"插入"选项卡中单击"艺术字"按钮Ａ，在打开的下拉列表中选择第2排的第3个样式，如图4-74所示。

⑩ 在艺术字占位符中输入文本"作者简介"，设置字号为"24"，然后将设置好的艺术字移动到动作按钮上方，如图4-75所示。

图4-74　选择艺术字样式

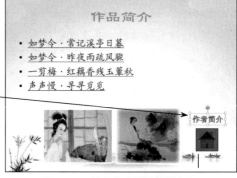
图4-75　输入文本并设置艺术字

> **提示**　进入幻灯片母版，在其中绘制动作按钮，并创建好超链接，该动作按钮将应用到该幻灯片版式对应的所有幻灯片中。

微课4-19

放映幻灯片

## （二）放映幻灯片

制作演示文稿的最终目的是将制作完成的演示文稿展示给观众欣赏，即放映幻灯片。放映幻灯片的具体操作如下。

① 在"幻灯片放映"选项卡中单击"从头开始"按钮💻，进入幻灯片放映视图。

② 从演示文稿的第 1 张幻灯片开始放映，如图 4-76 所示；单击或利用滚动条依次放映下一个动画或下一张幻灯片，如图 4-77 所示。

图 4-76　开始放映

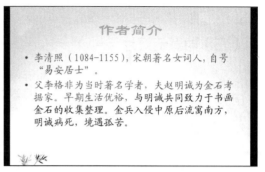

图 4-77　放映动画

③ 播放到第 4 张幻灯片时，将鼠标指针移动到"一剪梅"文本上；此时鼠标指针变为，单击，如图 4-78 所示。

④ 此时切换到超链接的目标幻灯片，单击或利用滚动条可继续放映幻灯片。在幻灯片上单击鼠标右键，在弹出的快捷菜单中选择"最后一页"命令，如图 4-79 所示。

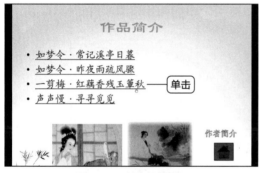

图 4-78　单击超链接

图 4-79　选择"最后一页"命令

⑤ 播放幻灯片中的最后一张幻灯片；单击该幻灯片左下角的"笔"按钮，在弹出的菜单中选择"荧光笔"选项，如图 4-80 所示。

⑥ 此时鼠标指针变为，拖动鼠标标记"要求："下的文本；播放完最后一张幻灯片后单击，会打开一个黑色页面，提示"放映结束，单击鼠标退出。"，单击即可退出。

⑦ 由于前面标记了内容，所以会打开"是否保留墨迹注释？"的提示框；单击 放弃(D) 按钮，删除绘制的标注，如图 4-81 所示。

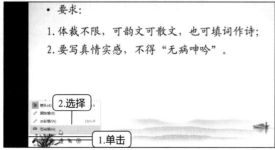

图 4-80　选择标记使用的笔

图 4-81　删除绘制的标注

---

> **提示** 单击"从当前开始"按钮▷或在状态栏中单击"幻灯片放映"按钮▶，可从选择的幻灯片开始放映。在放映过程中，通过右键快捷菜单可快速定位到上一张、下一张或具体的某张幻灯片。

## （三）隐藏幻灯片

微课 4-20
隐藏幻灯片

放映幻灯片时，系统将自动按设置的放映方式依次放映每张幻灯片。但在实际放映过程中，可以将暂时不需要放映的幻灯片隐藏起来，等到需要时再将其显示出来。下面隐藏最后一张幻灯片，然后查看隐藏幻灯片后的效果，具体操作如下。

① 在"幻灯片"浏览窗格中选择第 9 张幻灯片，单击"幻灯片放映"选项卡中的"隐藏幻灯片"按钮隐藏幻灯片，如图 4-82 所示。

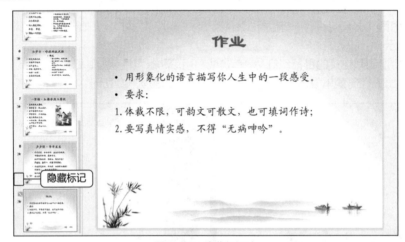

图 4-82　隐藏幻灯片

② 此时，在"幻灯片"浏览窗格中选择的幻灯片上会出现标记；单击"幻灯片放映"选项卡中的"从头开始"按钮开始放映幻灯片，隐藏的幻灯片将不会被放映。

> **提示** 若要显示隐藏的幻灯片，可在放映幻灯片时单击鼠标右键，在弹出的快捷菜单中选择"定位"命令，然后在弹出的子菜单中选择已隐藏的幻灯片的名称。如要取消隐藏幻灯片，可在"幻灯片放映"选项卡中再次单击"隐藏幻灯片"按钮。

## （四）排练计时

微课 4-21
排练计时

对于某些需要自动放映的演示文稿，用户在设置动画效果后，可以设置排练计时，在放映时根据排练的时间和顺序进行放映。下面在演示文稿中对各动画进行排练计时，具体操作如下。

① 在"幻灯片放映"选项卡中单击"排练计时"按钮，进入放映排练状态，同时会打开"预演"工具栏自动为该幻灯片计时，如图 4-83 所示。

② 单击或按【Enter】键控制幻灯片中下一个动画出现的时间。如果用户可确认该幻灯片的播放时间，则可直接在"预演"工具栏的时间框中输入时间值。

③ 一张幻灯片播放完后，单击切换到下一张幻灯片，"预演"工具栏将从头开始为该张幻灯片

的放映计时。

④ 放映结束后，会打开提示框，提示排练时间，并询问是否保留新的幻灯片排练时间；单击 <u>是 (Y)</u> 按钮进行保存，如图 4-84 所示。

⑤ 打开"幻灯片浏览"视图样式，每张幻灯片的左下角都会显示播放时间。图 4-85 所示为第 1 张幻灯片在"幻灯片浏览"视图中显示的播放时间。

图 4-83 "预演"工具栏        图 4-84 保留新的幻灯片排练时间        图 4-85 显示的播放时间

> **提示** 如果不想使用排练好的时间自动放映该幻灯片，可在"幻灯片放映"选项卡中单击"设置放映方式"按钮回下方的下拉按钮，在打开的下拉列表中选择"手动放映"选项，这样在放映幻灯片时就能手动切换幻灯片。

## （五）自定义演示

在放映演示文稿时，可能只需要放映演示文稿中的部分幻灯片，此时可通过自定义幻灯片演示来实现。下面自定义演示文稿的放映顺序，具体操作如下。

微课 4-22
自定义演示

① 在"幻灯片放映"选项卡中单击"自定义放映"按钮回，打开"自定义放映"对话框；单击 新建(N)... 按钮，如图 4-86 所示，新建一个放映项目。

② 打开"定义自定义放映"对话框，在"在演示文稿中的幻灯片"列表框中同时选择第 2 张和第 5~8 张幻灯片；单击 添加(A) >> 按钮，将幻灯片添加到"在自定义放映中的幻灯片"列表框中。

③ 在"在自定义放映中的幻灯片"列表框中通过"上调"按钮和"下移"按钮调整幻灯片的放映顺序，调整后的效果如图 4-87 所示。

图 4-86 新建放映项目        图 4-87 调整放映顺序

④ 单击 <u>确定</u> 按钮返回"自定义放映"对话框，在"自定义放映"列表框中会显示新建的放映项目的名称，单击 <u>关闭(C)</u> 按钮完成设置。

> **提示** 在"自定义放映"对话框中选择自定义的放映项目，单击 <u>编辑(E)...</u> 按钮，在打开的"定义自定义放映"对话框中可重新调整幻灯片的放映顺序和内容以及幻灯片的放映名称。

## （六）打印演示文稿

微课 4-23
打印演示文稿

演示文稿不仅可以现场演示，还可以打印到纸张上，便于演讲人手执演讲或分发给观众作为演讲提示等。下面将前面制作并设置好的演示文稿打印出来，要求一页纸上显示两张幻灯片，具体操作如下。

① 选择"文件"→"打印"→"打印"命令，打开"打印"对话框；在"份数"栏中的"打印份数"数值框中输入"2"，即打印两份。

② 在"打印范围"栏中选中"幻灯片"单选项，在其后的文本框中输入要打印的幻灯片编码。

③ 选中对话框右下角的"幻灯片加框"复选框，单击 <u>确定</u> 按钮，如图 4-88 所示，开始打印指定范围内的幻灯片。

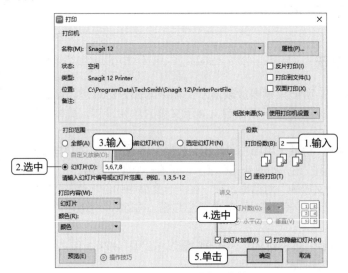

图 4-88　设置打印参数

## （七）打包演示文稿

微课 4-24
打包演示文稿

演示文稿制作好后，有时需要在其他计算机上放映。若想一次性传输演示文稿及相关的音频、视频文件，可将制作好的演示文稿打包。下面将前面制作好的演示文稿打包到文件夹中，并命名为"课件"，具体操作如下。

① 选择"文件"→"文件打包"→"将演示文档打包成文件夹"命令，打开"演示文件打包"对话框；在其中设置文件夹名称和位置，单击 <u>确定</u> 按钮，如图 4-89 所示。

② 此时会打开提示框，提示文件打包已完成；单击 <u>关闭</u> 按钮，如图 4-90 所示，完成打包操作（配套文件:\效果文件\项目四\课件.dps）。

图 4-89 "演示文件打包"对话框　　　　图 4-90 提示打包已完成并单击"关闭"按钮

**提示** WPS 演示除了可以将演示文稿打包到文件夹中外，还可以将其打包成压缩文件，方法为：在编辑好的演示文稿中选择"文件"→"文件打包"→"将演示文档打包成压缩文件"命令，打开"演示文件打包"对话框；在其中设置好压缩文件的名称和保存位置，单击 确定 按钮。

# 拓展阅读——构图与色彩基础

演示文稿是一种具有较强视觉冲击力的文档类型，其中可能会大量使用图片和色彩等元素。这两种主要元素是决定演示文稿质量好坏的关键因素之一。

## 1. 构图

构图可以简单地理解为如何建立拍摄的画面，例如哪些内容不应该出现在画面中，哪些内容应该出现以强化拍摄主体等，整个画面看上去是松散的、杂乱无章的，还是均衡稳定的，这些都是构图时需要考虑的。新手可以通过一些常用的构图技法来提升拍摄图像时的构图能力。

- 中心构图法。将拍摄主体放置在画面中心。这种构图方式的优势在于主体突出、明确，而且画面容易取得左右平衡的效果，如图 4-91 所示。

图 4-91 中心构图法

- 水平线构图法。画面以水平线条为参考线，将整个画面二等分或三等分，通过水平、舒展的线条表现出宽阔、稳定、和谐的效果，如图 4-92 所示。

图 4-92 水平线构图法

- 垂直线构图法。画面以垂直线条为参考线，可以充分展现景物的高大和深度，如图 4-93 所示。

图 4-93　垂直线构图法

- 九宫格构图法。通过两条水平线和两条垂直线将画面平均分割为 9 块区域，并将拍摄主体放置在任意一个交叉点处。这种构图法可以使画面看上去自然、舒服，如图 4-94 所示。

图 4-94　九宫格构图法

- 对角线构图法。将拍摄主体沿画面对角线方向排列，表现出动感、不稳定性或生命力等，如图 4-95 所示。

图 4-95　对角线构图法

- 引导线构图法。通过引导线将焦点引导到画面主体处，如图 4-96 所示。

图 4-96　引导线构图法

### 2. 色彩

色彩是图像非常重要的表现形式，不同的色彩搭配会直接影响我们看到图像时的感觉。丰富多彩的颜色可以分为无彩色和有彩色两大类，前者如黑、白、灰等，后者如红、黄、蓝等。

有彩色的色彩具有色相、纯度、明度三大特征。其中，色相就是色彩的颜色；纯度即饱和度，是色彩的纯净程度；明度是色彩的光亮程度。

从颜料的角度出发，我们将红黄蓝 3 种色彩定义为三原色，在此基础上衍生出其他颜色，并通过十二色相环来研究各颜色的关系，如图 4-97 所示。

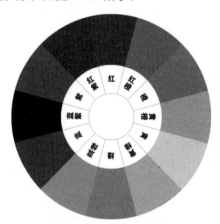

图 4-97　十二色相环

- 二次色。由红黄蓝三原色按 1：1 的比例两两混合而成。如红色与黄色的二次色为橙色，黄色与蓝色的二次色为绿色，蓝色与红色的二次色为紫色。
- 三次色。由红黄蓝三原色按 2：1 的比例两两混合而成。例如红色与黄色混合，若红色与黄色的比例为 2：1，则混合出红橙色；若红色与黄色的比例为 1：2，则混合出黄橙色。
- 对比色。指色相环中相隔 120°～180°的色彩，如红色的对比色为黄色和黄绿色。对比色能够构成明显的色彩对比效果，可以赋予图像更强的色彩表现力。
- 互补色。指色相环中相距 180°的两种色彩，如红色的互补色为绿色。互补色能够赋予画面最为强烈的色彩对比。
- 邻近色。指色相环中在 60°之内的色彩，如红色的邻近色为红橙色。邻近色可以使整个画面和谐统一、柔和自然。
- 类似色。指色相环中在 90°之内的色彩，如红色的类似色为红橙色、橙色。类似色不会引起画面的色彩冲突，可以营造出协调、平和的氛围。

## 课后练习

### 1. 选择题

（1）下列不适合使用演示文稿的应用场景是（　　）。

    A. 总结汇报　　　　　　　　　　　　B. 数据分析

    C. 宣传推广　　　　　　　　　　　　D. 培训课件

（2）下列关于 WPS Office 演示文稿基本操作的说法，不正确的是（　　）。

    A. 按【Ctrl+N】组合键可以新建带模板内容的演示文稿

    B. 按【Ctrl+S】组合键可以保存演示文稿

    C. 按【Alt+F4】组合键可以关闭演示文稿

D. 按【Ctrl+O】组合键可以打开演示文稿

（3）若想统一设置幻灯片及其中对象的内容和格式，则应该选择的母版视图是（　　）。

　　A. 讲义母版　　　　　　　　　　　　B. 备注母版

　　C. 幻灯片母版　　　　　　　　　　　D. 以上选项都可以

（4）下列选项中，不属于幻灯片对象布局原则的是（　　）。

　　A. 画面平衡　　　　B. 布局简单　　　　C. 统一协调　　　　D. 内容全面

（5）下列选项中，不能在 WPS Office 演示文稿中设置填充颜色的对象是（　　）。

　　A. 艺术字　　　　　B. 形状　　　　　　C. 图片　　　　　　D. 文本框

（6）下列选项中，不属于演示文稿动画基本设置原则的是（　　）。

　　A. 动画是演示文稿必需的要素　　　　B. 动画要秉承统一、自然、适当的理念

　　C. 动画是为内容服务的　　　　　　　D. 动画需要有新意

（7）为幻灯片中的对象添加了动画效果后，下列操作无法实现的是（　　）。

　　A. 更改动画效果　　　　　　　　　　B. 设置动画开始时间

　　C. 任意指定动画播放次数　　　　　　D. 调整动画放映时的显示时间

（8）为幻灯片中的对象添加动画效果后，下列操作无法实现的是（　　）。

　　A. 演讲者放映（全屏）　　　　　　　B. 展台自动循环放映（全屏幕）

　　C. 输出为放映类型　　　　　　　　　D. 以上选项均无法实现

**2. 操作题**

（1）按照下列要求制作一个"产品推广.dps"演示文稿（配套文件:\素材文件\项目四\课后练习\产品推广.dps），并将其保存到桌面上，参考效果如图 4-98 所示。

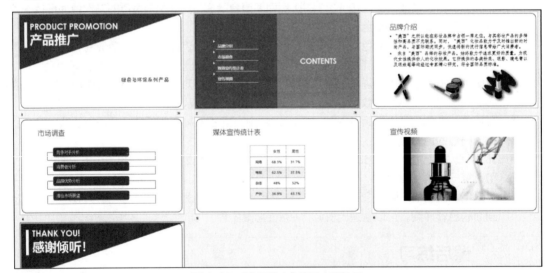

图 4-98　"产品推广"演示文稿效果

① 以"产品推广 免费"为关键词搜索模板来新建一个 WPS 演示文稿，将其保存为"产品推广.dps"；在第 1 张幻灯片中插入文本框，输入文本并将输入的文本的格式设置为"方正卡通简体，32"，然后对其应用"填充-巧克力黄，着色 1，阴影"文本样式。

② 删除第 3~16 张幻灯片，在第 2 张幻灯片中删除无用的占位符，并更改文本内容，设置文本格式。

③ 在第 2 张幻灯片之后新建 4 张版式为"标题和内容"的幻灯片；在第 3 张幻灯片中输入标题和正文内容后，插入 3 张图片（配套文件:\素材文件\项目四\课后练习\化妆品图片\图片 2.wmf、

图片 3.wmf、图片 4.wmf），并使图片显示在幻灯片底部。

④ 删除第 4 张幻灯片中的正文占位符，插入"垂直框列表"样式的智能图形；输入相关内容后，添加一个项目。

⑤ 在第 5 张幻灯片中新建一个 5 行 3 列的表格，在表格中输入数据，然后通过预设样式功能对表格进行美化。

⑥ 在第 6 张幻灯片中插入视频文件（配套文件:\素材文件\项目四\课后练习\视频.avi）；完成制作后，按【F5】键播放幻灯片，查看播放效果，最后保存文稿（配套文件:\效果文件\项目四\课后练习\产品推广.dps）。

（2）打开"调查报告.dps"演示文稿（配套文件:\素材文件\项目四\课后练习\调查报告.dps），按照下列要求对演示文稿进行编辑，参考效果如图 4-99 所示。

图 4-99 "调查报告"演示文稿效果

① 为第 2 张幻灯片中的流程图对象添加超链接。

② 为幻灯片添加统一的"分割"切换效果，并将切换效果的持续时间调整为"01.00"。

③ 为各张幻灯片的标题对象添加"进入"栏中的"渐入"动画效果，开始时间为"与上一动画同时"。

④ 为第 1 张幻灯片中的副标题占位符添加"进入/切入，上一动画之后"动画。

⑤ 为第 2 张幻灯片中的流程图对象添加"进入/飞入，上一动画之后"动画。

⑥ 为第 3、5、6 张幻灯片中的文本占位符添加"进入/切入，按段落播放，上一动画之后"动画。

⑦ 为第 4 张幻灯片中的图片对象添加"进入/轮子，上一动画之后"动画。

⑧ 保存并放映演示文稿，检查超链接和动画效果是否正确（配套文件:\效果文件\项目四\课后练习\调查报告.dps）。

（3）打开"电话营销培训.dps"演示文稿（配套文件:\素材文件\项目四\课后练习\电话营销培训.dps），按照下列要求对演示文稿进行编辑，参考效果如图 4-100 所示。

① 为幻灯片中的对象添加并设置动画效果，并为所有幻灯片添加"溶解"幻灯片切换效果，然后将切换声音设置为"单击"。

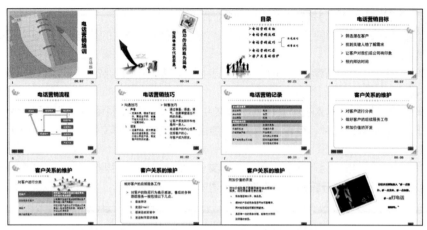

图 4-100 "电话营销培训"演示文稿效果

② 在第 3 张幻灯片中为标题和图片添加"飞入"动画，为两个文本框添加"出现"动画；将动画播放顺序设置为标题→图片→文本框，并设置动画选项。

③ 在"自定义动画"任务窗格中为第 4 张幻灯片的标题添加"飞入"动画效果，为文本框添加"放大/缩小"强调动画效果。

④ 进入幻灯片母版编辑状态，在第 1 张幻灯片右下角插入"前进"和"后退"两个动作按钮。

⑤ 对设置好的幻灯片进行自定义放映，完成后设置幻灯片的放映时间以方便查看。

⑥ 将幻灯片打包成文件并进行保存，最后查看打包后的效果（配套文件:\效果文件\项目四\课后练习\电话营销培训.dps）。

（4）打开"企业资源分析.dps"演示文稿（配套文件:\素材文件\项目四\课后练习\企业资源分析.dps），按照下列要求对演示文稿进行编辑并保存，参考效果如图 4-101 所示。

① 在第 1 张幻灯片右下角绘制"开始""结束""后退或前一项""前进或下一项"4 个动作按钮。

② 打开"动作设置"对话框，将"开始"按钮的超链接设置为"幻灯片 4"，将"后退或前一项"按钮的超链接设置为"幻灯片 6"，将"前进或下一项"按钮的超链接设置为"幻灯片 8"。

③ 将绘制的 4 个动作按钮的高度设置为"0.6 厘米"，宽度设置为"1 厘米"，将对齐方式调整为"横向分布""底端对齐"。

④ 将设置好的 4 个动作按钮复制到除最后一张幻灯片外的所有幻灯片的右下角。

⑤ 从头开始放映幻灯片，并通过右下角的动作按钮来控制幻灯片的放映（配套文件:\效果文件\项目四\课后练习\企业资源分析.dps）。

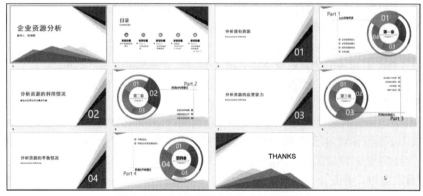

图 4-101 "企业资源分析"演示文稿效果

# 项目五
## 快速获取信息——信息检索

### 情景导入

　　肖磊对信息检索并不陌生，无论是学习时查询学习资料，还是课余时间浏览时事新闻等，肖磊都经常接触信息检索这种技术。实际上，当今社会正处在信息时代的发展阶段，谁能够更高效地获取到有价值的信息，谁就更有优势。例如企业率先获取到行业变化信息，就能领先于其他企业改变既定策略；政府率先获取到与民生相关的信息，就能更好地完成政府职责，保证社会的安定和人民生活的安稳等。然而，面对互联网上海量的信息，我们有什么方法可以快速且准确地找到需要的信息资源呢？这就要借助信息检索这项技术了，它可以有效应对海量数据，为我们过滤各种无价值的信息，快速获取到有效资料。

### 课堂学习目标

- 了解信息检索的发展历程。
- 能够检索出专业平台中的相关信息。
- 掌握使用搜索引擎进行信息检索的操作。

## 任务 5.1　信息检索基础

### 任务要求

　　虽然肖磊经常接触信息检索这项技术，但非要他说出个所以然来，他还是说不出来。本任务将从信息检索的概念、流程和分类着手，让肖磊进一步了解信息检索的基础知识，从根本上理解信息检索这项技术，为以后的实际应用打下基础。

### 探索新知

#### 5.1.1　信息检索的基本概念

　　"信息检索"是指将信息按照一定的方式组织和存储起来，并根据用户的需要找出相关信息的过程。这个词语出现于 20 世纪 50 年代，我们可以从广义和狭义两个角度来了解它的概念。

- 广义的信息检索。广义的信息检索包括信息存储和信息获取两个过程。信息存储是指通过对大量无序信息进行选择、收集、著录、标引，组建成各种信息检索工具或系统，使无序信息转化为有序信息集合的过程。信息获取则是根据用户特定的需求，运用已组织好的信息检索系统将特定的信息查找出来的过程。

- 狭义的信息检索。在互联网中，用户经常会通过搜索引擎搜索各种信息。像这种从一定的信息集合中找出所需要的信息的过程，就是狭义的信息检索，也就是我们常说的信息查询（Information Search 或 Information Seek）。

## 5.1.2 信息检索的基本流程

信息检索的基本流程涉及分析问题、选择检索工具、确定检索词、构建检索提问式、调整检索策略、输出检索结果等几个重要环节。

- 分析问题。分析问题是指分析要检索的内容的特点和类型（如文献类型、出版类型）以及所涉及的学科范围、主题要求等。
- 选择检索工具。正确选择检索工具是保证检索成功的基础。根据检索要求得到信息类型、时间范围、检索经费等因素，经过综合考虑后，选择合适的检索工具。
- 确定检索词。检索词是计算机检索系统中进行信息匹配的基本单元，检索词会直接影响最终的检索结果。常用的确定检索词的方法有选用专业术语、选用同义词与相关词等。
- 构建检索提问式。检索提问式是在计算机信息检索中用来表达用户检索提问的逻辑表达式，由检索词和各种布尔逻辑算符、截词符、位置算符组成。检索提问式将直接影响信息检索的查全率和查准率。

> **提示** 截词符是用于截断一个检索词的符号，它是用于预防漏检、提高查全率的一种检索符号。不同的检索系统使用的截词符有所不同，通常有"*""?""#""$"等。位置算符则是用来规定符号两边的词出现在文献中位置的逻辑运算符，它主要用于表示词与词之间的相互关系和前后次序，常见的位置算符有 W 算符、N 算符、S 算符等。

- 调整检索策略。检索时，用户要及时分析检索结果。若发现检索结果与检索要求不一致，则要根据检索结果对检索提问式做出相应的修改和调整，直至得到满意的检索结果为止。
- 输出检索结果。根据检索系统提供的检索结果输出格式，用户可以选择需要的记录及相应的字段，将检索结果存储到磁盘中或直接打印输出。至此，整个检索过程完成。

## 5.1.3 信息检索的分类

按照不同的划分标准，信息检索可以有多种分类方式。如按检索对象的不同，可以将其划分为文献检索、数据检索、事实检索；按检索手段的不同，可以将其划分为手工检索、机械检索、计算机检索；按检索途径的不同，可以将其划分为直接检索和间接检索等。信息检索的分类如图 5-1 所示。

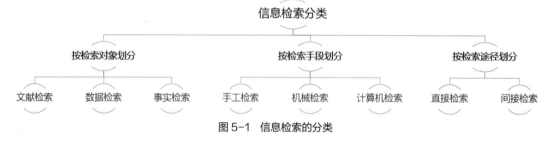

图 5-1 信息检索的分类

**1. 按检索对象划分**

检索对象是指检索的目标对象，常见的检索对象有文献、数据和事实等。因此根据这些对象的不同，信息检索可以分为以下 3 种类型。

- 文献检索（Document Retrieval）。文献检索是一种相关性检索，它不会直接给出用户所提出的问题的答案，只会提供相关的文献以供参考。文献检索以特定的文献为检索对象，包括全文、文摘、题录等。
- 数据检索（Data Retrieval）。数据检索是一种确定性检索，它能够返回确切的数据，直接回答用户提出的问题。数据检索以特定的数据为检索对象，包括统计数字、工程数据、图表、计算公式等。
- 事实检索（Fact Retrieval）。事实检索也是一种确定性检索，一般能够直接提供给用户所需的且确定的事实。事实检索以特定的事实为检索对象，如某一事件的发生时间与地点、人物和过程等。

**2. 按检索手段划分**

检索手段指检索信息时采取的具体方式。根据检索手段的不同，信息检索可以分为以下 3 种类型。

- 手工检索。手工检索是一种传统的检索方法，它是利用图书、期刊、目录卡片等工具书进行信息检索的一种手段。手工检索不需要特殊的设备，用户根据要检索的对象，利用相关的检索工具就可以检索。其缺点是既费时又费力，尤其是在进行专题检索时，用户要翻阅大量工具书和使用大量的检索工具进行反复查询，同时也非常容易造成误检和漏检。
- 机械检索。机械检索是指利用计算机检索数据库的过程，其优点是速度快；缺点是回溯性不好，且有时间限制。
- 计算机检索。计算机检索是指在计算机或者计算机检索网络终端上，使用特定的检索策略、检索指令、检索词，从计算机检索系统的数据库中检索出所需信息后，再由终端设备显示、下载和打印相应信息的过程。计算机检索具有检索方便快捷、获得信息类型多、检索范围广泛等特点。

**3. 按检索途径划分**

检索途径是指检索信息的渠道。根据检索途径的不同，信息检索可以分为以下两种类型。

- 直接检索。直接检索指用户通过直接阅读文献等方式获得所需资料的过程。
- 间接检索。间接检索指用户利用二次文献或借助检索工具查找所需资料的过程。

## 任务实践——能够有针对性地进行信息检索

你在互联网上进行过信息检索操作吗？检索过哪些类型的数据？使用的是什么检索工具呢？请根据自己的实际操作将具体内容填入表 5-1 中，然后集中探讨哪些类型的数据适用哪种检索工具或方法。

表 5-1　检索对象与工具整理

| 检索对象 | 检索方法 |
|---|---|
| 概念、术语 | 使用"百度百科"或"MBA 智库"等工具进行检索 |
| 书籍 | |
| 学习资料 | |
| 网络课程 | |
| 素材（如图片、视频、音频等） | |
| 时事新闻 | |
| …… | |

### 任务 5.2　利用搜索引擎进行信息检索

### 任务要求

搜索引擎是信息检索技术的实际应用，肖磊在互联网上也经常使用这种工具来获取有效信息。以百度搜索引擎为例，肖磊便利用它来搜索新闻、图片、学习资料等相关信息。有时肖磊能够获得想要的内容，有时搜索结果却不太理想。本任务将让肖磊深入了解搜索引擎的分类和检索方法，学会百度搜索引擎的各种搜索操作，从而搜索到更加准确的信息。

### 探索新知

#### 5.2.1　搜索引擎的分类

使用搜索引擎是我们平时最常用的信息检索方式。搜索引擎是指根据一定的策略、运用特定的计算机程序从互联网上采集信息，并对信息进行组织和处理，为用户提供检索服务的一种技术或工具。随着搜索引擎技术的不断发展，搜索引擎的种类也越来越多，目前常见的主要包括全文搜索引擎、目录索引、元搜索引擎等。

**1. 全文搜索引擎**

全文搜索引擎（Full Text Search Engine）是目前广泛应用的搜索引擎，如百度和360搜索便是典型的全文搜索引擎。这类搜索引擎可以从互联网中提取各个网站的信息（以网页文字为主），并建立起数据库。用户在使用它们进行检索时，搜索引擎就可以在数据库中检索出与用户查询条件相匹配的记录，然后按一定的排列顺序将结果返回给用户。

根据搜索结果来源的不同，全文搜索引擎又可以分为两类：一类是拥有自己的蜘蛛程序的搜索引擎，它能够建立自己的网页和数据库，也能够直接从其数据库中调用搜索结果；另一类则是租用其他搜索引擎的数据库，然后按照自己的规则和格式来排列和显示搜索结果的搜索引擎。百度和360搜索属于前一种类型。

**2. 目录索引**

目录索引（Search Index/Directory）也称分类检索，是互联网最早提供的网站资源查询服务。目录索引主要通过搜集和整理互联网中的资源，根据搜索到的网页内容，将其网址分配到相关分类主题目录不同层次的类目之下，形成像图书馆目录一样的分类树形结构。

用户在目录索引中查找网站时，可以使用关键词进行查询，也可以按照相关目录逐级查询。但需要注意的是，使用目录索引进行检索时，只能够按照网站的名称、网址、简介等内容进行查询，所以目录索引的查询结果只是网站的 URL（用于指定信息位置的一种资源定位系统），而不是具体的网站页面。搜狐目录、hao123等都是目录索引。

**3. 元搜索引擎**

元搜索引擎（META Search Engine）在接收用户查询请求后会同时在多个搜索引擎上进行搜索，并将结果返回给用户。著名的元搜索引擎有 InfoSpace、Dogpile、Vivisimo 等。在搜索结果排列方面，有的元搜索引擎直接按来源排列搜索结果，如 Dogpile；有的元搜索引擎则按自定的规则将结果重新排列组合，如 Vivisimo。

### 5.2.2　搜索引擎的检索方法

用户通过搜索引擎进行信息检索时，除了可以直接输入关键字检索外，还可以使用一些技巧让搜索结果更加精准。

**1. 高级查询功能**

许多搜索引擎都提供了高级查询功能。以百度搜索引擎为例，在百度搜索引擎的首页中，将鼠标指针移至右上角的"设置"超链接上，将自动打开下拉列表；选择"高级搜索"选项，在打开的对话框中根据需要设置搜索参数，即可实现高级查询功能。

**2. 使用搜索引擎指令**

使用搜索引擎指令可以实现较多功能，如查询某个网站被搜索引擎收录的页面数量、查找 URL 中包含指定文本的页面数量、查找网页标题中包含指定关键词的页面数量等。

- site 指令。使用 site 指令可以查询某个域名（计算机在网络上的定位标识）被该搜索引擎收录的页面数量，其格式为："site"+半角冒号"："+网站域名。
- inurl 指令。使用 inurl 指令可以查询 URL 中包含指定文本的页面数量，其格式为："inurl"+半角冒号"："+指定文本，或"inurl"+半角冒号"："+指定文本+空格+关键词。
- intitle 指令。使用 intitle 指令可以查询页面标题中包含指定关键词的页面数量，其格式为："intitle"+半角冒号"："+关键词。

## 任务实践

### （一）使用搜索引擎进行基本查询操作

搜索引擎的基本查询方法是在搜索框中输入搜索关键词来查询。下面在百度中搜索近一年来发布的包含"人工智能"关键词的所有文件，具体操作如下。

① 启动浏览器，在地址栏中输入百度的网址后，按【Enter】键进入百度首页；然后在中间的搜索框中输入要查询的关键词"人工智能"，最后按【Enter】键或单击 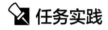 按钮。

② 打开搜索结果页面，单击搜索框下方的 ▽搜索工具 按钮。

③ 在显示的搜索工具栏中单击 站点内检索∨ 下拉按钮，在打开的搜索文本框中输入百度的网址，然后单击 确认 按钮，如图 5-2 所示。

④ 在搜索工具栏中单击 所有网页和文件∨ 下拉按钮，在打开的下拉列表中可选择搜索的文件类型，包括 PDF、Word、Excel 等文件类型可供选择；这里默认搜索所有网页和文件，如图 5-3 所示。

微课 5-1

使用搜索引擎
进行基本查询
操作

图 5-2　选择检索范围

图 5-3　检索所有文件类型

⑤ 在搜索工具栏中单击 时间不限∨ 下拉按钮，在打开的下拉列表中选择"一年内"选项，最终搜索结果为百度网站中一年以内发布的包含"人工智能"关键词的所有网页和文件，如图 5-4 所示。

（a）选择"一年内"选项　　　　　　（b）搜索结果

图 5-4　选择检索时间

## （二）搜索引擎的高级查询功能

微课 5-2

搜索引擎的高级查询功能

使用搜索引擎的高级查询功能可以对关键词进行更多设置。下面使用百度的高级查询功能进行搜索，具体操作如下。

① 访问百度搜索引擎的首页页面，将鼠标指针移至右上角的"设置"超链接上，在自动打开的下拉列表中选择"高级搜索"选项。

② 打开"高级搜索"对话框，在"包含全部关键词"文本框中输入"广州 深圳"文本，要求查询结果页面中同时包含"广州"和"深圳"两个关键词；在"包含完整关键词"文本框中输入"银行总行"文本，要求查询结果页面中包含"银行总行"完整关键词，即关键词不会被拆分。

③ 在"包含任意关键词"文本框中输入"中国 国家"文本，要求查询结果页面中包含"中国"或者"国家"关键词；在"不包括关键词"文本框中输入"分行 支行"文本，要求查询结果页面中不包含"分行"和"支行"关键词，如图 5-5 所示。

④ 单击 高级搜索 按钮完成搜索，结果如图 5-6 所示。

图 5-5　设置搜索参数　　　　　　图 5-6　查看信息检索结果

## （三）使用不同的检索方法

微课 5-3

site 指令

在搜索引擎中搭配 site、inurl、intitle 等指令，可实现更丰富的搜索效果。

**1. site 指令**

下面使用 site 指令在百度搜索引擎中查询"中国国家图书馆"网站的收录情况，具体操作如下。

① 访问百度搜索引擎首页，在搜索框中输入"site:nlc.cn"文本，然后单击 百度一下 按钮得到查询结果，在其中可以看到该网站共有 398000 个页面被收录，如图 5-7 所示。

② 删除搜索框中的内容，重新输入"site:www.nlc.cn"文本，单击 百度一下 按钮得到查询结果，可以看到有 3977 个页面被收录，如图 5-8 所示。

图 5-7 不包含"www"的查询结果　　　图 5-8 包含"www"的查询结果

## 2. inurl 指令

下面在百度中查询 URL 中包含"information"文本的所有页面，以及 URL 中包含"information"文本同时页面的关键词为"信息"的页面，具体操作如下。

① 在百度首页的搜索框中输入"inurl:information"文本后，按【Enter】键得到查询结果，此时搜索结果中都包含"information"文本，如图 5-9 所示。

② 删除搜索框中的文本，重新输入"inurl:information 信息"文本，然后按【Enter】键得到查询结果；此时搜索结果中不仅包含"信息"文本，并且网址中还包含"information"关键词，如图 5-10 所示。

图 5-9 输入"inurl:information"的搜索结果　　　图 5-10 输入"inurl:information 信息"的搜索结果

## 3. intitle 指令

下面在百度中查询标题中包含"量子信息"关键词的所有页面，具体操作如下。

① 在百度首页的搜索框中输入"intitle:量子信息"文本。

② 按【Enter】键得到查询结果，此时的搜索结果中的标题都包含"量子信息"关键词，如图 5-11 所示。

微课 5-5

intitle 指令

图 5-11 输入"intitle:量子信息"的搜索结果

//////// **任务 5.3** 利用互联网资源进行信息检索

### 任务要求

　　肖磊有时候无法利用搜索引擎检索到需要的信息资源，特别是一些较为专业的资源，如期刊信息、学位论文信息等。实际上，我们在互联网中除了可以利用搜索引擎检索网站中的信息外，还可以通过各种专业的网站以及社交媒体来检索各类专业信息。本任务便需要肖磊学习使用专用平台和信息平台进行信息检索操作，其中主要涉及期刊信息检索、学位论文检索、专利信息检索、学术信息检索、商标信息检索、社交媒体信息检索等内容。

### 探索新知

#### 5.3.1　常见的专用平台

　　所谓专用平台，这里主要是指能够检索到一些专业知识的平台。了解这些专用平台，可以更好地检索需要的专业资源。

- 期刊检索平台。期刊是指定期出版的刊物，包括周刊、旬刊、半月刊、月刊、季刊、半年刊、年刊等。"国内统一连续出版物号"的简称是"国内统一刊号"，即"CN 号"，它是我国新闻出版行政部门分配给连续出版物的代号；"国际标准连续出版物号"的简称是"国际刊号"，即"ISSN 号"，我国大部分期刊都有"ISSN 号"。目前常用的期刊检索平台包括国家科技图书文献中心网站、中文期刊服务平台等。

- 学位论文检索平台。学位论文是作者为了获得相应的学位而撰写的论文，其中硕士论文和博士论文非常有价值。因为学位论文不像图书和期刊那样会公开出版，所以学位论文信息的检索和获取较为困难。目前常用的学位论文检索平台包括中国高等教育文献保障系统（China Academic Library & Information System，CALIS）的学位论文中心服务系统、万方中国学位论文数据库等。

- 专利信息检索平台。专利即专有的权利。目前常用的专利检索平台包括世界知识产权组织的官方网站、国家知识产权局官网、中国专利信息网、万方数据知识服务平台等。

- 学术信息检索平台。学术信息是指各个专业或行业领域中专门的学问信息。目前常用的学术信息检索平台包括百度学术、万方数据知识服务平台等。

- 商标信息检索平台。商标是用来区分一个经营者和其他经营者的品牌或服务的不同之处的。为了保护自己的商标，企业也需要经常检索商标信息。目前常用的商标信息检索平台包括世界知识产权组织的官网、各个国家的商标管理机构网站等。

#### 5.3.2　常见的社交媒体平台

　　社交媒体平台包含海量的信息，如抖音、哔哩哔哩、微信等。我们如果能够合理使用这些平台，就能够从中找到具有价值的信息资料。

- 抖音。抖音是一款短视频社交软件，用户可以利用其中的搜索功能搜索需要的各种知识，如生活技巧、科普介绍、行业知识等。

- 哔哩哔哩。哔哩哔哩是一个高度聚集的文化社区和视频网站。用户同样可以在其中搜索需要的知识，且相比抖音，哔哩哔哩的视频时长更长。

- 微信。微信虽然是一款通信服务应用软件,但其中内置了公众号、视频号、小程序等许多功能。这些功能都自带搜索功能,用户也可以从中获取到需要的信息资料。

## 任务实践

### (一)期刊信息检索

下面在国家科技图书文献中心网站检索有关"中国科技期刊"的期刊资料,具体操作如下。

微课 5-6

期刊信息检索

① 打开"国家科技图书文献中心"网站首页,取消选中 ✔会议 按钮和 ✔学位论文 按钮对应的复选框;在"文献检索"搜索框中输入关键词"中国科技期刊",单击 Q检索 按钮。

② 在打开的页面中可以看到查询结果,但其中有些内容是不属于中国科技期刊的;此时可以单击网页左侧"期刊"栏中的"中国科技期刊研究"超链接,进行限定条件搜索,如图 5-12 所示,稍后便可检索到只包含中国科技期刊的内容。

图 5-12　期刊信息检索结果

### (二)学位论文检索

下面在中国高等教育文献保障系统的学位论文中心服务系统中检索有关"无人驾驶"的学位论文,具体操作如下。

微课 5-7

学位论文检索

① 打开中国高等教育文献保障系统的学位论文中心服务系统页面,在搜索框中输入关键词"无人驾驶",然后单击 Q检索 按钮。

② 在打开的页面中可以看到查询结果,包括每篇学位论文的名称、作者、学位年度、学位名称、主题词、摘要等信息,如图 5-13 所示。单击论文名称即可在打开的页面中看到该论文的详细内容。

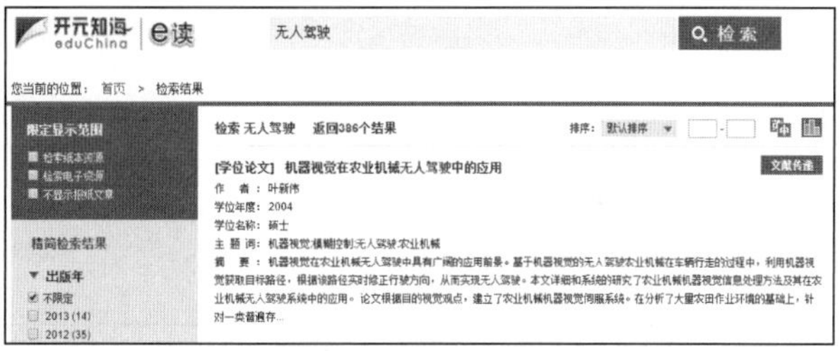

图 5-13　学位论文检索结果

## （三）专利信息检索

微课 5-8
专利信息检索

下面在万方数据知识服务平台中搜索有关"芯片"的专利信息，具体操作如下。

① 进入万方数据知识服务平台首页，单击"资源导航"栏中的"专利"超链接，然后在"万方智搜"搜索框中输入关键词"芯片"，单击 🔍 检索 按钮。

② 在打开的页面中可以看到检索结果，包括每条专利的名称、专利人、摘要等信息，如图 5-14 所示。单击专利名称，在打开的页面中可以看到更详细的内容。如果需要查看该专利的完整内容，则可以单击 📖 在线阅读 按钮、 ⬇ 下载 按钮、 " 引用 按钮（需要注册和登录）。

图 5-14　专利信息检索结果

## （四）学术信息检索

微课 5-9
学术信息检索

下面在百度学术中检索有关"6G 技术"的学术信息，具体操作如下。

① 打开"百度学术"网站首页，在首页的搜索框中输入要检索的关键词"6G 技术"，然后单击 百度一下 按钮。

② 在打开的页面中可以看到检索结果，同时在每条结果中还可以看到论文的标题、简介、作者、被引量、来源等信息，如图 5-15 所示。单击要查看的某个论文的标题，在打开的页面中可以查看更详细的信息。

图 5-15　学术信息检索结果

## （五）商标信息检索

下面在中国商标网中查询与"明月"类似的商标，具体操作如下。

① 打开"中国商标网"网站首页，单击网页中间的"商标网上查询"超链接，进入商标查询页面；单击 我接受 按钮后，将打开"商标网上查询"页面，然后单击页面左侧的"商标近似查询"按钮 。

② 打开"商标近似查询"页面，在"自动查询"选项卡中设置要查询商标的"国际分类""查询方式""商标名称"等信息，然后单击 查询 按钮，如图 5-16 所示。

微课 5-10

商标信息检索

图 5-16　设置查询信息

③ 在打开的页面中输入验证码并单击 确定 按钮，便可看到查询结果，如图 5-17 所示；其结果包括每个商标的"申请/注册号""申请日期""商标名称""申请人名称"等信息，单击商标名称即可在打开的页面中看到该商标的详细内容。

图 5-17　商标信息检索结果

## （六）社交媒体信息检索

下面在抖音平台中检索有关"时间管理"的内容，具体操作如下。

① 在智能手机中下载抖音 App，然后在手机桌面上找到抖音 App 并单击；进入抖音界面后，单击右上角的"搜索"按钮 。

② 进入搜索界面，在上方的搜索框中输入关键词"时间管理"，此时搜索框下方将自动显示与之相关的词条；这里单击第一个选项，如图 5-18 所示。

③ 进入搜索结果界面，其中显示了与"时间管理"相关的所有内容，包括

微课 5-11

社交媒体信息
检索

"演讲""课程""表格""专家"等；单击 课程 按钮，如图 5-19 所示。

图 5-18 输入关键词

图 5-19 单击"课程"按钮

④ 在搜索结果界面中单击右上角的 筛选▽ 按钮，在打开的列表中单击 一周内 按钮，如图 5-20（a）所示；此时平台将会自动播放满足筛选条件的视频，如图 5-20（b）所示。

（a）单击"一周内"按钮

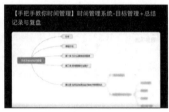
（b）搜索结果

图 5-20 社交媒体信息检索结果

## 拓展阅读——合理利用网络资源

当今社会，信息已经成为一种十分重要的资源。随着计算机、网络通信技术的高速发展，互联网成为人们获取信息的重要渠道。然而，网络资源各式各样，质量良莠不齐，有的人通过网络资源能够提高自身某方面的素质，有的人通过网络资源却荒废了事业和学业。因此，合理利用网络资源，才能使这些资源成为我们的良师益友，而不是成为令我们无法自拔的毒药。

① 明确网络资源的用途。学生的首要任务就是学习。网络上存在许多优质的学习资源，如图书、他人分享的学习笔记、网校与老师分享的学习内容等。我们应该充分借助网络的优势，获取这些资源并为自己所用。当然，学习之余也可以在网络上浏览新闻、听音乐等，适当放松自己，做到劳逸结合。

② 防止被骗。有些用户在浏览网络资源时，由于警戒心不够，很容易受到网络上不法分子的欺骗。例如，当我们加入某个群聊并将自己的需求在群里描述后，就有可能被不法分子利用，以优质的资料为诱饵，让自己有偿获取这些资料。而当自己按要求付款后，要么得不到这些所谓的优质资料，要么资料"牛头不对马嘴"，经济上蒙受损失的同时还没有得到想要的资料。因此，我们在网络上搜索资料或寻求资料时，一定要小心谨慎，既不能有过度的好奇心，更不能贪图小便宜，否则容易得不偿失。

③ 不过度依赖网络资源。网络资源是辅助我们学习的帮手，并不是我们学习上的"枪手"。有些人过度依赖网络资源，面对各种学习问题都不愿意主动思考和解决，而是一遇到问题就到网络上搜索解题答案。长此以往，不仅无法提升学习能力，而且会在各方面都养成依赖网络的不良习惯。为此，我们应该严格要求自己，主动学习、思考、解决问题。即使无法解决，也应该想到首先与老师和同学进行探讨，而不是马上就去网络上搜索答案。这种自欺欺人的方式最终损害的是自己的切身利益。

## 课后练习

### 1. 选择题

（1）下列信息检索分类中，不属于按检索对象划分的是（    ）。

A. 文献检索　　　　B. 手工检索　　　　C. 数据检索　　　　D. 事实检索

（2）（　　　）指人们在计算机或者计算机检索网络终端上，使用特定的检索策略、检索指令、检索词，从计算机检索系统的数据库中检索出所需信息后，再由终端设备显示、下载和打印相关信息的过程。

    A. 机械检索　　　　　　B. 计算机检索　　　　C. 直接检索　　　　　　D. 数据检索

（3）下列关于搜索引擎的说法中，不正确的是（　　　）。

    A. 使用搜索引擎进行信息检索是目前进行信息检索的常用方式

    B. 目录索引也称分类检索

    C. 能够实现同时在多个搜索引擎上进行搜索的方式是元搜索引擎

    D. 在搜索引擎中查看关键词收录的页面数量时，可以使用 intitle 指令

（4）利用百度搜索引擎检索信息时，要将检索范围限制在网页标题中，应使用的指令是（　　　）。

    A. intitle　　　　　　　B. inurl　　　　　　　C. site　　　　　　　　D. info

（5）要进行专利信息检索，应选择的平台是（　　　）。

    A. 百度学术　　　　　　　　　　　　　　B. CALIS 学位论文中心服务系统

    C. 谷歌学术　　　　　　　　　　　　　　D. 万方数据知识服务平台

**2. 操作题**

（1）在 360 搜索引擎中，使用 intitle 指令搜索关于"计算机编程"的信息，然后查看搜索结果，参考效果如图 5-21 所示。

图 5-21　使用 intitle 指令检索信息的效果

（2）在百度学术平台中，检索并了解 2022 年以来关于"鸿蒙操作系统"的信息，参考效果如图 5-22 所示。

图 5-22　在百度学术平台中进行学术信息检索的效果

# 项目六

## 感受新兴技术——新一代信息技术概述

# 06

## 情景导入

肖磊与小伙伴们在周末相约到省科技馆参观，不仅了解了数学、物理、化学等基础科学，更是体验了人工智能、大数据等新兴技术，这些技术给大家留下了深刻的印象。随着科技的进步与发展，许多新兴技术开始研发并应用起来。特别是新一代信息技术，作为创新含量高、技术先进的产业，其涵盖的项目大多属于国家和社会急需的项目，拥有很大的发展空间和潜力，在通信网络、物联网、三网融合、新型平板显示、高性能集成电路和以云计算为代表的高端软件中都有很好的应用。

## 课堂学习目标

- 了解新一代信息技术及其主要技术的概念与特点。
- 了解新一代信息技术与其他产业的融合发展方式。

- 了解新一代信息技术中主要代表技术的应用。

## 任务 6.1　走近新一代信息技术

### 任务要求

肖磊通过学习和自己的亲身经历，逐渐感受到信息对整个社会产生了很大的影响，信息技术的发展对人们学习知识、掌握知识、运用知识提出了新的挑战。但对于新一代的信息技术，肖磊却并不太清楚。本任务将从新一代信息技术的产生原因、发展历程等角度出发，对这类技术的基本情况做简要介绍，让肖磊能够对新一代信息技术有全新的认识。

### 探索新知

#### 6.1.1　了解主要的新一代信息技术

信息技术革命起源于 20 世纪中期，经过多次信息技术革命之后，计算机的全面普及和应用以及计算机与通信技术的结合发展，使人类社会迈上了信息化的新台阶。进入 21 世纪以来，新兴学科不断涌现，前沿领域不断延伸，信息技术得以继续革新。这不仅使信息技术产业飞速发展，也深刻影响着人类社会的发展进程。新一代信息技术既是信息技术的纵向升级，也是信息技术之间及其相关产业的横向融合。新一代信息技术让多个领域受益，如信息技术领域、新能源领域、新材料领域等。新一代信息技术主要包含以下几个方面。

- 下一代网络（Next Generation Network，NGN）。NGN 是以软交换为核心，能够提供数据、语音、视频、多媒体业务的，基于分组技术的，综合开放的网络架构。它具有开放、分层等特点，代表了未来通信网络发展的方向。目前，下一代网络主要是指 5G 的实施和 6G 的研发。
- 物联网。物联网是指各类传感器，如射频识别（Radio Frequency Identification，RFID）、红外感应器、定位系统、激光扫描器等设备和现有互联网相互衔接的一种新技术。
- 三网融合。在现阶段，"三网融合"并不意味着数字通信网、电信网、广播电视网三大网络的物理整合，而主要是指高层业务应用的融合。即三大网络通过技术改造后，能够提供包括数据、语音、图像等综合多媒体的通信业务。
- 高性能集成电路。与传统的集成电路相比，高性能集成电路有着更卓越的性能、更快的速度与更稳定的架构。
- 云计算。云计算是一种资源交付和使用模式，它在数据计算后将程序分为若干个小程序，并且将小程序的计算结果免费或以按需租用方式反馈给用户。云计算是分布式计算、并行计算、效用计算、网络存储、虚拟化等传统计算机技术和网络技术发展融合的产物。

### 6.1.2　新一代信息技术的产生原因

在国际新一轮产业竞争的背景下，各国纷纷制定新兴产业发展战略，从而抢占经济和科技的制高点。我国大力推进战略性新兴产业政策的出台，也必将推动我国新兴产业的崛起。其中，新一代信息技术战略的实施对于促进产业结构优化升级，加速信息化和工业化深度融合的步伐，加快社会整体信息化进程起到关键性作用。

早在 2010 年，国务院就在《国务院关于加快培育和发展战略性新兴产业的决定》中提出"新一代信息技术产业"这一概念，强调要"加快建设宽带、泛在、融合、安全的信息网络基础设施，推动新一代移动通信、下一代互联网核心设备和智能终端的研发及产业化，加快推进三网融合，促进物联网、云计算的研发和示范应用。着力发展集成电路、新型显示、高端软件、高端服务器等核心基础产业。提升软件服务、网络增值服务等信息服务能力，加快重要基础设施智能化改造。大力发展数字虚拟等技术，促进文化创意产业发展"。

根据《"十三五"国家战略性新兴产业发展规划》，我国"十三五"期间新一代信息技术产业重点发展的六大方向包括构建网络强国基础设施、做强信息技术核心产业、推进"互联网+"行动、发展人工智能、实施国家大数据战略、完善网络经济管理方式等。"十四五"期间，我国新一代信息技术产业将持续向"数字产业化、产业数字化"的方向发展。"十四五"规划纲要明确指出要打造数字经济新优势。数字经济是指通过对数据的综合利用来引导并实现资源的配置与再生，从而实现经济高质量发展的一种新型经济形态。未来，我国将充分发挥海量数据规模和丰富应用场景优势，赋能传统产业转型升级，催生新产业、新业态、新模式，壮大经济发展新引擎。

新一代信息技术已然成为全球高科技企业之间的主战场。在新一轮的竞争中，谁先获得高端技术，谁就能抢占新一代信息技术产业发展的制高点。因此，我们应加强对科技人才和技能型人才的培养，并不断提高互联网人才资源全球化培养、全球化配置水平，从而为加快建设科技强国提供有力支撑。

### 6.1.3　新一代信息技术的发展历程

从 20 世纪 80 年代中期到 21 世纪初，广泛流行的是个人计算机和通过互联网连接的分散的服务器，它们被认为是第一代信息技术平台。近年来，以移动互联网、云计算、大数据为特征的第三代信息技术架构蓬勃发展，催生了新一代信息技术的诞生。

新一代信息技术究竟"新"在哪里？其"新"主要体现在网络互联的移动化和泛在化及信息处理的集中化和大数据化。新一代信息技术发展的特点不是信息领域各个分支技术的纵向升级，而是信息技术横向渗透融合到制造、生物医疗、汽车等其他行业。它强调的是信息技术渗透融合到社会和经济发展的各个行业，并推动其他行业的技术进步和产业发展。例如，"互联网+"模式便是新一代信息技术的集中体现。

## 任务实践——通过互联网了解新一代信息技术

下面利用浏览器从互联网中初步了解新一代信息技术的产业范围和华为公司的业务布局情况。

在百度搜索引擎中以"新一代信息技术产业"为关键词搜索，我们可以了解到新一代信息技术产业位居九大战略性新兴产业之首，其应用范围横跨我国国民经济中的农业、工业和服务业等三大产业。新一代信息技术产业的范围主要包括下一代信息网络产业（如新一代移动通信网络服务等）、云计算服务（如互联网+等）、电子核心产业（如集成电路制造等）、大数据服务（如工业互联网及支持服务等）、人工智能（如人工智能软件开发等）、新兴软件和新型信息技术服务（如 AR、物联网等）6 个方面，如图 6-1 所示。

图 6-1　新一代信息技术产业的范围

访问华为的官网，查看其公司简介（如图 6-2（a）所示）及主要的产品、服务和行业解决方案。可以发现，华为是全球领先的信息与通信技术（Information and Communication Technology，ICT）基础设施和智能终端提供商。华为的主要业务包括 ICT 基础设施业务、终端业务和智能汽车解决方案，其业务布局情况如图 6-2（b）所示。请大家根据图片分析华为公司涉足的业务中都应用了哪些新一代信息技术。

（a）华为公司简介　　　　　　　　　　　（b）华为业务布局

图 6-2　华为公司简介及业务布局情况

## 任务 6.2 新一代主要信息技术的特点及典型应用

### 任务要求

大数据、物联网、人工智能、云计算、区块链……肖磊对这些名称也有所耳闻，但并不太了解这些新技术有什么特点或应用在哪些方面。实际上，新一代信息技术的应用场景非常多样，例如借助 5G 技术，用户利用手机就可以在线浏览"云货架""云橱窗"，获得 360° 全景式购物体验；或参观基于 VR 的科普体验馆等。本任务主要对包括物联网、云计算、大数据等在内的新一代信息技术的特点和典型应用进行介绍，让肖磊可以更加全面地认识这些新技术。

### 探索新知

#### 6.2.1 物联网

物联网就是把所有能行使其独立功能的物品，通过射频识别等信息传感设备与互联网连接起来并进行信息交换，以实现智能化识别和管理。物联网被称为继计算机、互联网之后世界信息产业发展的第三次浪潮。物联网具有全面感知、可靠传递、智能处理等特点。

很多行业的发展都离不开物联网的应用。下面将对物联网的应用领域进行简单介绍，包括智慧物流、智能交通、智能医疗、智慧零售等，如图 6-3 所示。

图 6-3 新一代信息技术的应用——物联网

**1. 智慧物流**

智慧物流以物联网、人工智能、大数据等信息技术为支撑，在物流的运输、仓储、配送等各个环节实现系统感知、全面分析和处理等功能。但物联网在该领域的应用主要体现在仓储、运输监测和快递终端方面，即通过物联网技术实现对货物及运输车辆的监测，包括对运输车辆的位置、状态、油耗、车速及货物温湿度等的监测。

**2. 智能交通**

智能交通是物联网的一种重要体现形式，它利用信息技术将人、车和路紧密结合起来，可改善交通运输环境、保障交通安全并提高资源利用率。物联网技术在智能交通领域的应用包括智能公交车、智慧停车、共享单车、车联网、充电桩监测和智能红绿灯等。

### 3. 智能医疗

在智能医疗领域，新技术的应用以人为中心。而物联网技术是获取数据的主要技术，能有效地帮助医院实现对人和物的智能化管理。对人的智能化管理指的是通过传感器对人的生理状态（如心跳频率、血压高低等）进行监测，将获取的数据记录到电子健康文件中，方便个人或医生查阅；对物的智能化管理指的是通过 RFID 技术对医疗设备、物品进行监控与管理，实现医疗设备、用品可视化，主要表现为数字化医院。

> **提示** RFID 技术是一种通信技术，它可通过无线电信号识别特定目标并读/写相关数据。RFID 技术目前在许多方面都已得到应用，在仓库物资、物流信息追踪、医疗信息追踪等领域都有较好的表现。

### 4. 智慧零售

行业内将零售按照距离分为远场零售、中场零售、近场零售，三者分别以电商、超市和自动（无人）售货机为代表。物联网技术可以用于近场和中场零售，且主要应用于近场零售，即无人便利店和自动售货机。智慧零售通过将传统的售货机和便利店进行数字化升级和改造，打造出了无人零售模式。它还可通过数据分析，充分运用门店内的客流和活动信息，为用户提供更好的服务。

## 6.2.2　云计算

云计算技术是硬件技术和网络技术发展到一定阶段出现的新的技术模型，是对实现云计算模式所需的所有技术的总称。分布式计算技术、虚拟化技术、网络技术、服务器技术、数据中心技术等都属于云计算技术的范畴，同时云计算技术也包括新出现的 Hadoop、HPCC（High-Performance Computing Cluster，高性能计算集群）、Storm、Spark 等技术。云计算技术的出现意味着计算能力也可作为一种通过互联网进行流通的商品。

云计算是国家战略性新兴产业，是基于互联网服务的增加、使用和交付模式。云计算通常通过互联网来提供动态、易扩展的虚拟化资源，是传统计算机和网络技术融合发展的产物。

云计算技术作为一项应用范围广、对产业影响深远的技术，正逐步向信息产业等渗透。相关产业的结构模式、技术模式和产品销售模式等都将会随着云计算技术的变化发生深刻的改变，进而影响人们的工作和生活。

### 1. 云计算的特点

与传统的资源提供方式相比，云计算主要具有以下特点。

- 超大规模。"云"具有超大的规模，提供云计算服务的企业少则拥有十万台以上的服务器，多则拥有上百万台服务器。"云"能赋予用户前所未有的计算能力。
- 高可扩展性。云计算是一种将资源从低效率的分散使用转化为高效率的集约化使用的技术。分散在不同计算机上的资源的利用率非常低，通常会造成资源的极大浪费；而将资源集中起来后，资源的利用率会大大提升。而资源集中化的不断加强与资源需求的不断增加，也对资源池的可扩展性提出了更高的要求。因此云计算系统具备优秀的资源扩展能力，能方便新资源的加入。
- 按需服务。对于用户而言，云计算系统最大的优势之一是按需向用户提供资源，用户只需为自己实际使用的资源进行付费，而不必购买和维护大量固定的硬件资源。这不仅为用户节约了成本，还可促使应用软件的开发者创造出更多有趣和实用的应用。同时，按需服务让用户在服务选择上具有更大的自由，可以通过缴纳不同的费用来获取不同层次的服务。
- 虚拟化。云计算技术利用软件来实现硬件资源的虚拟化管理、调度及应用，支持用户在任意位置使用各种终端获取应用服务。通过"云"这个庞大的资源池，用户可以方便地使用网络资源、计算资源、硬件资源、存储资源等，大大降低了维护成本，提高了资源的利用率。

#### 2. 云计算的应用

随着云计算技术产品、解决方案的不断成熟，云计算技术的应用领域也在不断扩大，衍生出了云安全、云存储、云游戏等各种功能。云计算对医药与医疗领域、制造领域、金融与能源领域、电子政务领域、教育科研领域的影响巨大，为电子邮箱、数据存储、虚拟办公等的应用也提供了非常多的便利。

- 云安全是云计算技术的重要分支，在反病毒领域得到了广泛应用。云安全技术可以通过网状的大量客户端对网络中软件的异常行为进行监测，获取互联网中木马和恶意程序的最新信息，自动分析和处理信息，并将解决方案发送到每一个客户端。
- 云存储是一种新兴的网络存储技术，可将资源存储到"云"上供用户存取。云存储通过集群应用、网络技术或分布式文件系统等功能将网络中大量不同类型的存储设备集合起来协同工作，共同对外提供数据存储和业务访问功能。通过云存储，用户可以在任何时间、任何地点，将任何可联网的设备连接到"云"上并存取数据。

 **提示** 云盘也是一种以云计算为基础的网络存储技术。目前，各大互联网企业也陆续推出了自己的云盘，如百度网盘等。

### 6.2.3 大数据

大数据是指无法在一定时间范围内用常规软件或工具进行捕捉、管理、处理的数据集合。而要想从这些数据集合中获取有用的信息，就需要对大数据进行分析。这不仅需要采用集群的方法来获取强大的数据分析能力，还需要对面向大数据的新数据分析算法进行深入研究。

大数据具有数据体量巨大、数据类型多样、处理速度快、价值密度低等特点。在以云计算为代表的技术创新背景下，收集和处理数据变得更加简便。国务院在印发的《促进大数据发展行动纲要》中系统地部署了大数据发展工作，通过各行各业的不断创新，大数据也将创造更多的价值。下面对大数据的典型应用进行介绍。

#### 1. 高能物理

高能物理是一个与大数据联系十分紧密的学科。科学家往往要从大量的数据中发现一些小概率的粒子事件，如比较典型的离线处理方式，由探测器组负责在实验时获取数据；而最新的大型强子对撞机（Large Hadron Collider，LHC）实验每年采集的数据高达 15PB（1PB=1024TB）。高能物理中的数据体量巨大，而且没有关联性。要从海量数据中提取有用的信息，就可使用并行计算技术对各个数据文件进行较为独立的分析处理。

#### 2. 推荐系统

推荐系统可以通过电子商务网站向用户提供商品信息和建议，如商品推荐、新闻推荐、视频推荐等。而实现推荐过程则需要依赖大数据技术。用户在访问网站时，网站会记录和分析用户的行为并建立模型，将该模型与数据库中的产品进行匹配后，才能完成推荐过程。为了实现这个推荐过程，需要存储海量的用户访问信息，并基于对大量数据的分析为用户推荐与其行为相符合的内容。

#### 3. 搜索引擎系统

搜索引擎是常见的大数据系统。为了有效完成互联网上数量巨大的信息的收集、分类和处理工作，搜索引擎系统大多基于集群架构。搜索引擎的发展历程为大数据的研究积累了宝贵的经验。

### 6.2.4 量子信息

量子信息技术是量子物理与信息科学融合发展的新兴科技，它诞生于 20 世纪 80 年代，在 20

世纪90年代中期得到迅速发展。

量子信息技术以量子力学原理为基础，充分利用量子相干的独特性质，探索以全新方式进行计算、编码和信息传输的可能性，并为突破芯片极限提供了新概念、新思路和新途径。量子计算的优势源于量子相干性导致的量子并行，量子通信则依赖于以多粒子相干叠加为代表的量子纠缠，而量子密码则直接源于量子测量导致的波包塌缩。

量子信息技术直接利用了下述一个或几个量子性质。

- 量子叠加性。如果量子操作满足量子力学的态叠加原理，那么一个量子事件若能用两个或更多可分离的方式来实现，则系统的态就是每一种可能方式的同时叠加。
- 量子相干性。微观事物都具有波动性，它们可以用量子态来描述。这些量子态之间可以发生相互干涉，这就是量子相干性。
- 量子隧道效应。量子隧道效应指的是当微观粒子的总能量小于势垒高度时，该粒子仍能穿越这一势垒。人们发现微颗粒的磁化强度、量子相干器件中的磁通量等一些宏观量亦有隧道效应，称为宏观的量子隧道效应。
- 量子纠缠性。量子纠缠性是指两个或多个量子系统之间具有超距的关联性，也是一种超空间的相关性，即一种非定域的关联。量子纠缠是存在于多子系统的量子系统中的一种非常奇妙的现象，即对一个子系统的测量结果无法独立于其他子系统的测量参数。

上述这些量子性质中的一个或几个直接应用到现行或正在出现的技术之中，就成了量子信息技术。量子信息技术可以突破现有信息技术的物理极限，为信息科学的发展提供新的原理和方法，其应用范围包括纳米级机器人的制造，卫星航天器、核能控制等大型设备的制造，中微子通信技术、量子通信技术等信息传播领域，未来先进军事高科技武器，以及新型医疗技术等高端科研领域。

## 6.2.5 人工智能

1956年夏季，以麦卡赛、明斯基、罗切斯特和申农等为首的一批有远见卓识的科学家在一起聚会，共同研究和探讨用机器模拟智能的一系列有关问题，并首次提出了"人工智能"这一术语。它标志着"人工智能"这门新兴学科的正式诞生。

人工智能也叫作机器智能，它是指由人工制造的系统所表现出来的智能，可以概括为研究智能程序的一门科学。人工智能研究的主要目标在于用机器来模仿和执行人脑的某些智能行为，探究相关理论，研发相应技术，如判断、推理、识别、感知、理解、思考、规划、学习等思维活动。人工智能技术已经融入人们日常生活的各个方面，涉及的行业也很多，包括游戏、新闻媒体、金融等；并应用于各种领先的研究领域，如量子科学等。

曾经，人工智能只在一些科幻影片中出现。但随着科技的不断发展，人工智能在很多领域得到了不同程度的应用，如在线客服、自动驾驶、智慧生活、智慧医疗等，如图6-4所示。

图6-4　人工智能的实际应用

### 1. 在线客服

在线客服是一种以网站为媒介的即时沟通通信技术，主要以聊天机器人的形式自动与消费者沟通，并及时解决消费者的一些问题。聊天机器人一定要善于理解自然语言，懂得语言所表达的意义。因此，这项技术十分依赖自然语言处理技术。一旦这些机器人能够理解不同语言包含的实际目的，那么它在很大程度上就可以代替人工客服了。

**2. 自动驾驶**

自动驾驶是现在逐渐发展成熟的一项智能应用。自动驾驶一旦实现，将会有如下改变。

- 汽车本身的形态会发生变化。自动驾驶的汽车不需要司机和方向盘，其形态可能会发生较大的变化。
- 未来的道路将发生改变。未来的道路会按照自动驾驶汽车的要求重新设计，专用于自动驾驶的车道可能变得更窄，交通信号可以更容易被自动驾驶汽车识别。
- 完全意义上的共享汽车将成为现实。大多数的汽车可以用共享经济的模式实现随叫随到。因为不需要司机，这些车辆可以 24 小时待命，可以在任何时间、任何地点提供高质量的租用服务。

**3. 智慧生活**

目前的机器翻译已经可以达到基本表达原文语意的水平，不影响理解与沟通。假以时日，不断提高翻译准确度的人工智能系统很有可能悄然越过业余译员和职业译员之间的技术鸿沟，一跃成为翻译"专家"。到那时，不只是手机可以和人进行智能对话，每个家庭里的每一件家用电器都会拥有足够强大的对话功能，为人们提供更加方便的服务。

**4. 智慧医疗**

智慧医疗是新兴的专有医疗名词，它通过打造健康档案区域医疗信息平台，利用先进的物联网技术，实现患者与医务人员、医疗机构、医疗设备之间的互动，从而逐步实现信息化。

大数据和基于大数据的人工智能为医生诊断疾病提供了很好的支持。将来医疗行业将融入更多的人工智能、传感技术等高科技，使医疗服务走向真正意义的智能化。在人工智能的帮助下，我们看到的不会是医生失业，而是同样数量的医生可以服务几倍、数十倍甚至更多的人。

> **提示** 大数据与人工智能技术提升了数据的使用价值，也为消费者、平台和商家带来了更多的便利。但与此同时也出现了一些"作恶行为"，如通过人工智能技术合成不雅照片、通过人工智能客服恶意拨打电话等。我们对此类行为一定要严惩，并从道德约束、技术标准的角度进行干预，加强个人信息素养的培训。

## 6.2.6　5G 技术

5G 技术即第五代（5th-Generation）移动通信技术，是最新一代蜂窝移动通信技术。5G 的性能目标是提高数据速率、降低延迟、节省能源、降低成本、提高系统容量和提供大规模设备连接。

回顾历代移动通信技术，1G 实现了移动通话，2G 实现了短信、数字语音和手机上网，3G 带来了基于图片的移动互联网，4G 推动了移动视频的发展。5G 不仅能进一步提升用户的网络体验，还将满足未来万物互联的应用需求。

5G 技术的三大应用场景分别是增强型移动宽带（Enhanced Mobile Broadband，eMBB）、超可靠低时延通信（Ultra-Reliable & Low Latency-Communication，URLLC）和海量物联网通信（Massive MachineType Communication，mMTC）。

- eMBB 即现在人们使用的移动宽带（移动上网）的升级版，主要服务于消费互联网，强调网络的带宽。在 5G 指标中，速率需求达到 10Gbit/s。
- URLLC 主要服务于物联网场景，如车联网、无人机、工业互联网等。这类场景对网络时延有很高的需求，要求达到 1ms，相比 4G 的 10ms 降低了 90%。例如在虚拟电厂应用中，如果时延较高，网络无法在极短的时间内对数据进行响应，就有可能发生电力供应事故。
- mMTC 属于典型的物联网场景。例如智能电表等，在单位面积内有大量的终端，需要网络能够支持这些终端同时接入；要求在单位面积区域具备更高的带宽，连接设备密度较 4G 增加了 10～100 倍。

## 6.2.7 区块链

区块链（Blockchain）是分布式数据存储、加密算法、点对点传输、共识机制等计算机技术的全新应用方式，它具有数据块链式、不可伪造和防篡改、高可靠性等关键特征。区块链本质上是一个去中心化的数据库，它不再依靠中央处理节点实现数据的分布式存储、记录与更新，具有较高的安全性。

区块链作为一种底层协议，可以有效解决信任问题，实现价值的自由传递，在数字货币、存证防伪、数据服务等领域具有广阔前景。

- 数字货币。区块链技术最为成功的运用就是数字货币。由于具备去中心化和频繁交易的特点，数字货币具有较高的流通价值。另外，相比于实体货币，数字货币具有易携带与存储、低流通成本、使用便利、易于防伪、打破地域限制等特点。

- 存证防伪。区块链可以通过哈希时间戳证明某个文件或者数字内容在特定时间的存在，其公开、不可篡改、可溯源等特点为司法鉴证、产权保护等提供了完美的解决方案。基于此，沃尔玛公司极力邀请其供应商抛弃纸张的追踪方式，加入沃尔玛的区块链计划。如今，沃尔玛公司利用区块链技术可以在短短几秒内将一个鸡蛋从商店一直追踪到农场。

- 数据服务。未来互联网、人工智能、物联网都将产生海量数据，现有的数据存储方案将面临巨大挑战，基于区块链技术的边缘存储有望成为未来解决数据存储问题的方案。其次，区块链对数据的不可篡改和可追溯机制保证了数据的真实性和高质量，这将成为大数据、人工智能等一切数据应用的基础。

## 任务实践

### （一）体验物联网的应用

在物联网技术逐渐成熟以后，许多学校也已经开始着手打造校园数字化、信息化的建设。其中，校园一卡通系统就是数字化校园建设的主要组成部分。所谓校园一卡通系统，指的是校园内的人员，包括学校领导、教师、学生、员工等每人一张校园卡，代替以前的学生证、工作证、借书证、食堂饭卡、出入证等各种证件，实现一张校园卡解决所有校园事宜的效果。

校园一卡通与第二代身份证类似，也是以 IC 卡（集成电路卡，也称智能卡、智慧卡、微电路卡）为信息载体。请大家根据所学知识填写表 6-1。

表 6-1　校园一卡通的应用体验

| 项目 | 说明 |
| --- | --- |
| 1. 你认为校园一卡通的核心设备是什么？ | |
| 2. 你了解校园一卡通的应用原理吗？ | |
| 3. 你使用过校园一卡通吗？你认为它具有哪些功能？ | |
| 4. 使用校园一卡通时，你借助哪些设备？ | |
| 5. 你访问过校园一卡通服务平台吗？你认为它有哪些软件系统？ | |

### （二）感受先进的人工智能

人工智能是一门前沿科学，不仅涉及计算机科学，还包含语言学、数学、逻辑学、认知科学、行为科学、心理学等各个领域的内容。随着人工智能技术的日益成熟，它已经被广泛且深入地应用于智能制造、智慧农业、智能物流、智慧交通等各大领域。请同学们按照要求完成以下实践活动。

**1. 体验智能客服**

智能客服包含大规模知识处理技术、自然语言理解技术、知识管理技术、自动问答系统、推理技术等，可以实现与客户进行自主沟通的效果。请利用搜索引擎搜索"智能客服机器人 腾讯云"，访问腾讯云的官方网页；在页面中单击 立即申请 按钮，如图 6-5 所示，根据页面要求进行注册和实名认证等步骤；然后与智能客服进行交流，体验其智能化程度。

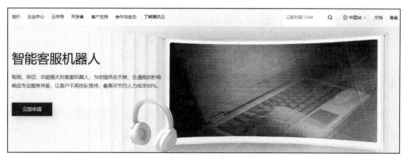

图 6-5　申请体验智能客服机器人

**2. 使用百度识图识别图片内容**

图像识别技术是人工智能的一个重要领域，它能够以图像的主要特征为基础，通过大量的数据存储和先进的算法完成对图像的识别操作。请同学们搜索百度识图，登录其官网，上传计算机上的某张动物、植物、建筑、商品或风景图片，查看百度识图能否正确识别图片中的对象，如图 6-6 所示。

（a）百度识图官网

（b）识别结果

图 6-6　使用百度识图功能

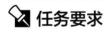

## 任务6.3　新一代信息技术与其他产业的融合发展

### 📝 任务要求

新一代信息产业的市场规模正在逐渐扩大，快速发展的信息技术也与其他产业进行了高度融合，如工业互联网就是新一代信息技术与制造业深度融合的新兴产物。除此之外，新一代信息技术也与生物医疗产业、汽车产业等进行了深度融合。本任务将让肖磊进一步了解三网融合以及与新一代信息技术产业融合相关的知识。在学习知识的过程中，也可以自行在网上搜索新一代信息技术与其他产业融合的相关视频资料，通过视频进一步了解新一代信息技术产业发展的趋势。

## 探索新知

### 6.3.1　三网融合

三网实际上指的是现代信息产业中的 3 个不同行业，即电信业、计算机业和有线电视业。三网融合并不意味着电信业、计算机业和有线电视业三大产业网络的物理融合，而主要是指高层业务应用的融合，即在技术上表现为趋向一致，在业务层上互相渗透和交叉，在网络层上实现互联互通与无缝覆盖，在应用层上趋向使用统一的 IP，并通过不同的安全协议最终形成一套在网络中兼容多种业务的运行模式。三网融合的特点主要表现在以下 3 个方面。

- 强调业务融合。三网融合并不是简单的三网合一，也不是网络的互相代替，而是业务的融合。即通过网络互联互通实现资源共享，且每个网络都能开展多种业务。例如，用户既可以通过有线电视网打电话，也可以通过电信网看电视。
- 强调中国特色。三网融合模式是符合我国国情的模式，是具有中国特色的融合模式。它要求全面推进网络数字电视的数字化网络改造，提高对综合业务的支撑能力，同时要推进各地分散运营的有线电视网的整合，组建国家级有线电视网络公司。
- 明确广电和电信有限度的双向接入。鉴于我国媒体管理和电信管理政策的不同，三网融合只是业务上有限度的融合。例如，广电企业可以申请基于有线电视网络的互联网接入业务；电信企业可以开展互联网视听节目传输，转播时政类新闻节目，提供手机电视分发服务等。

三网融合应用广泛，遍及智能交通、公共安全、环境保护、平安家居等多个领域。例如，现在手机可以看电视、上网，电视可以上网、打电话，计算机也可以打电话、看电视。三者之间相互交叉，这就是三网融合技术的主要表现。

### 6.3.2　新一代信息技术与制造业融合

新一代信息技术与制造业深度融合是推动制造业转型升级的重要举措，是抢占全球新一轮产业竞争制高点的必然选择。目前，我国新一代信息技术与制造业融合发展成效显著，主要体现在以下 3 个方面。

- 产业数字化基础不断夯实。近年来，我国以融合发展为主线，持续推动新一代信息技术在企业的研发、生产、服务等流程和产业链中的深度应用，带动了企业数字化水平的持续提升。
- 加快企业数字化转型的步伐。工业互联网平台作为新一代信息技术与制造业深度融合的产物，已成为制造大国竞争的新焦点。推广工业互联网平台，加快构建多方参与、协同演进的制造业新生态，是加快推进制造业数字化转型的重要催化剂。当前，我国工业互联网平台发展取得了重要进展，全国有一定行业区域影响力的区域平台超过 50 家，工业互联网平台对加速企业数字化转型的作用日益彰显。
- 企业创新能力不断增强。随着我国信息技术产业的快速发展，一大批企业脱颖而出，在创新能力、规模效益、国际合作等方面不断取得新成就。其中，百强企业的研发投入资金持续增加，它们的平均研发投入强度超过 10%，为产业数字化转型奠定了良好基础。

> **提示** 在当前经济社会发展的关键时期，企业要善于化危为机，并充分运用新一代信息技术，着力
> 夯实基础、深化应用、优化服务，助力经济社会的发展，加快制造业数字化转型步伐，为企
> 业高质量发展提供有力的科技支撑。

### 6.3.3 新一代信息技术与生物医药领域深度融合

近年来，以云计算、智能终端等为代表的新一代信息技术在生物医药产业得到了越来越广泛的
应用。新一代信息技术与生物医药这两个领域正在进行深度融合，这种融合代表着新兴产业发展和
医疗卫生服务的前沿。新一代信息技术已融入生物医药产业的各个环节，如研发环节、生产流通环
节、医疗服务环节等。

- 研发环节。在研发环节，大数据、云计算、"虚拟人"等技术将推进医药研发的进程。很多
  发达国家正尝试运用信息技术建立"虚拟人"，将药品临床试验的某些阶段虚拟化。另外，
  针对电子健康档案数据的挖掘和分析，将有助于提高药品研发效率，降低研发费用。
- 生产流通环节。在生产流通环节，无线射频识别标签、温度传感器、智能尘埃等设备将在药
  品流通过程中得到广泛应用。提高药品流通领域的电子商务应用水平，将成为提高药品流通
  效率的主要方式。
- 医疗服务环节。在医疗服务环节，电子病历、智能终端、网络社交软件等将使有限的医疗资
  源被更多人共享，形成新的医患关系。良好的市场前景已使许多信息技术公司介入生物产
  业，如 IBM 公司推出了"智慧医疗"服务产品。

### 6.3.4 新一代信息技术与汽车产业融合

当汽车保有量接近饱和时，汽车产业曾经一度被误认为是夕阳产业，但实际上，全球汽车产业
的发展从未止步。尤其是在新一代信息技术与汽车产业深度融合之后，汽车产业焕发新生。新一代
信息技术与汽车产业的深度融合呈现出以下 3 个新特征。

- 从产品形态来看，汽车不只是交通工具，还是智能终端。智能网联汽车配有先进的车载传感
  器、控制器、执行器等装置，应用了大数据、人工智能、云计算等新一代信息技术，具备智
  能化决策、自动化控制等功能，实现了车辆与外部节点间的信息共享与控制协同。
- 从技术层面来看，汽车从单一的硬件制造走向软硬一体化。其中，硬件设备是真正实现智能化并
  得以普及的底层驱动力，它是不可变的；而软件是可变的，可变的软件能够根据个人需求改变。
- 从制造方式来看，由大规模同质化生产逐步转向个性化定制。在工业 4.0 时代，汽车产业在
  纵向集成、横向集成、端到端集成 3 个维度率先突破，正从大规模同质化生产模式转向个性
  化定制模式。

## 任务实践——了解新一代信息技术产业的情况

先进的信息技术对各行各业的发展产生了巨大的影响。例如，在制造业，信息技术已成为竞争
的核心要素，它是推动制造业价值链重塑与发展的重要基础，在新一代信息技术的引领下，我国制
造业逐步向数字化、智能化、移动化、绿色化方向发展。

打开央视网，搜索以"新一代信息技术产业"为主题的相关视频，如图 6-7 所示。在搜索结果
中观看新一代信息技术与其他产业融合的相关视频，如陕西新闻联播《新一代信息技术产业领跑全
省经济增长》等视频。根据视频内容，同学们可以讨论并分析新一代信息技术的产业发展情况。
图 6-8 所示为相关视频的播放内容。

图6-7 "新一代信息技术"相关视频的搜索结果

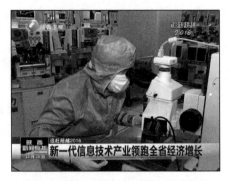

图6-8 《新一代信息技术产业领跑全省
经济增长》视频内容

## 拓展阅读——新一代信息技术对企业管理的影响

当前，以云计算、大数据、物联网、人工智能等为代表的新一代信息技术与社会经济各行业、各领域深度融合，已成为全球新一轮科技革命和产业变革的重要体现。新一代信息技术正在深刻改变人类的生产和生活方式，对企业的经营方式、领导决策、商业模式、组织形态和资源配置方式也产生了重要影响。

从价值创造方式看，组织间边界被削弱甚至被彻底打破，价值创造逻辑发生根本性变革，从以组织资源和能力为核心转变为以跨越组织边界的组织间合作与协同为主导，用户、供应商、合作伙伴等越来越多地参与到企业的价值创造活动中，以开放、共享、互利、对等、协作的方式，形成利益共享的价值共同体，共同创造和分享价值。

从产品形态看，新一代信息技术使原先只有物理形态的产品或服务具备了虚拟和数字形态，从而实现了物理产品与虚拟产品之间的完全映射。企业可以在数字世界中对实体产品的运营参数进行监控和分析，并可以基于大数据、人工智能等技术将实体产品的运行状态调整到最优。

从组织模式看，新一代信息技术改变了人与人、组织与组织、人与组织之间的连接方式，组织内外的边界被打破，使企业从相对封闭的组织，变成以客户价值为核心的产业生态圈。企业管理更为强调一线决策、柔性化管控，从强调分工、分权、分利转向强调沟通与协作，从主要依靠制度、纪律进行管控转向主要通过文化价值观管理，从主要由权力驱动、指令驱动转向由愿景与大数据驱动。企业沟通的环境从面对面沟通到零距离、网络化即时沟通，以分权和分工为核心的科层制传统组织形式正被替代，组织日趋扁平化与网络化。

## 课后练习

### 1．选择题

（1）下列选项中，不属于物联网特点的是（　　　）。

    A．全面感知　　　　B．可靠传递　　　　C．智能处理　　　　D．虚拟化

（2）人工智能的实际应用不包括（　　　）。

    A．自动驾驶　　　　B．人工客服　　　　C．数字货币　　　　D．智慧医疗

（3）"推荐系统"属于（　　　）这项新一代信息技术的典型应用。

    A．物联网　　　　　B．云计算　　　　　C．大数据　　　　　D．人工智能

（4）对一个子系统的测量结果无法独立于其他子系统的测量参数，这个特性是（　　　）。

    A．量子叠加性　　　B．量子相干性　　　C．量子隧道效应　　D．量子纠缠性

（5）下列关于历代移动通信技术的描述，说法不正确的是（　　）。

A．1G 实现了移动通话　　B．2G 带来了基于图片的移动互联网

C．4G 推动了移动视频的发展　　D．5G 能够实现万物互联

（6）下列选项中，不属于“三网融合”中三大产业的是（　　）。

A．多媒体业　　B．电信业　　C．计算机业　　D．有线电视业

**2．操作题**

（1）利用搜索引擎搜索“人工智能机器人”与“机器人产业”等信息，了解机器人和机器人产业的相关内容，如图 6-9 所示。

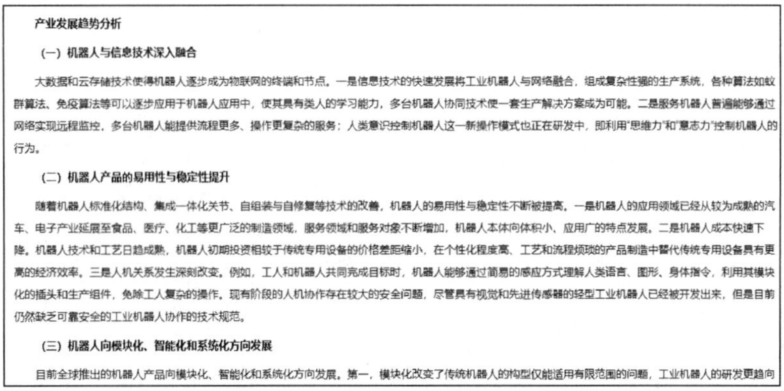

产业发展趋势分析

（一）机器人与信息技术深入融合

大数据和云存储技术使得机器人逐步成为物联网的终端和节点。一是信息技术的快速发展将工业机器人与网络融合，组成复杂性强的生产系统，各种算法如蚁群算法、免疫算法等可以逐步应用于机器人应用中，使其具有类人的学习能力，多台机器人协同技术使一套生产解决方案成为可能。二是服务机器人普遍能够通过网络实现远程监控，多台机器人能提供流程更多、操作更复杂的服务；人类意识控制机器人这一新操作模式也正在研发中，即利用"思维力"和"意志力"控制机器人的行为。

（二）机器人产品的易用性与稳定性提升

随着机器人标准化结构、集成一体化关节、自组装与自修复等技术的改善，机器人的易用性与稳定性不断被提高。一是机器人的应用领域已经从较为成熟的汽车、电子产业延展至食品、医疗、化工等更广泛的制造领域，服务领域和服务对象不断增加，机器人本体向体积小、应用广的特点发展。二是机器人成本快速下降。机器人技术和工艺日趋成熟，机器人初期投资相较于传统专用设备的价格差距缩小，在个性化程度高、工艺和流程烦琐的产品制造中替代传统专用设备具有更高的经济效率。三是人机关系发生深刻改变。例如，工人和机器人共同完成目标时，机器人能够通过简易的感应方式理解人类语言、图形、身体指令，利用其模块化的插头和生产组件，免除工人复杂的操作。现有阶段的人机协作存在较大的安全问题，尽管具有视觉和先进传感器的轻型工业机器人已经被开发出来，但是目前仍然缺乏可靠安全的工业机器人协作的技术规范。

（三）机器人向模块化、智能化和系统化方向发展

目前全球推出的机器人产品向模块化、智能化和系统化方向发展。第一，模块化改变了传统机器人的构型仅能适用有限范围的问题，工业机器人的研发更趋向

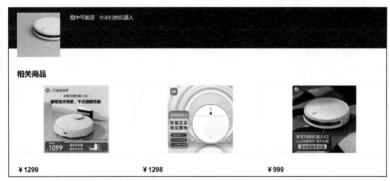

图 6-9　机器人产业相关信息

（2）在网络上下载一张扫地机器人的图片，然后利用“百度识图”功能识别图片内容，查看得到的结果是否准确，如图 6-10 所示。

图 6-10　百度识图的结果

# 项目七
## 提升个人素质——信息素养与社会责任

# 07

## 情景导入

随着全球信息化的发展，信息素养已经成为我们需要具备的一种基本素质和能力，这样我们才能更好地适应和应对信息社会。肖磊在这方面一直做得较好，例如在网络上发表评论时，他从来不会使用网络暴力的方式宣泄自己的情绪，而是恰如其分地针对内容做出合适的评价。当然，肖磊也深知自己在信息素养方面还有提升的空间，这样才能使自己在使用信息的时候，能够与信息之间建立起良好的"合作"关系。总的来说，信息技术的不断发展给我们带来了许许多多的便利，但同时，各种网络暴力、信息泄露等现象也在频繁发生。因此，具备良好的信息素养和正确的社会责任感是非常有必要的。这样才能真正让信息技术发挥作用，让它为人类提供帮助，而不是成为某些人达到各种非法目的的工具。

## 课堂学习目标

- 了解信息素养的概念和要素。
- 了解信息伦理和行业自律等知识。
- 了解信息技术的发展情况

## 任务 7.1  了解信息素养

### 任务要求

我国倡导强化信息技术应用，鼓励学生利用信息手段主动学习、自主学习，增强运用信息技术分析、解决问题的能力。究其原因，是因为信息素养是人们在信息社会和信息时代生存的前提条件。本任务将让我们与肖磊一起来了解信息素养的基本知识，并能够在日常生活和工作中分辨哪些行为是信息素养良好的表现。

### 探索新知

#### 7.1.1  信息素养的含义

1974 年，美国信息产业协会主席保罗·泽考斯基（Paul Zurkowski）将信息素养解释为：利用大量的信息工具及主要信息源使问题得到解答的技能。这一概念一经提出，便得到了广泛传播和使用。这是信息素养第一次得到专门的解释。

1987 年，信息学家帕特里夏·布雷维克（Patricia Breivik）将信息素养进一步概括为：了解提供信息的系统并能鉴别信息价值、选择获取信息的最佳渠道、掌握获取和存储信息的基本技能。他从信息鉴别、选择、获取、存储等方面定义了信息素养的基本概念，将保罗·泽考斯基提出的概念做了进一步明确和细化。

我国有学者认为信息素养是人们对信息这一普遍存在的社会现象重要性的认识，以及人们在信息活动中所表现出来的各种能力的综合素质，并提出了信息素养的五个方面内容：信息意识、信息能力、信息思维、信息手段、信息伦理道德。

综上所述，信息素养主要涉及内容的鉴别与选取、信息的传播与分析等环节，它是一种了解、搜集、评估和利用信息的知识结构。随着社会的不断进步和信息技术的不断发展，信息素养已经变为一种综合能力，它涉及人文、技术、经济、法律等各方面的内容，与许多学科紧密相关，是一种信息能力的体现。

## 7.1.2　信息素养的要素

信息素养由信息意识、信息知识、信息能力、信息道德 4 个要素组成，并共同构成一个不可分割的统一整体。

### 1. 信息意识

信息意识是指对信息的洞察力和敏感程度，体现的是捕捉、分析、判断信息的能力。判断一个人有没有信息素养、有多高的信息素养，首先要看他具备多高的信息意识。例如，在学习上遇到困难时，有的学生会主动去网上查找资料、寻求老师或同学的帮助，而有的学生则会听之任之或放弃，后者便是缺乏信息意识的直观表现。

> **提示**　在个性化推荐如此普及的环境中，如何正确理解所接收到的各种推荐信息，"信息意识"就显得尤为重要。良好的信息意识能够帮助学生在第一时间准确判断所获得的推荐信息的真伪与价值。例如，学生在某个网站寻找商品时，推荐列表中可能会夹带着需额外付费的商品，此时，就需要在良好信息意识的基础上了解、理解、从容面对这样的推荐列表，再做出有利于自己的选择。

### 2. 信息知识

信息知识是信息活动的基础，它一方面包括信息基础知识，另一方面包括信息技术知识。前者主要是指信息的概念、内涵、特征，信息源的类型、特点，组织信息的理论和基本方法，搜索和管理信息的基础知识，分析信息的方法和原则等理论知识；后者则主要是指信息技术的基本常识、信息系统结构及工作原理、信息技术的应用等知识。

### 3. 信息能力

信息能力是指人们有效利用信息知识、技术和工具来获取信息、分析与处理信息以及创新和交流信息的能力。它是信息素养最核心的组成部分，主要包括对信息知识的获取、信息资源的评价、信息技术及其工具的选择和使用、信息处理过程的创新等能力。

- 信息知识的获取能力：是指用户根据自身的需求并通过各种途径和信息工具，熟练运用阅读、访问、检索等方法获取信息的能力。例如，要在搜索引擎中查找可以直接下载的关于虚拟现实的 Word 资料，可在搜索框中输入文本"filetype:doc 虚拟现实"进行查找。
- 信息资源的评价能力：互联网中的信息资源不可计量，因此用户需要对搜索到的信息的价值进行评估，并取其精华，去其糟粕。评价信息的主要指标包括准确性、权威性、时效性、易获取性等。

- 信息处理与利用能力：是指用户通过网络找到自己所需的信息后，利用一些工具对信息进行归纳、分类、整理的能力。例如，将搜索到的信息分门别类地存储到百度云工具中，并注明时间和主题，待需要时再使用。
- 信息的创新能力：是指用户对已有信息进行分析和总结，结合自己所学的知识，发现创新之处并进行研究，最后实现知识创新的能力。

### 4. 信息道德

信息技术在改变我们的生活、学习和工作的同时，涉及个人信息隐私、软件知识产权、网络黑客等的问题也层出不穷，这就与信息道德有关。一个人信息素养的高低，与其信息伦理、道德水平的高低密不可分。我们能不能在利用信息解决实际问题的过程中遵守伦理道德，最终决定了我们能否成为一位高素养的信息化人才。

## 任务实践——正确分辨良好的信息使用行为

信息素养是每个学生基本素养的构成要素，它既包括个体查找、检索、分析信息的信息认识能力，也包括个体整合、利用、处理、创造信息的信息使用能力。在日常生活和未来的工作中，良好的信息素养主要体现在以下几个方面。

① 能够熟练使用各种信息工具，尤其是网络传播工具，如网络媒体、聊天软件、电子邮件、微信、博客等。

② 能根据自己的学习目标有效收集各种学习资料与信息，能熟练运用阅读、访问、讨论、检索等获取信息的方法。

③ 能够对收集到的信息进行归纳、分类、整理、鉴别、遴选等。

④ 树立正确的人生观、价值观，培养自控、自律和自我调节能力，能够自觉抵御和消除垃圾信息及有害信息的干扰和侵蚀。

判断表 7-1 所示案例的相关人物是否具备良好的信息素养。如果不正确，则正确的做法应该是什么？同学们也可自行收集案例进行判断分析并填在表格中。

表 7-1　判断相关人物是否具备良好的信息素养

| 相关行为 | 是否正确 | 若不正确，则正确的做法是什么 |
|---|---|---|
| 小王会在网络中恶意攻击他人 | 是□　　否□ | |
| 小李在未经小张同意的前提下，盗用小张的身份证信息进行网贷 | 是□　　否□ | |
| 小刘在网络中传播不良网络信息 | 是□　　否□ | |
| 小陈引用他人文章时从不注明出处 | 是□　　否□ | |
| 小孙偶尔会通过一些不合法的渠道来获取数据、图像、声音等信息 | 是□　　否□ | |
| | | |
| | | |
| | | |
| | | |

## 任务 7.2　了解信息技术发展史与信息安全

### 任务要求

肖磊通过互联网简单地了解了人类社会的发展史，从语言的使用、文字的创造到造纸术和印刷术的发明与应用以及电报、电话、广播和电视的发明和普及等，无一不是革命性的发展成果。通过查询资料，肖磊了解到，真正标志着现代信息技术诞生的事件是 20 世纪 60 年代电子计算机的普及应用以及计算机与现代通信技术的有机结合，如信息网络的形成实现了计算机之间的数据通信、数据共享等。本任务将通过信息技术企业的发展变化来介绍信息技术的发展情况，让肖磊从中学习关于树立正确的职业理念以及信息安全和自主可控的具体知识。

### 探索新知

#### 7.2.1　信息技术发展史

随着计算机技术、通信技术、互联网等的不断发展与更新，信息技术快速地发展起来。在这个背景下，许多信息技术企业如雨后春笋般不断涌现，它们的发展历程从侧面说明了信息技术的发展变化。下面仅以百度公司在 2000 年成立至 2021 年这个时期所发生的一些事件为例，来说明信息技术发展变化的情况。

百度是拥有强大互联网基础的公司，是全球为数不多的能够提供芯片、软件架构和应用程序等产品的公司之一，被国际机构评为全球四大人工智能公司之一。图 7-1 所示为百度公司从创建、发展到兴盛的大事件示意图。

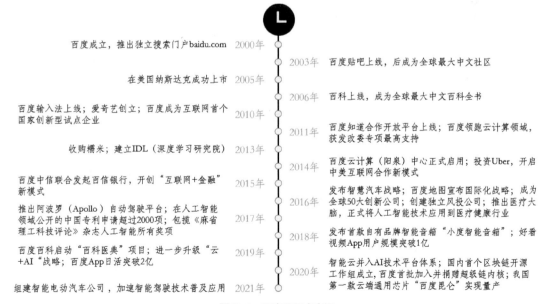

图 7-1　百度公司大事记

通过百度公司的发展过程，我们能大概看出我国信息技术的发展情况。1994—1999 年，我国正式接入世界互联网，这一事件开启了我国信息技术蓬勃发展的大门，信息技术的发展主要体现在互联网门户网站的建立以及搜狐、网易、腾讯、新浪等信息技术企业在这一时期的不断发展壮大；2000—2006年，搜索引擎、电子商务逐渐成为信息技术的主要研发领域，百度在这一阶段不仅成功上市，而且在不断地完善自己的产品；2006—2010年，网络社交开始活跃，百度继续完善产品，打造出自己的互联网生态圈；2011—2015年，我国移动互联网技术开始蓬勃发展，同时云计算、互联网+等技术和模式也开始形成并发展，百度也一直在引领创新，勇敢尝试各种新的技术和领域；2016年至今，大数据、云计算、人工智能等高新信息技术开始发展且逐渐成熟，信息时代慢慢走向人工智能时代，百度逐渐成长为国内乃至国际上的知名互联网公司。

信息技术的不断发展带来了大量的机遇，许多信息技术企业也借着这一东风开始创建、成长并不断壮大起来。百度公司从成立至今，并不仅仅是因为享受了我国互联网产业的红利，更是依靠自身不断努力才逐渐壮大起来，并从最初提供搜索服务的公司逐渐成长为全球领先的人工智能公司，旗下产品涵盖搜索服务、导航服务、社区服务、游戏娱乐、移动服务、站长与开发者服务、软件工具等多个领域。在云、AI、互联网融合发展的大趋势下，百度更是形成了移动生态、百度智能云、智能交通、智能驾驶及更多人工智能领域前沿布局的多引擎增长新格局。

## 7.2.2　树立正确的职业理念

理念是指导人们行动的思想，职业理念则是人们从事职业工作时形成的职业意识，是由职业人员形成和共有的观念与价值体系，是一种职业意识形态。在特定情况下，这种职业意识也可以理解为职业价值观。因此，树立正确的职业理念，对个人、对单位、对社会、对国家都是非常有益的。

**1. 职业理念的作用**

职业理念可以指导我们的职业行为，让我们感受到工作带来的快乐，使我们在职场上不断进步。

- 指导我们的职业行为。职业行为一般都是在一定的职业理念指导下形成的，它会对企业管理产生实质性的影响。例如，如果我们对职业安全不以为意，对工作中可能存在的潜在危险就会浑然不知，这可能导致危险事件发生。相反，如果我们的职业理念告诉我们应该重视生产和生活安全，那么发生事故的概率必然会大幅降低。
- 感受到工作带来的快乐。工作是我们生活中重要的组成部分，它不仅为我们提供了经济来源，其产生的社交活动也是我们在现代社会中保持身心健康的一种因素。愉快地工作会让我们减少消极的情绪，能够正确面对工作中遇到的困难，能够快速地成长。而只有树立了正确的职业理念，我们才可能做到主动感受工作中的各种乐趣。

**提示**　没有明确的职业理念，就没有明确的工作目标，工作时就会无精打采、不思进取，最终会对工作越来越厌倦，工作效率和质量自然越来越低。

- 使我们在职场上不断进步。正确的职业理念对我们的职业生涯具有良好的指引作用，使我们能自觉地改变自己，跨上新的职业台阶。知识可以改变人的命运，职业理念则可以改变人的职业生涯。

**2. 正确的职业理念**

职业理念是为保护和加强职业地位而起作用的精神力量，是在职业内部运行的职业道德规范。对我们而言，应该树立一些正确的职业理念，这样才能对我们从事的职业有所帮助。

- 职业理念应当合时宜，即职业理念要和社会经济发展水平相适应，要适合企业所在地域的社会文化。脱离了企业所在地域的社会文化和价值观，生搬硬套某种所谓的"先进"的职业理念，是无法产生积极作用的。
- 职业理念应当是适时的，任何超前或滞后的职业理念都会影响我们的职业发展。企业处在什么样的发展阶段，我们就应该秉承什么样的职业理念。当企业向前发展时，如果我们的职业理念仍停留在原来的阶段，不学习也不改变，那么我们自然会跟不上企业的发展。同样，如果我们的职业理念过于超前，脱离了企业发展的实际，那么也无法发挥自己的能力。

- 职业理念必须符合企业管理的目标。企业的成长过程实际上是企业管理目标的实现过程。我们只有充分了解企业管理的目标，才能构建与企业管理目标一致的职业理念。

## 7.2.3　信息安全

随着信息技术的不断发展，各种信息也会更多地借助互联网实现共享使用，这就增大了信息被非法利用的概率。因此，信息安全不仅是国家、企业关心的问题，也是我们每个人都应该重视的问题。

### 1. 信息安全三要素

信息安全主要是指信息被破坏、更改、泄露的可能。其中，破坏涉及的是信息的可用性，更改涉及的是信息的完整性，泄露涉及的是信息的机密性。因此，信息安全三要素就是要保证信息的可用性、完整性和机密性。

- 信息的可用性。如果当一个合法用户需要得到系统或网络服务时，系统和网络不能提供正常的服务，这与文件资料被锁在保险柜里，开关和密码系统混乱而无法取出资料一样。也就是说，信息如果可用，则代表攻击者无法占用所有的资源，无法阻碍合法用户的正常操作；信息如果不可用，则对于合法用户来说，信息已经被破坏，从而面临信息安全问题。
- 信息的完整性。信息的完整性是信息未经授权不能进行改变的特征，即只有得到允许的用户才能修改信息，并且能够判断出信息是否已被修改。存储器中的信息或经网络传输后的信息，必须与其最后一次修改或传输前的内容一模一样，这样做的目的是保证信息系统中的数据处于完整和未受损的状态，使信息不会在存储和传输的过程中被有意或无意的事件所改变、破坏等。
- 信息的机密性。由于系统无法判断是否有未经授权的用户截取网络上的信息，因此需要使用一种手段对信息进行保密处理。加密就是用来实现这一目标的手段之一，加密后的信息能够在传输、使用和转换过程中避免被第三方非法获取。

### 2. 信息安全现状

近年来，信息安全问题屡见不鲜，如某组织倒卖业主信息、某员工泄露公司用户信息等，这些事件都说明我国信息安全仍然存在许多隐患。从个人信息的角度来看，我国目前信息安全的大体现状如下。

- 个人信息没有得到规范采集。现阶段，虽然我们的生活方式呈现出简单和快捷的特点，但其背后也伴有诸多信息安全隐患，如诈骗电话、推销信息、搜索信息等，这些隐患均会对个人信息安全产生影响。不法分子通过各类软件或程序盗取个人信息，并利用信息获利，严重影响了公民财产安全甚至人身安全。部分未经批准的商家或个人对个人信息实施非法采集，甚至肆意兜售。这种不规范的信息采集行为使个人信息安全受到了极大影响，严重侵犯了公民的隐私权。
- 个人欠缺足够的信息保护意识。网络上个人信息肆意传播、电话推销源源不断等情况时有发生，从其根源来看，这与人们欠缺足够的信息保护意识有关。我们在个人信息层面上自我保护意识的薄弱，给信息盗取者创造了有利条件。例如，在网上查询资料时，网站要求填写相关资料，包括电话号码、身份证号码等极为隐私的信息，这些信息还可能是必填的项目。一旦填写，如果我们面对的是非法程序，就有可能导致信息泄露。因此，我们一定要增强信息保护意识，在不确定的情况下不公布各种重要信息。

- 相关政策法规有待完善。大数据需要以网络为基础，而网络用户的信息量大且繁杂，相关部门很难实现精细化管理。因此，政府相关部门只有继续探讨信息管理的相关办法，有针对性地出台相关政策法规，才能更好地保护个人信息安全。

### 3. 信息安全面临的威胁

随着信息技术的飞速发展，信息技术为我们带来更多便利的同时，也使得我们的信息堡垒变得更加脆弱。就目前来看，信息安全面临的威胁主要有以下几点。

- 黑客恶意攻击。黑客是一群专门攻击网络和个人计算机的用户，他们随着计算机和网络的发展而成长，一般都精通各种编程语言和各类操作系统，具有熟练的计算机技术。就目前信息技术的发展趋势来看，黑客多采用病毒对网络和个人计算机进行破坏。这些病毒采用的攻击方式多种多样，对没有网络安全防护设备（防火墙）的网站和系统具有强大的破坏力，这给信息安全防护带来了严峻的挑战。

- 网络自身及其管理有所欠缺。互联网的共享性和开放性使网上信息安全管理存在不足，在安全防范、服务质量、带宽和方便性等方面存在滞后性与不适应性。许多企业、机构及用户对其网站或系统都疏于这方面的管理，没有制订严格的管理制度。而实际上，网络系统的严格管理是企业、组织及相关部门和用户信息免受攻击的重要措施。

- 因软件设计的漏洞或"后门"而产生的问题。随着软件系统规模的不断增大，新的软件产品被开发出来，其系统中的安全漏洞或"后门"也不可避免地存在。无论是操作系统，还是各种应用软件，大多都被发现过存在安全隐患。不法分子往往会利用这些漏洞，将病毒、木马等恶意程序传输到网络和用户的计算机中，从而造成用户相应的损失。

> **提示** "后门"即后门程序，一般是指那些绕过安全性控制而获取对程序或系统访问权的程序。开发软件时，程序员为了方便以后修改错误，往往会在软件内创建后门程序。在软件发布前没有删除的后门程序一旦被不法分子获取，它就成了安全隐患，容易被黑客当成漏洞进行攻击。

- 非法网站设置的陷阱。互联网中有些非法网站会故意设置一些盗取他人信息的软件，并且可能隐藏在下载的信息中。只要用户登录或下载网站资源，其计算机就会被控制或感染病毒，严重时会使计算机中的所有信息被盗取。这类网站往往会"乔装"成人们感兴趣的内容，让大家主动进入网站查询信息或下载资料，从而成功将病毒、木马等恶意程序传输到用户计算机上，以完成各种别有用心的操作。

- 用户不良行为引起的安全问题。用户误操作导致信息丢失、损坏，没有备份重要信息，在网上滥用各种非法资源等，都可能对信息安全造成威胁。因此我们应该严格遵守操作规定和管理制度，不给信息安全带来各种隐患。

### 4. 自主可控

信息时代，对于任何国家而言，信息安全都是不容忽视的安全内容之一，这直接影响到国家的安全。近年来，我国也在不断完善相关法律，目的就是要坚定不移地按照"国家主导、体系筹划、自主可控、跨越发展"的方针，解决在信息技术和设备上受制于人的问题。

我国信息安全等级保护标准一直在不断地完善，目前已经覆盖各地区、各单位、各部门、各机构，涉及网络、信息系统、云平台、物联网、工控系统、大数据、移动互联等各类技术应用平台和场景，以最大限度确保按照我国自己的标准来利用和处理信息。

信息安全等级保护标准中涉及的信息技术和软硬件设备，如安全管理、网络管理、端点安全、安全开发、安全网关、应用安全、数据安全、身份与访问安全、安全业务等都是我国信息系统自主可控发展不可或缺的核心，而这些技术与设备大多是我国的企业自主研发和生产的，这也进一步使信息安全的自主可控成为可能。

## 任务实践——培养信息安全意识

当我们重视信息安全，积极培养出信息安全意识后，就能使自己的信息安全得到有效的保证，进而使得整个信息使用环境更加安全和干净。请根据自己的实际情况填写表 7-2，以检验自己是否具备信息安全意识。

表7-2 信息安全意识测试

| 行为 | 自我判断 | | 如何改变或调整 |
|---|---|---|---|
| 为方便记忆，将登录密码设置为生日、电话号码等信息 | 是□ | 否□ | |
| 轻易向陌生网友透露自己的身份信息 | 是□ | 否□ | |
| 将自己各个网站的登录密码设置为相同的 | 是□ | 否□ | |
| 使用手机时会放心扫描各种来历不明的二维码 | 是□ | 否□ | |
| 主动连接公共场所来历不明的免费 Wi-Fi | 是□ | 否□ | |
| 重要资料和数据没有定期备份 | 是□ | 否□ | |
| 获取软件的安装程序时不会在官方网站下载 | 是□ | 否□ | |
| 经常访问网站中各种极具诱惑性的广告或链接 | 是□ | 否□ | |
| 为了访问需要的资源，会禁用防火墙功能 | 是□ | 否□ | |

## 任务 7.3 熟知信息伦理与职业行为自律

## 任务要求

信息技术已融入人们的日常生活中，也深入国家治理、社会治理的过程中，对提升国家治理能力、实现美好生活、促进社会道德进步起着越来越重要的作用。同时肖磊也发现，随着信息技术的深入发展，社会上也出现了各种伦理、道德等问题，如有些人沉迷于网络虚拟世界，厌弃现实世界中的人际交往。这种去伦理化的生存方式从根本上否定了传统社会伦理生活的意义和价值，这种错误行为是要摒弃的。为此，本任务将让肖磊熟悉信息伦理和职业行为自律的相关内容，以使肖磊在今后使用信息时，无论处于哪种环境和场合，都能选择更加合理的方式。

## 探索新知

### 7.3.1 信息伦理的含义

信息伦理是指涉及信息开发、信息传播、信息管理和使用等方面的伦理要求、伦理准则、伦理规约以及在此基础上形成的伦理关系。信息伦理对每个社会成员的道德规范要求是相似的，在信息交往自由的同时，每个人都应该承担同等的伦理道德责任，共同维护信息伦理秩序，这也对我们今后形成良好的职业行为规范有积极的影响。信息伦理主要涉及信息隐私权、信息准确性权利、信息产权、信息资源存取权等方面的问题。

- 信息隐私权即依法享有自主决定的权利及不被干扰的权利。
- 信息准确性权利即享有拥有准确信息的权利以及要求信息提供者提供准确信息的权利。
- 信息产权即信息生产者享有自己所生产和开发的信息产品的所有权。

- 信息资源存取权即享有获取所应获取信息的权利，包括对信息技术、信息设备及信息本身的获取。

**提示** 信息伦理体现在生活和工作中的方方面面，我们要时刻维护信息伦理秩序，并养成良好的职业道德。例如，张军是一名程序员，他负责开发一个应用软件，软件的开发过程一直都很顺利，但就在软件即将完成时，张军遇到了一个技术难题，始终无法攻破。就在此时，张军发现以前工作的公司做的一个类似项目的源代码可以解决当前的难题，但出于职业操守和信息伦理道德，张军并没有使用该代码，而是自己想办法解决了这个技术难题。

## 7.3.2　与信息伦理相关的法律法规

在信息领域，仅仅依靠信息伦理让人们自觉遵守规范或履行义务，并不能完全解决问题，它还需要强有力的法律做支撑，才能在社会层面上形成良好的信息使用风气。因此，与信息伦理相关的法律法规就显得十分重要了，这不仅可以有效打击在信息领域造成严重后果的行为者，还可以为信息伦理的顺利实施构建较好的外部环境。

随着计算机技术和互联网技术的发展与普及，我国为了更好地保护信息安全，培养公众正确的信息伦理道德，陆续制定了一系列法律法规，用以制约和规范对信息的使用行为和阻止有损信息安全的事件发生。

在法律层面上，我国在1997年修订的《中华人民共和国刑法》中首次界定了计算机犯罪。其中，第二百八十五条的非法侵入计算机信息系统罪，第二百八十六条的破坏计算机信息系统罪，第二百八十七条的利用计算机实施犯罪的提示性规定等，能够有效确保信息的正确使用和解决相关安全问题。

在政策法规层面上，我国自1994年起陆续颁布了一系列法规文件，如《中华人民共和国计算机信息系统安全保护条例》《中华人民共和国计算机信息网络国际联网管理暂行规定》《中国互联网域名注册实施细则》《金融机构计算机信息系统安全保护工作暂行规定》等，这些法规文件都明确规定了信息的使用方法，使信息安全得到了有效保障，也能使公众形成良好的信息伦理。

## 7.3.3　职业行为自律

职业行为自律是一个行业自我规范、自我协调的行为机制，同时也是维护市场秩序、保持公平竞争、促进行业健康发展、维护行业利益的重要措施。

同时，职业行为自律也是个人或团体完善自身的有效方法，是自身修养的必备环节，是提高自身觉悟、净化思想、强化素质、改善观念的有效途径。我们应该从坚守健康的生活情趣、培养良好的职业态度、秉承正确的职业操守、维护核心的商业利益、规避产生个人不良记录等方面，培养自己的职业行为自律思想。

总体来看，职业行为自律的培养途径主要有以下3个方面。

- 确立正确的人生观是职业行为自律的前提。
- 职业行为自律要从培养自己良好的行为习惯开始。
- 发挥榜样的激励作用，向先进模范人物学习，不断激励自己。学习先进模范人物时，还要密切联系自己职业活动和职业道德的实际，注重实效，自觉抵制拜金主义、享乐主义等腐朽思想的侵蚀，大力弘扬新时代的创业精神，提高自己的职业道德水平。

除此之外，我们还应该充分发挥以下几种个人特质，逐步建立起自己的职业行为自律标准。

- 责任意识。具有强烈的责任感和主人翁意识，对自己的工作负全责。
- 自我管理。在可能的范围内，身先士卒，做企业形象的代言人和员工的行为榜样。
- 坚持不懈。面对激烈的竞争，尤其是在面临困境或危急的时刻，能够顽强坚持，不轻言放弃。
- 抵御诱惑。有较高的职业道德素养和坚定的品格，能够在各种利益诱惑下做好自己。

### ✍ 任务实践——讨论并加强自身的信息伦理道德

当前，以互联网、大数据、人工智能为代表的新一代信息技术蓬勃发展，深刻改变着人类的生存和交往方式，但同时也可能带来伦理风险。如果留心一下，就会发现网络上经常有引发全社会关注的信息伦理事件，这些事件对社会产生了各种影响。图 7-2 所示为人工智能技术的广泛应用对人类伦理道德提出的挑战。例如，智能推荐带来了隐私方面的问题，如为了精确刻画用户画像，相关算法需要对用户的历史行为、个人特征等数据进行深入细致的挖掘，这可能导致推荐系统过度收集用户的个人数据；自动驾驶汽车面对的伦理问题有自动驾驶汽车上市前对社会共识的事故风险的必要讨论以及自动驾驶与现行交通法律法规体系的协调等。

（a）智能推荐系统过度收集用户个人数据怎么办？　　　（b）自动驾驶汽车如何规避安全问题？

图 7-2　人工智能面临的伦理问题

请大家尝试讨论并分析应对信息伦理的方法与措施，也可以通过网络进一步了解信息化带来的伦理挑战的相关文章，如《人民日报》（2019 年 7 月 12 日 09 版）刊登的《信息时代的伦理审视》等文章，从而进一步加强对自身信息伦理道德的规范和审视。

### 拓展阅读——开展信息素养教育的目的

信息技术的飞速发展极大程度地改变了人们的生活方式，现在的我们可以通过网络与外面的世界联系，知识、信息的来源也不再局限于书本。对于处在信息社会的学生而言，网络拥有强大的诱惑力，网络的匿名性极大地满足了学生实现自我价值的需求，使学生更享受于网络带来的丰富信息及虚拟生活，并产生各种虚拟世界的行为，这就严重削弱了学生在现实生活中逐渐树立起来的道德观念和行为规范。因此，对学生开展信息素养教育就显得尤为重要。

信息社会，网络上的信息充斥着多种价值观，学生接触到的信息不仅多而且杂，若不能对其进行理性分析，便会导致价值追求乃至理想信念变得"多元化"，影响形成和树立社会主义核心价值观；网络上存在大量的虚假信息和恶俗文化，学生若没有一定的辨别、选择能力，很可能会受到不良影响，一些在现实世界中被严格定义为不道德的行为，在虚拟世界也变成了正常行为；与此同时，网络中的人们也被各种符号所代替，似乎彼此都是以对待一个符号、一台机器的方式进行交流和沟通，这让身心尚未定型的学生不容易把控自己，他们的道德人格会出现"矛盾性"。针对这些问题，不仅需要对学生进行思想政治教育，而且更要发展包括网络德育和信息德育在内的信息教育，且教育方式不能再局限于现实世界，从而引导学生正确认清网络的本质，提高识别、抵制负面信息的能力，发展道德判断能力，学会选择、运用信息，更好地进行自我教育，培养良好的信息道德，规范在交往活动中的信息使用行为。所以，信息素养教育是当代学生需要接受的教育。

另外，在多元化的现代社会里，培养和增强人们对复杂多变信息的判断力、辨别力、选择力、整合力，教会人们做出正确选择，这不是一般知识教育所能达到的，它是现代社会赋予信息素养教育的一项重大使命。有了积极的信息意识，具备了高尚的信息道德，再加之能够合理、合法地运用信息技术，才能算是高信息素养的人。这也是信息素养教育的根本目的。

## 课后练习

### 1. 选择题

（1）信息素养这一概念最早被提出是在（　　　）年。

　　A. 1974　　　　　　　B. 1987　　　　　　　C. 1989　　　　　　　D. 1992

（2）（　　　）是指对信息的洞察力和敏感程度，体现的是捕捉、分析、判断信息的能力。

　　A. 信息知识　　　　　B. 信息能力　　　　　C. 信息意识　　　　　D. 信息道德

（3）信息未经授权不能进行改变，只有得到允许的用户才能修改信息，并且能够判断出信息是否已被修改。这句话描述的是（　　　）。

　　A. 信息的可用性　　　B. 信息的完整性　　　C. 信息的机密性　　　D. 信息的透明性

（4）下列关于职业理念的说法，不正确的是（　　　）。

　　A. 职业理念应当合时宜　　　　　　　　B. 职业理念应当是适时的

　　C. 职业理念必须符合企业管理的目标　　D. 职业理念应当符合个人的要求与目标

（5）下列选项中，不属于信息伦理涉及的问题的是（　　　）。

　　A. 信息私有权　　　　B. 信息隐私权　　　　C. 信息产权　　　　　D. 信息资源存取权

### 2. 操作题

我们在使用信息时，有可能面临许多潜在的危险，例如黑客恶意攻击、网络自身及其管理有所欠缺、因软件设计的漏洞或"后门"而产生的问题、非法网站设置的陷阱、用户不良行为引起的安全问题等。为了确保计算机上没有危险的信息，如病毒、木马程序，我们可以利用 Windows 10 操作系统的 Windows 安全中心定期对计算机上的信息进行扫描，以便找出可能存在的危险信息并排除安全隐患。

请利用"Windows 安全中心"功能对计算机进行扫描，如图 7-3 所示。如果找到了危险信息，请将其及时清理。

图 7-3　Windows 10 操作系统自带的病毒和威胁防护功能